Hofert/Visbal
Teams & Teamentwicklung

Teams & Teamentwicklung

Wie Teams funktionieren und wann sie effektiv arbeiten

2. überarbeitete Auflage

von

Svenja Hofert

und

Thorsten Visbal

Verlag Franz Vahlen München

Svenja Hofert ist Autorin von mehr als 30 Büchern, Keynote-Speakerin und bildet seit vielen Jahren in Coaching und Beratung aus. Thorsten Visbal ist Mediator und ebenfalls langjähriger Ausbilder. Gemeinsam haben sie 2015 die Teamworks GTQ GmbH gegründet. Seitdem leiten sie die Ausbildung TeamworksPLUS®, die zweimal im Jahr in Präsenz und einmal online beginnt.

vahlen.de

ISBN Print: 978 3 8006 7286 8
ISBN E-Book (ePDF): 978 3 8006 7287 5
ISBN E-Book (ePub): 978 3 8006 7288 2

Druck und Bindung: Beltz Grafische Betriebe GmbH
Am Fliegerhorst 8, 99947 Bad Langensalza
Satz: Fotosatz Buck,
Zweikirchener Str. 7, 84036 Kumhausen
Produktion: Sieveking Agentur, München
Umschlag: Ralph Zimmermann – Bureau Parapluie
Bildnachweis: © MamaPolina – depositphotos.com

vahlen.de/nachhaltig

Gedruckt auf säurefreiem, alterungsbeständigem Papier
(hergestellt aus chlorfrei gebleichtem Zellstoff)

Inhalt

Vorneweg

Schon in der Steinzeit, der letzten Etappe der Urgeschichte, dem Pleistozän, schlossen sich Menschen zu Gruppen zusammen, um sich vor Gefahren zu schützen. Nachts kuschelten sich die Steinzeitmenschen aneinander, um durch Körpernähe die fehlende Wärme zu ersetzen. Die Primatenforschung zeigt, dass das Verhalten freilebender Affen von Kooperation sowie Geben und Nehmen bestimmt ist. Die Pyramide von Gizeh, der Kölner Dom, die Chinesische Mauer: Die größten Errungenschaften entstanden schon immer dann, wenn Menschen sich verbanden, um etwas zu erschaffen, das größer war als sie selbst. Wenn Sie sich nicht als lose Gruppe, sondern als Team mit einem gemeinsamen Ziel und verbindenden Werten betrachten, steigen Kreativität und Produktivität. Wenn dann noch Sinn dazu kommt und gemeinsame Werte, übertrumpft die Teamleistung die Einzelperformance bei Weitem.

> Die größten Errungenschaften entstanden schon immer dann, wenn Menschen sich verbanden, um etwas zu erschaffen, das größer war als sie selbst.

Die Älteren unter Ihnen kennen vielleicht noch die Fernsehserie „A-Team", den Jüngeren ist womöglich der später entstandene Film bekannt. Die Serie war eine der erfolgreichsten Serien überhaupt, entstanden 1983, also vor der Ära des Privatfernsehens. Darin ging es um vier ehemalige Militärpolizisten, die sich der Aufgabe verschrieben hatten, in Robin-Hood-Manier Menschen zu retten. Sie waren dabei selbst Gejagte, denn die Behörden beschuldigten sie, Verbrechen begangen zu haben, derer sie nicht schuldig waren.

Das „A-Team" war unseres Erachtens das erste Fernsehteam, das unter der Bezeichnung „Team" auftrat. Allerdings war klar, wer die Ansage machte – der Anführer und Stratege Hannibal. In den heutigen Teams ist die Führung oft verteilter. Ein Team verbinden wir mehr und mehr mit einer Verbindung, weitgehend ohne oder mit flexiblen Rangordnungen. Nicht immer der Gleiche führt, sondern jeder.

> Ein Team verbinden wir mehr und mehr mit einer Verbindung, weitgehend ohne oder mit flexiblen Rangordnungen. Nicht immer der Gleiche führt, sondern jeder.

Der Begriff „Team" ist auch eng mit dem Sport verbunden, wo lange von Mannschaftssport die Rede war, bevor das „Team" eine neue Richtung vorgab – die Idee von Zusammengehörigkeit und gemeinsamen Zielen und „mehr als ich selbst".

Die Wissenschaft, allen voran die Sozialpsychologie, widmete sich zunächst der „Gruppe". Die Disziplin der Gruppendynamik entstand durch Kurt Lewin 1946, und in den 1960er-Jahren entwickelten sich die ersten gruppendynamischen Trainings. Viele zeigten sich fasziniert von dem, was in Gruppen vor sich ging – ohne Einwirkung von außen bildeten sich Strukturen, Normen, Verhaltensmuster und Machtverhältnisse aus. Diese waren wenig berechenbar. Andererseits fand man heraus, dass Prozesse der

Gruppenbildung sich durch bestimmte Übungen beeinflussen ließen. Seit den 1980er-Jahren differenzierten Forscher mehr und mehr zwischen „Teams" und „Gruppen".

In der letzten Zeit beginnen wir, Teams vermehrt als Wirtschaftsfaktor zu betrachten. Teams können kreativ sein, Neues hervorbringen, schnell auf Veränderungen reagieren – all das verlangen der derzeitige Umbruch und der Strukturwandel.

Vor allem die Zielbindung und die gemeinsam geteilten Werte und mentalen Modelle machen den Unterschied.

Teams können Leistungen erbringen, die Gruppen und Einzelne nicht zustande brächten. Das gelingt vor allem dadurch, dass komplementäre Kräfte wirken. Doch das ist es nicht allein. Manchmal verstärken sich auch ähnliche Kräfte und die komplementären reiben sich. Vor allem die Zielbindung und die gemeinsam geteilten Werte und mentalen Modelle machen den Unterschied.

Auch die Größe entscheidet: 25 Personen sind sicher eine Gruppe, sieben könnten ein Team sein, wenn die weiteren Faktoren stimmen.

Wir meinen: Schon zwei Personen können ein Team bilden, wenn sie das gemeinsame Ziel den Eigeninteressen überordnen und auch der Weg dahin aufgrund geteilter Wertvorstellungen ein gemeinsamer sein kann. So ein Team ist die Ausnahme, nicht die Regel. Öfter haben wir es mit „Haufen" zu tun. So nennen wir Gruppen, die glauben, sie sind ein Team, aber in der Realität eine Gruppe sind. Es fehlen zum Beispiel Vertrauen und die Bereitschaft, sich aufeinander einzulassen, es fehlen geteilte Werte und ein gemeinsames Ziel.

Die Mischung macht auch den Unterschied: Ein Team aus Stürmern ist ebenso undenkbar wie ein Team aus lauter Star-Softwareentwicklerinnen. Kreative Ideen sind nie das Ergebnis nur einer Person, sondern immer Team- und Gruppenarbeit. Kreativität kann auch in einem Gruppenprozess entstehen, sie wächst am besten sogar über das Team hinaus, denn je mehr Impulse von außen kommen, desto mehr Ideen können sich entwickeln. Gute Teams bewegen sich also auch in wechselnden Gruppen.

Dass Kreativität selten allein entsteht, wird oft verschleiert, weil jemand Ideen „okkupiert" oder medial für eine bestimmte Idee steht – etwa Elon Musk für Tesla oder Steve Jobs für das iPhone. Wenn Sie sich jetzt wundern, warum selten Frauen an der kreativen Front stehen, können wir Ihnen eins verraten: Das liegt sicher auch daran, dass es unserem Gehirn leichter fällt, die individuelle Leistung zu erkennen. Das Zusammenspiel ist komplex – und Frauen, die oft auch im Hintergrund die Fäden ziehen, werden weniger gesehen.

Vor allem aber zeigen wir, wie Sie mit Gruppen und Teams so arbeiten, dass Sie deren Entwicklung fördern, denn Teamentwicklung ist vergleichbar mit Persönlichkeitsentwicklung.

Noch so viele Bücher können den Teamgenius beschwören: Der Mensch ist weiterhin so gepolt, diese einzelne Person mit einer erfolgreichen Idee oder Sache zu verbinden. Sie auf mehrere zu verteilen, strengt das Gehirn zu sehr an.

Mit diesem Buch führen wir Sie in solche und andere Hintergründe ein, vor allem aber zeigen wir, wie Sie mit Gruppen und Teams so arbeiten, dass Sie deren Entwicklung fördern, denn Teamentwicklung ist vergleichbar mit Persönlichkeitsentwicklung. Gemeinsames Erleben und Reflexion öffnen Türen zu neuen Möglichkeiten-Räumen. Wir nennen Menschen, die auf die Dynamiken in Gruppen einwirken, indem sie die Teams formen, leiten und begleiten, Teamgestalterinnen.

Das ist ein etwas anderer Begriff für Teamentwickler. Bei uns ist noch etwas Kunst dabei, denn bei allem Handwerk – das Wesen dieser Arbeit ist doch eher kreativ. Es benötigt nicht nur Methoden (Toolsets), sondern auch Haltung (Mindset) und Fähigkeiten (Skillsets), etwa zur Ko-Kreation und Konfliktlösung, aber auch zur Motivation.

Wir meinen mit Teamgestalterinnen alle, die mit Aufgaben im Teamumfeld betraut sind, ganz gleich, ob sie angestellt oder freiberuflich tätig sind. Auch moderne Führungskräfte gehören zu unserer Zielgruppe. Sind sie es doch, die Teams Raum geben, sich selbst organisiert zu entwickeln.

Die Teamgestalterin nach unserem Verständnis tut genau das: Sie gibt anderen Raum, damit sie sich entwickeln können. Sie weiß: Die besten Teams sind solche, die sich ausdifferenziert haben, bei denen also auch die Ichs im Wir erlaubt sind.

Das ist ein anderes Bild als das des „Trainers", der Menschen „Neues" beibringt. Entsprechend ist es eine der wesentlichen Herausforderungen für Teamgestalterinnen, sich selbst nicht so wichtig zu nehmen und sich auf die Bedürfnisse und die Erfahrungen der anderen einzulassen.

Wenn wir in diesem Buch vom „Teamgestalter" sprechen, so meinen wir immer auch die „Teamgestalterin", wie auch umgekehrt. Wir haben uns für eine gemischte Ausdrucksweise entschieden und nicht für „Innen" oder Gendersternchen.

„Teams & Teamentwicklung" ist unser drittes gemeinsames Buch. Es hat wenig mit den Vorläufern zu tun, ist komplett neu geschrieben und natürlich den aktuellen Entwicklungen angepasst. Als Spezialisten für die Ausbildung in der Entwicklung und Gestaltung von Teams geben wir hier unsere Erfahrungen weiter und bieten eine Wissensbasis für alle an, die mit Teams arbeiten, aber auch für Ausbilderinnen. Gleichzeitig erhalten Sie konkrete Praxisanleitungen, die Sie sofort umsetzen können.

Wir wünschen Ihnen viele Erkenntnisse beim Lesen und freuen uns auf den Dialog in den sozialen Medien. Hier erreichen Sie uns auf allen bekannten Plattformen von Instagram über YouTube bis LinkedIn.

Teamorientierte Grüße

Svenja Hofert und *Thorsten Visbal*
www.svenja-hofert.de und www.teamworks-gmbh.de

1 Kollektive, Gruppen, Teams und Menschen

In diesem Kapitel möchten wir Ihnen Grundlagenwissen über Menschen im sozialen Raum vermitteln. Dieses schärft Ihren Blick: Sind die Menschen in diesem Meetingraum wirklich ein Team oder doch eine Gruppe? Wie verhalten sich Menschen in Gruppen? Welche Phänomene können wir immer wieder beobachten – und wie gehen wir damit um?

Bei den Hyänen herrschen klare Verhältnisse. Die Macht erhält die mit den besten Beziehungen. Das ist meist ein Weibchen. Das kollektive Verhalten dieses Herdentiers ist ganz auf Beziehungsmacht ausgerichtet.

Beziehungsmacht ist auch bei Menschen entscheidend. Menschen nutzen dazu etwas, das es im Tierreich in diesem Facettenreichtum nicht gibt – die Sprache. Sprache setzt Fantasien frei, ja, die menschliche Welt entsteht durch Worte. Sie lässt Gedankengebäude und Vorstellungswelten in teils schwindelnde Höhen wachsen. Macht hat zum Beispiel, wer besonders begabt darin ist, durch Worte Werte und damit Nutzen für Menschen zu schaffen. Diese gewinnen jedoch nur Macht in Verbindung mit nonverbalen Signalen. Was wäre das Wort ohne die Körpersprache, ohne das Spiel aus Nähe und Distanz, Hin- und Abwendung?

Praxisfall

Der Geschäftsführer ist ein visionärer Typ, ein Genie, der alles durchdenkt und voraussieht. Er fördert seine Mitarbeiter, entdeckt Talente. Nur in den Meetings irritiert er: Wenn er zuhört, beugt er sich vor und hält die Hände vors Gesicht. Die Mitarbeiterinnen denken dann, er interessiert sich nicht für sie. Dieses Missverständnis führt zu tiefen unausgesprochenen Konflikten. Es würde ihm sehr helfen, wenn ihm ein beobachtungsstarker Coach dies persönlich sagen würde, denn die Mitarbeiterinnen nehmen das selbst gar nicht bewusst wahr. Es ist nur so ein Gefühl. Es könnte auch ein Teamgestalter sein, der – etwa durch eine Intervention zur Körpersprache – diesen Widerspruch bewusst macht.

Durch dieses Körper-Sprachen-Spiel entstehen Kollektive, die allein auf dem Glauben an etwas basieren – etwa an den besonderen Charakter der eigenen Fußballmannschaft oder der Authentizität einer Person. Man kann an vieles glauben: konkrete und subtile Dinge, Menschen und Gruppen von Menschen. Das ist das Material, mit dem Sie als Teamgestalterin arbeiten, mit dem Sie Formen schaffen, die manchmal gar nicht konkret, sondern nur subtil existieren. Bier besteht ganz konkret aus Malz, Wasser, Hopfen und Hefe – zumindest nach dem Reinheitsgebot. Was aber sind die Ingredienzien von Vertrauen? Wie und wodurch entsteht Misstrauen? Beides ist zentral mit Gefühlen verbunden, auf die wir später noch eingehen werden.

Was aber sind die Ingredienzien von Vertrauen? Wie und wodurch entsteht Misstrauen?

Wie etwas wahrgenommen wird, bestimmen die Menschen in Gruppen in jedem Moment immer wieder neu. Eine Ihrer wesentlichen Aufgaben dabei ist, Geburtshelfer für neue Worte und Körper-Sprachen zu sein. In welcher Weise das aber geschieht, ist abhängig davon, was Sie vorfinden: Kollektiv, Gruppe oder Team.

Diese Unterscheidung bildet die Grundlage unserer Arbeit als Teamgestalter. Kollektive sind die größten Einheiten, am ähnlichsten der Herde. Es folgen Gruppen und Teams. Das alles sind soziale Verbindungsmuster von Menschen – die einen etwas loser, die anderen fester. Innerhalb dieser Verbindungen benutzen Menschen die Sprache. Sie ist der Kitt, der zusammenhält. So haben Kollektive typischerweise eine gemeinsame Sprache oder verbindende Narrative wie „wir glauben alle an ein höheres Gut". Es herrschen Normen und Regeln, möglicherweise auch geteilte Werte oder Wertvorstellungen.

Gruppen pflegen eine solche Verbindung nur, wenn Sie zugleich Kollektiv oder Teil eines Kollektivs sind. Gruppen können ihrerseits Kollektive sein, wenn sie sich abgrenzen. Die Landesgesellschaft eines Konzerns etwa ist ein eigenständiges Kollektiv, in dem auch eigene Regeln gelten. Kollektive sind aber nicht identisch mit Gruppen, denn die Teile des Kollektivs sind meist unsichtbar. Sie sitzen oder stehen nicht vor Ort.

Wenn sich ein Teil eines Kollektivs, nehmen wir einmal die Bereichsleiter der Medizinsparte, vor Ort begeben, dann haben wir eine Gruppe.

Einzelgänger gehören auch dazu

Ob Menschen Herdentiere oder Einzelgänger sind, ist umstritten. Vermutlich doch eher Herdentiere, meint die ehemalige Professorin der State University in New York, Susan Weinschenk. Der Mensch habe ein natürliches, wenn auch oft unbewusstes Bedürfnis danach, dazuzugehören, was auf das Stammhirn zurückgehe. Die Entwicklungspsychologie zeigt, dass sich auch in der Ablehnung von Gruppenzugehörigkeit der Wunsch nach ebensolcher widerspiegelt. Typischerweise ringt da jemand darum, als Individuum anerkannt und gesehen zu werden – wenn auch in einer wie auch immer gearteten Außenseiterposition. Eine „Zwangseinordnung" macht da wenig Sinn. Wichtig ist, dass man sich auf übergeordnete Regeln einigen kann, die dem Einzelnen genügend Freiheit geben. Die Grenzen sind allerdings dann nicht gegeben, wenn ein Mitarbeiter im Team die anderen terrorisiert, sodass diese gestresst sind. Das deutet dann auf ein problematisches Bindungsverhalten – und eine Organisation ist keine Therapiestätte.

Unsere Übersicht zeigt die Abgrenzung an Beispielen:

	Kollektiv	**Gruppe**	**Team**
Fußball	Der gesamte Verein mit seinen aktiven und passiven Mitgliedern, Ehrenamtlichen, Mitarbeitern, Spielern und seiner Fanbasis	Unterschiedliche Fanclubs, andere Fangruppen und Menschen, die im Stadion nebeneinanderstehen, ehrenamtliche Gremien, Abteilungen des Vereins, die sich einmal oder mehrmals treffen	Die Mannschaft auf dem Platz, die das Spiel gewinnen will
Organisation	Die gesamte Organisation, beispielsweise der Konzern, aber auch Bereiche der Organisation, in der eigene Regeln und Normen gelten	Menschen, die an einem Ort zusammenkommen, die dabei aber wenig verbindet; vielleicht ist es nur der Raum oder die Zugehörigkeit zu einem Bereich	Das Innovationsteam
Gesellschaft	Die gesamte Gesellschaft mit all ihren Normen und Regeln	Bürger, die zufällig auf einer Versammlung zusammentreffen	Eine Bürgerinitiative, die ein gemeinsames Ziel verfolgt

	Kollektiv	Gruppe	Team
Eigenschaften	• Angehörige einer sozialen Einheit • Verbunden durch Normen, Regeln oder Werte • Nicht an einem Ort • Nicht insgesamt sichtbar • Subtile gemeinsame Gegenwart, Vergangenheit und Zukunft	• Ansammlung von Individuen • Keine gemeinsamen Werte • Keine oder geringe Zielbindung • Keine oder kaum gegenseitige Abhängigkeit • Keine gemeinsam verbindende Vergangenheit und Zukunft • Möglicherweise gemeinsame Normen und Regeln	• Hohe Zielbindung • Gemeinsame Werte • Gemeinsame und geteilte Normen • Erkennbare Teampersönlichkeit • Erkennbare Einzelpersönlichkeiten • Gemeinsame Vergangenheit, Gegenwart und Zukunft im Konkreten • Maximal 7 +/– 2 Personen • Ideal 4,7 Personen als Durchschnittswert
Musikmetapher	Takt	Rhythmus	Melodie

Kollektive

Menschen bilden Kollektive, wenn sie etwas dauerhaft verbindet. Das kann eine freiwillige Zugehörigkeit sein – oder auch ein Zwangsgemeinschaft. Die Fanbasis eines Fußballvereins ist genauso ein Kollektiv wie die Belegschaft, die einen Arbeitsvertrag beim selben Arbeitgeber unterschrieben hat. Eine Religionsgemeinschaft kann ebenso ein Kollektiv sein. Es gibt große und kleine Kollektive, übergeordnete und untergeordnete. Der „Bereich" einer Organisation ist ein der Organisation untergeordnetes Kollektiv, kann sich als solches aber durchaus verselbstständigen – etwa, wenn die Landesgesellschaft „ihr Ding" macht. Zusammengehalten werden Kollektive rein durch Kommunikation. Sie entstehen nur dadurch, dass es Sprache gibt, die sie ordnet.

Als größtes Kollektiv könnten wir die Weltgemeinschaft betrachten. Diese verbindet die gemeinsame Existenz auf der Erde – was einerseits viel und andererseits wenig ist. Auch noch ziemlich groß ist das Kollektiv „Gesellschaft".

Kollektive haben auf den ersten Blick wenig mit tierischen Herden gemein, denn die Zusammengehörigkeit besteht auch ortsunabhängig. Das ist die Besonderheit von Menschen-Herden, auch hier spielt die Sprache wieder eine zentrale Rolle. Nur sie macht diese Ortsunabhängigkeit möglich. So können Kollektive auch über Kontinente hinweg bestehen.

Bei Kollektiven gilt:
- Du gehörst dazu oder nicht.
- Um dazu zu gehören, musst du etwas tun, zum Beispiel einen Arbeitsvertrag unterschreiben, dich einer Taufe unterziehen oder/und dich an formelle oder informelle Normen und Regeln halten.
- Kollektive können auch Wertegemeinschaften sein. Dann haben die Werte einen normhaften Charakter und sind eher „Wertvorstellungen" als wirklich gelebte Werte.

Die Bindung an ein Kollektiv kann lebenslang oder zeitweise erfolgen. Sie kann intensiv sein oder lose, formell oder informell.

Kollektive gestalten

Kollektive kommen gewöhnlich nicht als Menschenansammlung zu Ihnen in den Workshop – und doch sind sie immer da. Sie beeinflussen die kleineren Gruppen und Teams, mit denen Sie arbeiten auf vielfältige Weise.

Sie prägen beispielsweise unterschiedliche Wertvorstellungen oder genauer die daraus entspringenden Normen. So kann eine evangelische oder katholische Prägung das Verhalten Ihrer Teilnehmerinnen in einem Workshop erheblich beeinflussen. Mitunter ist das diesen selbst gar nicht bewusst. Beispielsweise habe ich, Svenja, Workshops für IT-Berater gegeben, von denen einige sonntags zur Kirche gingen und den Samstag frei von Arbeit halten wollten, während andere den Samstag als idealen Workshoptag ansahen. Dies transparent zu machen, hilft beim gegenseitigen Verständnis und letztendlich auch ganz praktisch beim Terminfinden.

In Kollektiven zeigt sich, was Psychologen kollektives Verhalten nennen. Früher nannte man das „Massenpsychologie". Kollektives Verhalten bezieht sich auf die Muster, die sich im Verhalten von Kollektiven zeigen. Spezifisch ist beispielsweise, dass die Grundannahmen in Kollektiven nicht infrage gestellt werden. Sie liegen in einer Art „kollektivem Unbewussten", sie sind unreflektiert.

Wenn Sie mit Gruppen aus Kollektiven arbeiten, beispielsweise im Rahmen einer Open-Space-Veranstaltung in einer Organisation, geht es oft darum, dieses Unbewusste sichtbar zu machen. Beispielsweise ist einer Organisation vielleicht nicht bewusst, was sie bisher stark und erfolgreich gemacht hat. Auch das ist typisch für Kollektive: Sie erzeugen unbewusstes Verhalten, bei dem sich der eine am anderen orientiert, ohne darüber nachzudenken. So ist es eventuell selbstverständlich, dass man in einem Unternehmen, mit dem Sie zusammenarbeiten oder in dem Sie tätig sind, die Dinge nicht beim Namen nennt. Nachgedacht hat darüber aber bisher niemand. Das wird anders, wenn Sie ins Spiel kommen. Sie als Teamgestalter können dieses Nachdenken durch einen Denkanstoß, eine Aufgabe oder eine Frage anregen.

Gruppen

Erinnern Sie sich einmal an Ihr letztes großes Event: Fußballspiel, Demonstration, Kongress, Tagung, vielleicht auch ein Onlinemeeting. Denken Sie nun an die Menschen, die dieses Event besuchten. Fliegen Sie wie ein Helikopter über die Situation. Gehen Sie dann hinein und spüren Sie den Puls der Gruppe. Wie verhielten sich die Menschen? Was gab die Impulse für dieses Verhalten? Was löste gemeinsame Bewegung aus?

Vergegenwärtigen Sie sich jetzt, im Gegensatz dazu, eine belebte Straße. Menschen gehen in unterschiedliche Richtungen, über Zebrastreifen. Die einen hastig, die anderen langsam.

Was ist beiden Bildern gemeinsam? Es gibt einen Takt, eine Grundstimmung, die unabhängig ist von den Stimmungen der einzelnen Personen, von Gruppen und Grüppchen. Wer einmal länger in unterschiedlichen Städten gelebt hat, hat vielleicht eine Ahnung, was einen unterschiedlichen Takt so ausmacht. Großstädte ticken oft viel schneller als kleine Städte. Manche machen irgendwie atemlos. New York ist ein gutes Beispiel für die Atemlosigkeit einer Stadt

Menschen in Gruppen sind dynamische Wesen. Sie passen sich den Gruppen an. Derselbe Mensch kann in dieser Gruppe ganz anders sein als in jener, wobei auch seine „Kollektivzugehörigkeiten" prägen. Die Mitglieder eines Teams sind beruflich beispielsweise Teil einer Organisation, aber auch des Bereichs „Produktion". Im Privaten gehören sie vielleicht dem Kollektiv Schützenverein und einer Freikirche an. Geprägt hat auch das Kollektiv des jeweiligen Berufsstands. Hier hilft das systemische Drei-Welten-Modell bei der Betrachtung.

Abbildung 1: Das systemische Drei-Welten-Modell

Praxis

Wir haben Menschen erlebt, die in der Arbeit gelangweilt waren und Dienst nach Vorschrift schoben. In der Freizeit haben Sie nebenbei Menschen geführt und Unternehmen gegründet. Lassen Sie sich nie vom ersten Eindruck täuschen. Der Mensch nimmt die Farbe seiner Gruppe bis zur Unkenntlichkeit an. Während das eine Umfeld eine Blütezeit ermöglicht, ist das andere nur für ein Schattendasein gut. Mit Fragen in einer Einstiegsrunde wie „Was würden Sie in dieser Runde sonst nie erzählen?" können Sie Muster aufbrechen, die in einer Gruppe herrschen. Neuen Gruppen helfen Sie dadurch von Anfang an, mehr von den Mitmenschen zu erfahren. Das ist wichtig für die Vertrauensbildung.

Kollektive setzen Menschen also in Kontexte. Diese Kontexte prägen sie und ihr Verhalten. Je unmittelbarer die Gegenwart des Kollektivs jedoch ist, desto stärker sein direkter Einfluss. Sie müssen also im Hinterkopf haben, dass sich Menschen in jeder Team- und Gruppenkonstellation anders verhalten.

Im Hirnstamm sei, so die Neurowissenschaftlerin Susan Weinschenk, neben Reflexen und automatisch ablaufenden Vorgängen wie der Atmung auch das menschliche Bedürfnis nach Zugehörigkeit verankert. Die tiefer liegenden Hirnregionen beeinflussten uns stärker als die Großhirnrinde, die zum logischen und bewussten Denken befähige. Auf der Grundlage dieses Inputs steuere der präfrontale Kortex unser Verhalten.

Dieses ist davon geprägt, dass wir uns an anderen orientieren, uns ausrichten, Normen folgen. Ja, es gibt sie, die Menschen, die mit Vergnügen Außenseiterpositionen einnehmen, die schwarzen Schafe, Schwäne und bunten Hunde. Doch wenn wir genau hinschauen, wollen auch sie dazugehören, durch eine besondere Stellung. Sie stellen zweimal ein „Minus" vor die Rechnung und werden dabei zum auffälligen Plus.

Beispiel

In einem süddeutschen Unternehmen gehörte es zum guten Ton auszustempeln, wenn man das Unternehmensgebäude verließ. Drinnen war Arbeit, draußen Freizeit. Ein noch neuer, jüngerer Mitarbeiter aus einer Großstadt nahm sich heraus, jeden Tag dreimal drei Minuten auszutreten, um das Gebäude zu umrunden und Luft zu schnappen – ohne zuvor auszustempeln. Diesen Mitarbeiter nannte man kurze Zeit später nur noch verschwörerisch und hinter vorgehaltener Hand den „Spaziergänger". Vom Chef darauf angesprochen sagte er, dass er es nicht einsähe, für drei Minuten auszustempeln. Was er tat, war gegen die kollektive Norm, die er als unsinnig empfand. Gleichzeitig zeigte er durch sein Verhalten umso deutlicher mit dem Finger darauf. Durch die Reflexion, die der Teamgestalter später dazu anstieß, entstand eine Dynamik, in deren Folge sich weitere Mitarbeiterinnen dem Pausenverhalten des Spaziergängers anschlossen. Es war der Beginn eines langsamen Kulturwandels. So etwas nennt man übrigens neuerdings gern „Workhack". Im Grunde ist es nur ein den Normen widersprechendes Verhalten, das diese erst sichtbar macht. Einer bricht die Norm – und die anderen folgen.
Das Beispiel zeigt sowohl den Unterschied zwischen Kollektiv und Gruppe, als auch den Zusammenhang. Das Kollektiv gibt den Rahmen vor, den ein Teil davon, der in einer Gruppe zusammenkommt, auch verändern kann.

Gruppen gestalten

Vor Ort entwickeln Gruppen einen Rhythmus, der der Musik eine weitere Ordnungsebene hinzufügt. Eine Gruppe hat wenig gemeinsam, oft nur den Ort, an dem sie sich gerade zusammengefunden hat, aber sie kann einen sehr spezifischen Umgang miteinander entwickeln. Der kann rockig und schnell sein oder zum Mitklatschen wie beim Schlager. Die Beziehungen innerhalb der Gruppe dürfen durchaus stark sein, wenn man sich beispielsweise schätzt. Dennoch überwiegen auch bei guten Beziehungen am Ende Einzelinteressen.

Eine Gruppe hat wenig gemeinsam, oft nur den Ort, an dem sie sich gerade zusammengefunden hat, aber sie kann einen sehr spezifischen Umgang miteinander entwickeln.

Menschen an der Bushaltestelle, an der alle Wartenden in dieselbe Linie einsteigen, bilden eine Gruppe, aber kein Kollektiv. Es sei denn, es handelt sich um Menschen aus einem Unternehmen, ob sie sich nun schon kennen oder nicht.

Der Kollektivcharakter beeinflusst den Rhythmus einer Gruppe, etwa wenn diese in einem Meetingraum zusammenkommt, um etwas zu erarbeiten, das den gemeinsamen Zusammenhalt stärkt oder ein gemeinsames Problem löst. Möglicherweise sind alle fröhlich, vielleicht angespannt. Zum Takt des Kollektivs kommt also noch etwas hinzu, das eine recht spezielle Musik ergibt. Die Normen des Kollektivs spiegeln sich immer auch in der Gruppe wider – und sei es nur, dass die Gruppe diese Normen außer Kraft setzt oder ändert. Siehe das Beispiel mit dem „Spaziergänger".

Da sind Sie wieder gefragt als Teamgestalterin. Auch jetzt arbeiten Sie mit Sprache. Am besten nutzen Sie dazu die spezifische „Herdensprache" der Organisation, die subtile Begriffe wie „agil" auf eine ganz eigene Art und Weise nutzt. Idealerweise reden Sie sowieso eher wenig, sondern stellen vielmehr Fragen, ordnen Gesagtes, strukturieren und visualisieren – und nutzen dabei das Vokabular der Herde, nicht Ihr eigenes. Teamgestalterinnen brauchen eine erhebliche Sprachkompetenz und müssen die Facetten von Bedeutungen erfassen können. Sie brauchen ein Bewusstsein dafür, dass ein Wort nicht identisch mit etwas ist, sondern Worte Wirklichkeit gestalten, und zwar überall auf ganz unterschiedliche Weise.

Wenn Sie mit Gruppen arbeiten, sollten Sie sich nicht nur auf die spezifische Sprache, sondern auch auf den spezifischen Rhythmus einstellen. Das setzt voraus, dass Sie ihn spüren können, was für einen internen Mitarbeiter schwer bis unmöglich ist, denn für ihn ist dieser Rhythmus wie der eigene Puls – jedenfalls bei längerer Betriebs- oder Organisationszugehörigkeit oder auch „Kollektivprägung".

Deshalb ist es ein Riesenunterschied, ob Sie mit Gruppen aus einer Organisation zusammenarbeiten, die durch das Kollektiv geprägt sind, oder mit Gruppen aus verschiedenen Organisationen und sogar Branchen. Letztere brauchen erst einmal eine gemeinsame Sprache.

Beispiel

Der Begriff „Leitung“ meint im Verwaltungsbereich oft, dass jemand mehr Geld dafür bekommt, dass er/sie auch Verwaltungsaufgaben übernimmt. Das ist etwas ganz anderes als Führung, aus der Sicht einer Verwaltungsorganisation jedoch nicht unbedingt. Aufgrund solcher Bedeutungsunterschiede lohnt es sich, Zeit in die Begriffsklärung zu investieren, wenn heterogene Gruppen mit unterschiedlicher Kollektiv- und Branchenprägung zusammentreffen.

Der erste und wichtigste Schritt nach der Rollen- und Auftragsklärung – auf die wir noch ausführlich eingehen – ist, dass Sie sich auf den Moment und die Gegenwart einlassen. Halten Sie sich an einfache Regel: ich – hier – jetzt.

Wenn Sie so präsent sind, sind Sie ein guter Beobachter und das ist eine wichtige Voraussetzung für jede Teamgestaltung. So können Sie selbst gewahr werden:

- Wie ist die Situation?
- Was ist der Kontext?
- Welches Verhalten ist sichtbar?
- Was spüren Sie als Beobachterin?

Nehmen Sie bewusst wahr: ich – hier – jetzt. Das verlangt etwas von Ihnen, das vielen Menschen schwerfällt:

- Reaktionen der anderen einfach so anzunehmen, wie sie sind. Ganz egal, welche.
- Dazu gehört auch, Fragen wie „Wie sehe ich aus?“ oder „Welchen Eindruck mache ich?“ schnell loszulassen und sich auf die anderen zu konzentrieren.

Als interne Teamgestalterin sind Sie Teil des Kollektivs. Extern oder intern sind Sie immer Teil der Gruppe. Sie beeinflussen, was in der Gruppe geschieht, allein durch Ihre Anwesenheit, aber Sie halten sich zurück. Ihre Funktion ist zu ordnen, sichtbar zu machen.

Wenn Sie als interner Teamgestalter Teil des Kollektivs sind, kann das den Blick auf das verstellen, was die Gruppe prägt. Konfliktdynamiken etwa können Sie kaum erkennen, denn womöglich sind Sie daran beteiligt. Die Kenntnis der Dynamiken kann aber auch das Verständnis erhöhen, ein engeres Koppeln möglich machen.

Wir werden später noch über Grundannahmen schreiben. Eine verraten wir schon hier: Sie selbst sind die wichtigste Intervention. Wenn Sie im Lösungsmodus in die Gruppe „einmarschieren“, werden Sie ganz anders wahrgenommen werden, als wenn Sie mit einer offenen Haltung des „He, hier bin ich. Ich weiß nicht, was richtig für euch ist. Ich kann euch aber vielleicht unterstützen, es selbst herauszufinden.“ hineingehen.

Tipp

Üben Sie das *Ich – Hier – Jetzt*. Machen Sie sich bewusst, was Sie gerade wahrnehmen. Beobachten Sie sich selbst und Ihre eigenen Gedanken, wenn Sie auf andere blicken. Beobachten Sie die Bilder, die in Ihnen entstehen. Damit üben Sie etwas, das man „Metabewusstsein“ nennt.

Menge und Masse

Neben Gruppe und Kollektiv können Sie noch Menge und Masse unterscheiden. Das Kollektiv umfasst Menschen, die etwas verbindet, auch ohne dass sie an einem Platz sind. Die Gruppe besteht aus Personen, die in einer mehr oder weniger losen Beziehung zueinander stehen.

Die Menge ist eine Ansammlung von vielen Personen, die in keinerlei Beziehung zueinander stehen. Sie gehen beispielsweise nur über die Straße oder stehen zufällig an einem Platz. Die Masse ist eine unbegrenzte Personenanzahl ohne direkte Beziehung zueinander, die aber eine Form bekommen hat, weil beispielsweise alle in eine Richtung ziehen, etwa auf einer Demo. Massen können vor allem dann eine Form bekommen, wenn sie von Emotionen getränkt sind, wenn alle trunken sind von den Worten eines Redners, begeistert klatschen, entrüstet murren …

Die Konturen des Einzelnen gehen hier völlig verloren, die Führung der Massen braucht vor allem eine Verkörperung des Massengefühls. Als Teamgestalterin werden Sie mit Massen vielleicht auf einer Großveranstaltung zu tun haben, auf der Redner wie Heilige angebetet werden. Manipulation ist da nicht weit.

Wenn Sie so etwas kritisch sehen, sorgen Sie dafür, dass Gruppen entstehen, die beispielsweise über kontroverse Themen diskutieren. Nehmen Sie aufmerksam wahr, was in Massen passiert, auch mit Ihnen.

Rhythmus

Dynamiken entfalten sich von selbst. Sie brauchen nicht viel und manchmal auch nichts Konkretes. Plötzlich fängt einer an zu tanzen, eine Zweite folgt, ein Dritter – und schon sind alle auf der Tanzfläche. Der „First Dancer“ ist der, der Veränderungen anstößt. Dazu gehört auch der Mut, sich manchmal lächerlich zu machen, wenn zum Beispiel keiner tanzen will. Auch das gehört zum Teamgestalter-Leben dazu.

So ist das aber auch im beruflichen Leben, Sie können hier schöne Metaphern spinnen. Der Erste redet über einen Fehler, der Nächste öffnet sich, ein Dritter … so entstehen kleine und große Kettenreaktionen.

Wie Sie das beeinflussen? Indem Sie als Teamgestalterin als Erste auf die Tanzfläche gehen.

Tipp

Bei YouTube finden Sie auf unserem Kanal unter Teamworks Videos verlinkt, darunter auch „First Dancer“-Videos, die Sie in Workshops zeigen können.

Übertragen bedeutet das:

- Sie machen etwas vor.
- Sie beginnen etwas.
- Sie wechseln oder verändern die Position.
- Sie geben einen neuen Rahmen, indem Sie zum Beispiel den Raum wechseln.
- Sie reagieren auf mürrische Gesichter mit einem aufmunternden Lächeln.
- Sie neigen sich mit dem Körper zu.
- Sie bewegen sich in den Hintergrund.
- Sie hören genau, was jemand sagt.
- Sie rücken heran.
- Sie rücken ab.
- …

Teams

Teams sind besondere Gruppen, die etwas verbindet, das mehr ist als „10 Prozent mehr Umsatz": ein Ziel, gemeinsame Werte sowie gemeinsame mentale Modelle über die Art und Weise der Zusammenarbeit. Teams sind also eine besondere Form der Gruppe und als solche auch an ihrer Größe erkennbar: Das Fußballteam mit elf Spielerinnen ist schon an der obersten Grenze. In der Wissensarbeit sind Teams besser kleiner: 4,7 Personen nennt eine Studie als optimalen Durchschnittswert. Daraus ergibt sich, dass 25 Personen kein Team bilden können.

In der Wissensarbeit sind Teams besser kleiner: 4,7 Personen nennt eine Studie als optimalen Durchschnittswert.

Teams sind nicht unbedingt identisch mit Abteilungsgrenzen. Das wird oft verwechselt. Es kann in Organisationen auch informelle Teams geben. Ihr wichtigstes Merkmal ist: Jedem ist klar, was verbindet. Das Ziel kann nur zusammen erreicht werden.

Weiterhin kann es innerhalb einer Gruppe, die ein gemeinsames Ziel hat, Unterteams geben. Manchmal sind das Zusammenschlüsse von Menschen, die vorher schon zusammengearbeitet haben. Hier geht es dann oft um neues Teambuilding und ein Zusammenführen mit den anderen Teammitgliedern.

Machen Sie sich weiter klar, dass es ohne gemeinsames Ziel wenig Sinn macht, ein Team zu bilden. Das gemeinsame Ziel ist nicht in der Aufgabe einer Abteilung zu suchen, sondern im Erschaffen, Optimieren und Verändern von etwas. Stellen Sie zum Beispiel einen Hocker in die Mitte des Raumes und fragen Sie die Menschen, was das Ziel ist. Sieht nicht jeder das Gleiche, sollten Sie den Gründen auf den Grund gehen. Möglich, dass es das Gemeinsame auch gar nicht gibt und geben muss.

„Nur" eine Gruppe zu sein, kann auch etwas Entlastendes haben.

Praxis

Eine unterschätzte Aufgabe des Teamgestalters ist das „Schneiden des Teams". Zusammenarbeiten sollten Menschen, die auch wirklich etwas gemeinsam schaffen. Dabei besteht gegenseitige Abhängigkeit. Das Ergebnis ist nicht zu erreichen, wenn auch nur einer nicht mitmacht. Der Grad gegenseitiger Abhängigkeit kann unterschiedlich hoch sein: Beim Fußball kann sich jeder die hohe Abhängigkeit vorstellen. Bei anderen Arbeiten muss man sich die Aufgaben oft genauer anschauen. In einem Büroteam, in dem jeder unterschiedliche Aufgaben hat, ist die gegenseitige Abhängigkeit auf den ersten Blick vielleicht nicht so hoch, auf den zweiten aber doch, denn es benötigt gegenseitige Abstimmung.

Teamanalyse

Teams zeichnen sich dadurch aus, dass sie klar und eindeutig ein gemeinsames Ziel verfolgen. Manchmal ist das aber nicht so eindeutig. Deshalb hilft unsere Tabelle zur Teamanalyse mit Empfehlungen.

Fragen Sie sich auch immer, welchem Sporttyp ein Team am ehesten entspricht: Je mehr ein Erfolg unmöglich auf eine Person zurückzuführen ist, desto mehr beruht er auf Teamcharakter. Ein weiteres Unterscheidungsmerkmal ist der Charakter der Beziehungen. Kreative Teams mit hoher Heterogenität brauchen eher Außenbeziehungen und eine sachlich-vertrauensvolle Basis mit starkem Fokus auf sich ergänzende Kompetenzen und Entwicklung.

Effizienz-Teams mit hoher Homogenität brauchen mehr Teambonding, also soziales Kontakten und Miteinander. Weiterhin ist sehr zentral, inwieweit die Teams schnell und in unterschiedlicher Konstellation zusammenkommen und leistungsfähig sein müssen. Je schneller, desto wichtiger sind gemeinsame mentale Modelle.

So wichtig Teambildung ist – ein Zusammenhang mit Leistung konnte nie erwiesen werden. So sind es eher Faktoren wie Vertrauen, und zwar auf zwei Ebenen: in die Person und in deren Kompetenzen und Fähigkeiten.

Gegenseitige Abhängigkeit	gering	mittel	Ziel ist nur gemeinsam zu erreichen (hoch)
Aufgaben-komplexität	eher einfach	mittel	komplex
Innovations-erwartung	gering	mittel	hoch
Anforderungs-stabilität	Die Anforderungen bleiben weitgehend gleich	Die Anforderungen wechseln teils	Die Anforderungen wechseln ständig
Ähnlichkeit	Homogene Erfahrungen, Hintergründe und Kenntnisse	Die meisten Teilnehmenden haben einen ähnlichen Hintergrund	Heterogene Erfahrungen, Hintergründe und Kenntnisse

Stabilität – Fluidität	Die Mitglieder bleiben stabil zusammen.	Wechseln ab und zu	Die Mitglieder wechseln oft
Was heißt das für die Teamgestaltung?	Fördern des Miteinanders, Teambonding, Blickrichtung auf das Gemeinsame, Teambildung	Zusätzlich Teamtraining für gemeinsame mentale Modelle	Fördern von Streit- und Feedbackkultur, Fokus auf Teamcoaching, Rollenkonzepte, mentale Modelle für Zusammenarbeit

Teams gestalten

Stellen Sie sich das so vor, als würden Sie einen Berg besteigen: Damit hätten Sie schon einmal ein gemeinsames Ziel. Aber wer steigt schon auf einen Berg, nur um irgendwann am Gipfel zu sein? Der Weg muss auch attraktiv sein, angemessen herausfordernd. Sie werden Ihre Bergtour höchstwahrscheinlich nur mit wenigen Menschen zusammen meistern, vielleicht mit vier, fünf, sechs. Wenn es mal schwierig wird, werden Sie sich freuen, wenn Sie die Stärken der anderen gut kennen, und natürlich möchten Sie sich auf die anderen verlassen können, wenn sie mit dem Fuß umknicken. Bereitwillig werden Sie langsamen Teammitgliedern vor allem dann helfen, wenn sie eine gemeinsame Basis haben: Vertrauen. Wenn wir also von Teamgestaltung reden: Beginnen Sie damit, die Basis zu stärken, auf der Vertrauen entstehen kann.

Praxis

Es gibt viele Arten von Teams, beispielsweise crossfunktionale und funktionale. Funktional bedeutet, dass die Teams entlang der Funktionen, crossfunktional, dass sie übergreifend geordnet sind. Crossfunktionalität kann sich auf unterschiedliche betriebswirtschaftliche Funktionen beziehen, aber auch auf unterschiedliche Kompetenzen, etwa in der Entwicklung. Es gibt Teams, die dauerhaft, und solche, die zeitweise zusammenarbeiten. Manche überschreiten verschiedene Disziplinen. So scheint es zunächst einfacher, wenn mehrere Naturwissenschaftler zusammenarbeiten als beispielsweise Natur- und Geisteswissenschaftler. Doch schon innerhalb der Disziplinen ist viel „Überbrückungsarbeit" zu leisten. Je heterogener die Teams sind, desto herausfordernder ist der Prozess der Teambildung. Je größer der Abstand, desto wichtiger ist die gemeinsame Sprachbildung – und das genaue Zuhören. Was meint der andere? Was bedeutet Begriff X in seiner Welt?

Gruppen und Teams werden leicht verwechselt. Da ist oft der Wunsch Vater des Gedankens. Was Teams von Gruppen unterscheidet, ist vor allem das gemeinsame Ziel, doch damit ist es nicht getan. Längst nicht jedes Ziel macht aus Gruppen Teams, siehe „10 Prozent mehr Umsatz", und der Teamcocktail braucht sowieso noch andere Zutaten.

Während Gruppen einen gemeinsamen Rhythmus, aber sonst nicht viel gemein haben, trällern Teams dagegen eine gemeinsame Melodie. Als Teamgestalterin sind Sie ab und zu auch Komponistin.

Führung – und Sie als Teamgestalterin müssen oft führen – ist das Beeinflussen der Richtung von Bewegung. Da es nicht ums harte Durchsetzen geht, sondern um ein subtiles Beeinflussen in Richtung Selbstorganisation, ist das eine sehr anspruchsvolle Art der Führung. Oft gehen Sie ohne offizielles Führungsmandat voran. Je öfter Sie das machen, je mehr Sie auch wagen und spontan reagieren, desto mehr können Sie der Gruppe helfen, den bisherigen Rhythmus zu verändern. Sie können Freude einbringen, aber auch Nachdenklichkeit und die Dosis Verstörung, die die Aufmerksamkeit für eine wichtige Botschaft erhöht. Sie können verbinden, etwa zwei Menschen, die bisher nichts miteinander zu tun hatten, und Sie können trennen – um zum Beispiel Streithähne auseinanderzubringen.

Entscheidend für Sie ist der richtige Moment. Wenn alle das Bedürfnis haben zu reden, bekommen Sie niemanden auf die Tanzfläche. Wenn das Fußballspiel verloren ist, fällt Ihr Grinsen eher negativ auf. Gehen Sie mit dem Rhythmus der Gruppe, um zu entscheiden, an welcher Stelle welche Intervention passend ist. Die nachdenkliche Frage, das aufmunternde „Na, los!" – vieles ist ein experimentelles Vortasten mit kleinen Schritten.

Tabelle für die Team- und Gruppenanalyse:

Faktoren	Team	Gruppe
Größe	Ideal sind fünf bis neun Personen, ab zwei Personen spricht man von einem Team. Managementteams umfassen idealerweise drei Personen. Ungerade Zahlen sind generell von Vorteil.	Kleine (wie Team), mittlere (9 bis 20) und große Gruppe (ab 21)
Zusammensein	Dauerhaft (bis zur Zielerreichung)	Dauerhaft und zeitweise (unabhängig von Zielen)
Zusammenhalt	Gemeinsame Ziele und Werte, Vision, Purpose	Normen, organisationale Grundannahmen, teils auch Werte, Leitbilder, Vision, Purpose etc.
Zusammenarbeit	Eher selbst organisiert und sich von innen entwickelnd	Eher von außen gesteuert
Blick auf	Wir und dann Ich	Ich und dann vielleicht Wir
Führung	Eher coachend, entwicklungsfördernd, aber auch durch Autorität, durch Sinnziele	Unterschiedlich, eher hierarchisch, durch Umsatzziele, durch Zielvereinbarungen
Stärken	Wenn es gelingt, sich komplementär zu ergänzen	Wenn es gelingt, zusammen kreativ zu sein

Tipp

Stressen Sie sich nicht, wenn Ihnen spontanes Reagieren und Eingehen auf das, was sich zeigt, schwerfällt. Anfangs ist es ganz normal, dass Sie abgelenkt sind. Es ist ein typisches Bedürfnis von Lernenden, möglichst viel Plan und Struktur zu bekommen. Ein guter Plan ist wichtig, aber genauso wichtig ist es zu erkennen, wann wir davon abweichen sollten. Diese Fähigkeit entwickelt sich mit der Zeit und regelmäßiger Reflexion.

Cliquen

Cliquen sind informelle Zusammenschlüsse von Menschen, die vor allem vom Eigeninteresse einzelner Personen bestimmt sind. Sie haben also kein externalisierbares, höheres Ziel. Sie sind sozusagen negativ gepolte Teams.

Cliquenbildung ist zu vermeiden. Wirksames Gegenmittel: Nicht zulassen, dass sich immer die gleichen Personen zusammenfinden. Dies erreichen Sie als Teamgestalterin etwa durch abwechselnde Zusammenarbeit. Weiterhin darf sich kein Machtvakuum bilden, das von Cliquen ausgefüllt wird, die gegen das Unternehmen agieren. Das ist immer ein Zeichen von schwacher Führung.

Menschen

Viele versuchen, Teams dadurch zu besetzen, dass sie einzelne Menschen miteinander kombinieren, als wären diese Puzzlesteine. So einfach ist es aber nicht. Andere Menschen prägen den Menschen, wie er sich zeigt.

Wir arbeiten in unserer Ausbildung mit drei Brillen: dem Blick auf mich, und zwar aus der Perspektive des Teamgestalters, dem Blick aus der Perspektive als Teil eines Teams und dem Blick auf das Wir, der die Gruppe oder das Team betrachtet. Die Praxis gibt den Kontext und die speziellen Situationen sowie die Methoden dazu.

Menschen sind soziale Wesen und diese Orientierung an anderen sorgt für Anpassung an den unmittelbaren Kontext, auch wenn dieser eben nicht die eigenen Sonnenseiten zum Vorschein bringt.

Unterscheiden Sie immer zwischen dem Mensch und dem „Mensch-in-der-Gruppe". Wir merken uns von anderen nur das, was in der jeweiligen Gruppe auffällt. Das aber kann auf eine spezifische Eigenschaft hindeuten, die sich auch anderswo zeigt – muss es aber nicht. Die Gruppe bestimmt dabei vor allem auch, wie eine solche Eigenschaft bewertet wird.

Unterscheiden Sie immer zwischen dem Mensch und dem „Mensch-in-der-Gruppe".

Abbildung 2: Unser Ausbildungssystem mit vier Blickwinkeln

Beispiel

In einer sozialen Einrichtung waren alle kommunikativ und kreativ. Implizit herrschte die Überzeugung, dass Strukturen und Ordnung dieser Kreativität entgegenstünden. Das erkannten wir an dem ablehnenden Verhalten allem gegenüber, was mit Planung zu tun hatte. Eine Mitarbeiterin war auffallend anders, strukturiert und planvoll. Sie wurde als Exotin betrachtet. In einem anderen Umfeld wäre sie nicht weiter aufgefallen.
Sprechen Sie über solche Beobachtungen. So wie jeder Mensch ein Unbewusstes hat, hat es auch das Team, die Gruppe und das Kollektiv. Dort schlummern die nicht aktiv gedachten, selbstverständlichen Annahmen. Werden diese bewusst, entstehen neue Verhaltensmöglichkeiten.

Menschen sind die Summe ihrer bisherigen Beziehungs- und Kontexterfahrungen sowie ihrer körperlichen Anlagen, aber auch von Entscheidungen. Auch ihre Zukunftserwartungen machen sie aus. Wer will man werden? Oder glaubt ein Mensch etwa, dass er ist, wie er nun mal ist?

„Ich mache regelmäßig Sport" ist nirgendwo angelegt, beeinflusst aber die Entwicklung. Studien zeigen, dass sich durch bewusstes Training Erbanlagen verändern lassen. Diese Anlagen sind wie Samen, die aufgehen oder abgeschaltet bleiben. Die Geschichte der Familie, sogar die von Generationen, ist in diese Samen eingespeist. Das erforscht die Epigenetik. Diese sagt uns auch, dass nichts wirklich fertig ist, sondern alles ein Werden. Das Ergebnis ist nicht berechenbar. Es ist nicht einmal ganz klar, ob man zum Radieschen oder zur Stachelbeere wird – da ist menschliche Entwicklung offener als pflanzliche. Der Mensch ist, was andere aus ihm machen und er aus sich selbst.

Die jeweilige Situation, der Kontext und die Summe der bisherigen Kontexterfahrungen prägen menschliches Verhalten. Je gleichbleibender Kontext und Situation, desto uniformer kann Verhalten werden.

Wer seit zehn Jahren mit den gleichen Kolleginnen auf ähnliche Art und Weise zusammen- oder nebeneinanderher arbeitet, verhält sich in diesem Kreis höchstwahrscheinlich ähnlich. Das Verhalten ist trainiert, die anderen erwarten genau dieses Verhalten. Vielleicht war es früher formbar, irgendwann aber verfestigte es sich mehr und mehr.

Der Elefant, der 20 Jahre angebunden im Zirkus immer im Kreis läuft, verlässt diesen selbst dann nicht, wenn man ihn freilässt.

Schwer, da auszubrechen, aber dabei zu helfen, kann Aufgabe der Teamgestaltung sein!

Das Team im Menschen

Jeder Mensch hat in sich ein eigenes inneres Team. Das besteht aus verschiedenen Anteilen, aus kleinen und großen Menschleins, die verschiedene Lebensalter vertreten. Sie sind zu verschiedenen Zeiten entstanden. Gesunde Menschen können ihre Anteile sehen und steuern. Sie haben Zugriff darauf und sind sich ihrer bewusst.

Problematisch wird es, wenn Anteile abgespalten sind, also kein Zuhause gefunden haben – sie sind wie in einem Zimmer weggesperrt. Auch das ist eine Überlebensstrategie, weshalb man niemand aus einem verschlossenen Zimmer herauszerren sollte.

Wenn Sie mit Teams arbeiten, hilft es sehr, sich dessen bewusst zu sein. Haben Sie Respekt vor der individuellen Lebensgeschichte eines jeden Teammitglieds. Sie wissen nichts über die anderen, nur über sich selbst – weshalb alle Lösungen für Probleme immer nur in jedem selbst entstehen können. Mancher „Wahnsinn" ist bei Licht betrachtet eine äußert hilfreiche Organisation des Gehirns, die es ihm ermöglicht, mit der Umwelt zurechtzukommen.

Haben Sie Respekt vor der individuellen Lebensgeschichte eines jeden Teammitglieds.

Als Teamgestalterin wissen Sie nie, welche Lösung es geben wird. Die kennt nur derjenige im Team, der eine sucht, oder das Team insgesamt, denn das, was für den einzelnen Menschen gilt, gilt auch für eine Gruppe oder ein Team: Manche vermeintlichen Dysfunktionalitäten zeigen in Wahrheit an, dass etwas gut funktioniert. So kann es eine Funktion haben, Konflikte nicht offen anzusprechen oder kein Vertrauen aufzubringen.

Entwicklungsbaum

Die Persönlichkeit beschreiben wir mit dem „Entwicklungsbaum“. In den Wurzeln finden sich Temperament und Motive. Der Grund ist, dass das Temperament oft auch mit der Körperchemie zu tun hat und Motive früh im Leben entstehen.

Die Ich-Entwicklung beinhaltet die Haltung und ist wie ein Baumstamm – Erfahrungen machen uns reifer, verändern uns, machen uns stärker.

Aus den Ästen treiben uns Werte an. Diese können ihre Farbe verändern. Werte sind in vielen psychologischen Theorien veränderbar. Sie sind eng mit Emotionen und Motiven verwoben. Am Ende gehört alles zusammen, der Entwicklungsbaum ist ein Ganzes. Manchmal macht es in Teamentwickungsprozessen Sinn, seine Teile zu betrachten, um sich beispielsweise besser kennenzulernen. Auch der Kontext gehört dazu und damit die Frage nach optimalen Wachstumsbedingungen.

Mit dem Entwicklungsbaum können Sie immer wieder arbeiten. Er fördert eine differenzierte Sicht auf den Einzelnen, aber auch auf das Team.

Ein reifes Team ist wie ein Garten für viele unterschiedliche Bäume. Die „Sonne“ wiederum kann in diesem Team-Garten für jeden etwas anderes bedeuten. Sie verkörpert, „wohin“ wir uns ausrichten.

Abbildung 3: Der „Entwicklungsbaum“ zeigt, wie viele Aspekte zusammenhängen. Sie können damit ganz konkret an der persönlichen Entwicklung arbeiten, aber auch am „Team-Garten“.

Werte

Werte geben Halt. Werte weisen auch den Weg, sie orientieren. Sie verbinden sich mit Entscheidungen und Handlungen. Werte fussen auf Motiven und können sich ändern.

Sie sagen nicht, wohin jemand will, aber auf welche Weise er seinen Weg gestaltet. „Jemand verkörpert seine Werte“ heißt es ja auch – und genauso ist es. Deshalb führt jede persönliche Entwicklung zu einer Verbindung mit den eigenen Werten, Motiven und deren Entfaltung. Teams können funktionale Werte haben, die nicht direkt mit den persönlichen zu tun haben. Agile Werte wie „Einfachheit" etwa. Auf solche Werte kann man sich einigen.

Werte als dynamisch zu vermitteln, ist hilfreich, da wir damit die richtigen Veränderungsimpulse geben. Dabei kann es hilfreich sein, in Polen zu denken: Jeder Wert hat einen Gegenwert – und eine Übertreibung. So lassen sich Werte allein sprachlich verändern, indem man sie mit persönlichen Emotionen verbindet: Aus Neid kann Bewunderung für Leistung werden. Darüber zu sprechen und dies zu reflektieren, kann Teams sehr viel weiterbringen.

Auch ein Spiel kann Neugier und Experimentierfreude wecken und somit die Initialzündung für die Wiederentdeckung „vergessener" Werte sein. Nicht zuletzt lassen sich Werte neu deuten und so zu einem gewissen Grad umformen und verwandeln. Dabei geht es um eine Auffächerung und teils Neubewertung. Wenn ich meinen Wert „Loyalität" nicht mehr als strenge „Treue" interpretiere, ergibt sich daraus dann eben auch ein verändertes Verhalten. Dabei ist zu berücksichtigen, das es auch unterdrückte Werte gibt, die da sind, aber nicht gelebt werden. Dies führt oft zu psychischen Belastungen und Erkrankungen. Weiterhin existieren Introjekte – eingepflanzte Werte, die zu einer Art Automatenhandeln führen. Hier sind die Menschen nicht mit den Werten verbunden, die sie zu verkörpern vorgeben. Oft sind sogar die gegensätzlichen Werte aktiv.

Bei alldem ist klar: Werte sind nicht statisch, sondern entwickeln sich. Mal kann der eine, mal der andere Wert im Leben Priorität haben.

Praxis

Fördern Sie die Verbindung mit den eigenen Werten. Wer Werte fühlen kann, kann sie auch immer wieder aktivieren. Lassen Sie die Teammitglieder einmal über ein schönes Ereignis in der letzten Woche nachdenken. Versetzen Sie sie mit Worten in dieses Ereignis: Welche Bilder entstehen? Wie fühlt es sich an?

Es soll nichts Großes sein, etwas Alltägliches ist viel aussagekräftiger. Verbinden Sie nach Ihrer Anmoderation und nachdem Sie ein Beispiel in der Gruppe besprochen haben jeweils zwei Personen miteinander, die dann darüber sprechen. Es soll darum gehen herauszufinden, welche Werte sich darin zeigen. Sprechen Sie dabei ein Substantivverbot aus, besser sind individuelle Beschreibungen der Qualität eines Werts.

Werte an konkretem Verhalten festzumachen, ist oft eine große Herausforderung, denn Organisationen tun sich schwer mit dem Konkreten. Sie verstehen Werte nicht als Handlungsqualitäten. Sie sehen in ihnen eher eine Art Kosmetik, die man auflegt, um hübscher für die Mitarbeiter oder auch den Wettbewerb zu sein. Das ist Unternehmen oft gar nicht bewusst. Sie denken, ein Plakat hilft, um sich zu erinnern, und dann vergilbt es – und der wahre Wert, der sich dann zeigt, ist, dass das hier nicht wichtig ist. Dass Organisationen das tun, ist durchaus funktional. Sie sind ja keine

Werte an konkretem Verhalten festzumachen, ist oft eine große Herausforderung, denn Organisationen tun sich schwer mit dem Konkreten.

Menschen. Kosmetik hat auch seine Berechtigung. Deshalb gilt es, organisationale Werte anders zu behandeln. Sie dürfen nicht am Kern vorbeizielen, aber etwas Kosmetik ist durchaus zulässig. Aber Überschminken, das wäre eine Problem.

Wirkliche, echte Werte lassen sich nur erfahren. Auf keinen Fall werden sie lebendig, indem ein Flipchart beschrieben oder ein Wertekodex verabschiedet wird. Sie werden lebendig, indem sie sich in bewusste Entscheidungen für ein Verhalten wandeln – beispielsweise jemandem ein Feedback zu geben oder aus einem Feedback zu lernen.

Praxis

Sie erkennen, wenn andere mit ihren Werten verbunden sind, daran, dass sie langsam sprechen und wirklich mit dem ganzen Körper dabei sind. Ein Herunterrattern spricht dagegen eher für angelesene oder trainierte Werte. Diese werden nicht handlungsleitend werden, sondern lediglich zu „Füllwörtern" der Kommunikation.

Der Begriff Handlungsqualität als Definition von Wert sagt, um was es wirklich geht: „Ich tue etwas, weil es mir und meinem Leben Qualität gibt. Etwas ist für mich wertvoll. Ich möchte es erreichen, realisieren, umsetzen. Es ist Teil von mir."

Motive und Eigenschaften

Nichts befriedigt mehr als Werte, denn aus ihnen entstehen persönlich wertvolle Ziele. Kommen Motive dazu, entsteht eine kraftvolle Bewegung nach vorn. So ein Motiv ist etwa das stabile Bedürfnis nach Autonomie, Einfluss oder Leistung. Sowohl Werte als auch Motive sind eng mit Emotionen verbunden. Das psychologische Viereck aus Gefühlen, Gedanken, Handeln und Körper ist mit den Motiven eng verzahnt. Es entstehen regelrechte Kettenreaktionen. Wenn diese im Team besprochen werden können, wächst dadurch das Verständnis für die Reaktionen der anderen.

Nichts befriedigt mehr als Werte, denn aus ihnen entstehen persönlich wertvolle Ziele. Kommen Motive dazu, entsteht eine kraftvolle Bewegung nach vorn.

Die Motivationspsychologie hat nachgewiesen, dass für Veränderung die Volitionsbildung zentral ist. Deshalb kann es ein wertvoller und wichtiger Teil sein, die hinter einem Ziel liegenden Beweggründe genau zu erkunden und bewusst zu machen. Auf der Ebene des Teams, aber auch auf der persönlichen.

Praxis

Jemand hat das Motiv „Familie" und den Wert „Loyalität". Wenn dieser infrage gestellt wird, denkt er „Mach doch dein eigenes Ding". Die Gefühle sind dann „Trauer" und „Wut" und das Verhalten „Flucht". Körperlich zieht sich das Herz zusammen.

Das lässt sich so abgrenzen:

- Werte sagen, was mir wichtig ist und wie ich etwas tun will, beispielsweise auf eine freundliche Art und Weise, loyal oder naturverbunden.
- Motive sagen, was mich antreibt, beispielsweise der Wunsch nach Einfluss oder Autonomie.

Eigenschaften sagen, wie jemand ist, etwa verträglich oder gewissenhaft, kontaktfreudig oder eher zurückhaltend. Manche Eigenschaften sind verankert im teils angeborenen Temperament. Sie lassen sich nicht beobachten, sondern sind Muster, die eine Person in sich selbst bildet. Das kann auch allein dadurch passieren, dass der Kontext sie immer wieder in den gleichen Verhaltensweisen bestätigt. Diese Wechselwirkung bewusst zu machen, ist eine wichtige Teamgestaltungsaufgabe. Denn wenn ich verstehe, dass Verhalten Musterbildung ist, kann ich mir ansehen, welche Muster wirklich da sind – und sie auch infrage stellen und verändern.

Tipp

Persönlichkeitstests beziehen sich meist auf einen Teil dieser Aspekte. Der wissenschaftlich validierte und fundierte Big Five-Test ist weniger erforschten Verfahren vorzuziehen. Arbeiten Sie mit Tests, binden Sie das in einen vertrauensvollen Prozess ein.

In Gruppen besteht die Gefahr, dass dadurch auch Stereotype wie „X ist ein Roter" oder „A ist eben introvertiert" entstehen. Das kann Möglichkeiten begrenzen, denn Persönlichkeit ist veränderbar: Sie dehnt sich aus und zieht sich zusammen, je nach Umgebung. Sie blüht und vertrocknet. Die Gruppe bestimmt, was sich zeigt und was nicht – und auch, wie es bewertet wird. Mutiges Handeln etwa kann, als Regelbruch verstanden, entsprechend negativ konnotiert sein. In einem anderen Umfeld kann es ebenso gesehen, aber positiv verstanden werden.

Kontextprägung

Menschliches Verhalten erklärt sich zu einem großen Teil durch den Kontext. Wenn Sie mit Gruppen arbeiten, sollten Sie die Aufmerksamkeit darauf lenken. In einem anderen Kontext nämlich wäre der „Spaziergänger" (siehe S. 17) nicht einmal aufgefallen oder nur durch die Regelmäßigkeit seiner Austritte. Das, was in dem einen Kontext also geradezu fortschrittlich anmutet, wäre in einem anderen geradezu bieder. In einem weiteren Umfeld wäre er einer von vielen, die sich mit Achtsamkeit beschäftigt und das Bewusstsein für die Kraft der Pause erlangt haben. „Die ist so" kann sich nur auf das jeweilige Umfeld beziehen, nie jedoch eine allgemeingültige Aussage treffen. Unterscheiden Sie deshalb immer zwischen dem Mensch und dem „Mensch-in-der-Gruppe".

Es kann sein, dass der „Spaziergänger" in vielen Gruppen eine Tendenz zu eigenwilligem, nicht regelkonformem Verhalten hat. Es kann aber genauso gut sein, dass Sie, wie der „Spaziergänger", zufällig in eine Position geraten, einfach aufgrund einer bestimmten Konstellation.

Wenn Sie Gruppendynamiken verstehen wollen, dann betrachten Sie das Verhalten. Sehen Sie das Phänomen „interessant, dass …". Lockern Sie allzu große Festigkeit, öffnen Sie festgezogene Denkschrauben. Damit bereiten Sie einen Boden auf der Veränderung möglich ist.

Dazu gehört auch das Denken in Gegensätzen. Dass Normen existieren, erkennen wir vor allem am Umgang mit ihrem Gegenteil.

So, wie es Yin und Yang gibt, hat auch jedes Teil sein Gegenteil, jedes Schwarz sein Weiß. Dass ein Team bei bestimmten Themen nicht weiterkommt, hat oft mit einer fehlenden Integration der Gegensätze in einer Gruppe zu tun.

Heuristiken und Biasse

Sie kennen das sicher: Einer prescht vor mit seiner Meinung und die anderen schließen sich dieser an, als hätten sie vorher nicht etwas ganz anderes gesagt. Das ist das sogenannte „Gruppendenken". Bestimmt haben Sie auch schon einmal beobachtet, wie jemand die Vergangenheit ganz anders darstellt, als Sie sie in Erinnerung haben, oder wesentliche Aspekte – wie Sie meinen – überhaupt nicht sieht. Das basiert auf einer Verzerrung des Denkens: Das eine ist der Rückschaufehler, das andere die Selbstbestätigungstendenz. Man könnte es als „Fehlprogrammierung" ansehen oder auch als Besonderheit von Menschen, die nun mal keine Computer sind. Solche Besonderheiten gibt es zahlreiche. So können Menschen anders als Computer nicht exponentiell denken. Sie halten das für relevant, was sie oft hören und sehen. Man nennt die sich daraus ergebenden Phänomene in der Verhaltensökonomie Heuristik und Bias (Fehler). Diese ermöglichen Intuition, begünstigen aber auch hinderliche Gewohnheiten.

So kann die Welt untergehen und man diskutiert immer noch über völlig Nebensächliches. Das nennt man „Dekorieren von Deckstühlen auf der Titanic".

Biasse und Heurisiken zeigen aber auch an, wie besonders das menschliche Gehirn funktioniert. Die Berechnung der Flugbahn eines Balls etwa nehmen Menschen in Sekundenbruchteilen vor und können so am Strand galant ausweichen. Ein Computer könnte das ebenso wenig, wie er in der Lage wäre, die Kreativität von Menschen nachzubilden. Er ist und bleibt eine Rechenmaschine.

Menschen haben kein Computergehirn, ihre Wahrnehmung ist höchst selektiv, die Aufnahme auf wenige Aspekte begrenzt.

Es ist anstrengend, sich mit den vielen Details zu beschäftigen. Das Gute ist: Wir erkennen das griechische Restaurant wie im Traum allein an seinen Buchstaben und der Farbgebung. Das manchmal Hinderliche: Wir neigen zu Schubladendenken.

Wenn Sie mit Teams arbeiten, sollten Sie die Vor- und Nachteile solcher Biasse und Heuristiken in ihre Arbeit einbeziehen. Sie sollten das gemeinsame Lernen möglichst gehirngerecht gestalten. Das gelingt etwa, wenn Sie

Wenn Sie mit Teams arbeiten, sollten Sie die Vor- und Nachteile solcher Biasse und Heuristiken in ihre Arbeit einbeziehen.

- Mikrostrukturen anbieten (siehe S. 31),
- Ideen erst in Einzelarbeit schriftlich machen, bevor sie diese im Team weiterentwickeln,
- möglichst viel unterschiediche Kleingruppenarbeit anbieten,
- den Körper in die Arbeit einbeziehen,
- Verhalten beeinflussen (z. B. Experimentiermaterial anbieten, um den Umgang damit zu fördern),

- einen klaren Rahmen bieten, zeitlich, räumlich und visuell,
- Bilder verwenden,
- die menschlichen Qualitäten Empathie, Intuition und Kreativität in den Vordergrund stellen.

Alles in allem ist es Ihre Aufgabe, eine vertrauensvolle Atmosphäre herzustellen, in der die positiven Qualitäten der menschlichen Heuristiken für gemeinsames Wachstum sorgen. Die negativen Seiten, wie etwa Gruppendenken, haben dann keine Chance.

Praxis

Menschen brauchen Strukturen, die die Wirklichkeit ordnen und ihrem Denken entsprechen. Eine der Hauptaufgaben der Teamgestalterin ist es deshalb, diese Strukturen zu geben. Sie beziehen sich auf Meeting- und Workshopstrukturen, aber auch auf Entscheidungen und die Entwicklung von Kreativität. Mikrostrukturen wie die Liberating Structures (www.liberatingstructures.org) sind genau darauf zugeschnitten. Sie können solche Strukturen aber auch immer wieder selbst gestalten, indem Sie beispielsweise erst zwei Personen in den Austausch treten lassen, dann die Gruppe auf vier erweitern und schließlich auf das ganze Plenum. Entscheidungen und Ideen lassen sich so verdichten, wenn mit jeder neuen Kombination die Aufgabe hinzukommt, die bisherigen Erkenntnisse auf ein nächstes Level zu bringen.

Wenn es darum geht, neue Ideen einzubringen, hilft zum Beispiel eine Struktur wie Feedforward. Jeder schreibt eine Frage auf und stellt sie einem anderen. Dieser feuert seine Ideen dazu ab oder lässt seine Gedanken laufen. Der Fragesteller hört eine Minute nur zu, schreibt auf, ohne dabei zu werten. Dann wechselt er zum Nächsten. Feedforward funktioniert wunderbar mit mittleren und großen Gruppen.

Von hier ist es nicht mehr weit zu den sogenannten „Nudges“, also Anstupsern für Verhalten. Wenn man etwa in einem „Pinkelbecken“ eine Zielscheibe anbringt, zielen Männer auf diese und das Becken bleibt sauberer. In einem Raum mit Spielzeug, spielen Menschen eher. Farbige Wände beeinflussen ebenso wie Bilder und Symbole.

Für solche Verhaltensanreize gibt es viele Beispiele. Fragen Sie sich, welches Verhalten Sie möchten, und was dieses begünstigen könnte. Ein wichtiger „Nudge“ ist etwa die Timebox, also die Zeitvorgabe für die Erledigung einer Aufgabe, wenn sie etwas zeitlich begrenzen wollen. Wir schließen unsere Teilnehmerinnen im fünften Modul unserer Ausbildung in einem ein. Vorher stellen wir eine bestimmte Musik an und hinterlassen Material. Auf dem Flipchart steht dann:

- Jetzt seid mal kreativ
- 10 Minuten
- Alle machen mit
- Keine Berührung
- Der Körper ist das Material
- Ein gemeinsames Ergebnis

Auf diese Weise fördern wir gemeinsame Kreativität. Gleichzeitig gibt es einen Zeitdruck. Und wir stellen ein Thema in den Mittelpunkt. Das könnte auch anders lauten.

Wenn wir wollten, dass alle malen, stünde da „nutzt die Stifte". Wollten wir eine pure Gruppendynamik, würden wir gar keine Anleitung bieten, sondern einfach gehen.

Praxis

Die Gruppen- und Teamphänomene helfen Ihnen auch, Ideen für den Kulturwandel zu entwickeln. Der Fischteicheffekt besagt, dass eingeschlafene Teams (aber auch Gruppen) von einem etwas größeren Fisch profitieren, der das „Aquarium" durcheinanderbringt. Damit meinen wir eine neue Mitarbeiterin, die kein „Hai" ist, aber den anderen etwas voraushat, beispielsweise mehr Drive, bessere Kenntnisse oder auch ein anderes Kommunikationsverhalten. Die damit einhergehende Unruhe gehört dazu. Wichtig ist nur, dass der neue Fisch nicht zu exotisch ist und damit in dem Becken nicht überleben kann.

Der „Dunning-Kruger-Effekt" in der Praxis bedeutet, dass Managerinnen sich bewusst Menschen ins Team holen sollten, die schlauer sind als sie selbst. Das fällt ganz besonders Menschen mit narzisstischer Prägung schwer, da sie sich vor allem durch die Bewunderung der anderen aufladen und schwer selbst bewundern können.

Das durch eine schlauere Person im eigenen Umfeld entstehende Minderwertigkeitsgefühl können selbstbewusste Persönlichkeiten leichter überwinden, beispielsweise indem sie sich auf eigene Stärken und Werte besinnen.

Es kann hilfreich sein, diese Dinge auszusprechen und den Diskurs auch mit dem Blick auf diese Phänomene zu führen.

Entwickeln Sie mit Ihrer Gruppe oder Ihrem Team Übungen, die Effekte zeigen, und werten Sie das Erlebte dann aus. Beispielsweise können Sie eine Entscheidung simulieren, die in der ersten Iteration (dem ersten Durchlauf oder auch „Sprint") unstrukturiert gefällt wird, und in der zweiten mithilfe von Strukturen.

Was?	**Beschreibung**	**Wo einschränkend auf Individualebene? (Ich)**	**Wo einschränkend auf Teamebene? (Wir)**	**To-do**
Ankerheuristik	Eine vorher gehörte oder gesehene Zahl wird zur Orientierung für alles Weitere verwendet.	Größer/Kleiner denken	Wenn es beispielsweise ums Schätzen geht, orientiert sich das Team an einer vorher gehörten Zahl.	Sich der Wirkung bewusst sein; bewusstes Nennen von Zahlen oder Weglassen
Beobachterdrift	Nach einer gewissen Zeit ermüdet man und die Genauigkeit der Wahrnehmung schwindet.	Sinkendes Urteilsvermögen nach längerem Zuhören etc.	Sinkendes Urteilsvermögen in langen Sitzungen.	Zeiten verkürzen; in Teams mehrere Beobachterrollen (Rollenkarten) verteilen
Halo-Effekt	Aufgrund einer überstrahlenden Eigenschaft wie gutes Aussehen schließen wir auf andere, die gleichwertig sind.	Fehleinschätzungen von Personen, die man wenig kennt; Verzerrung bei Auftragsvergabe, im Vorstellungsgespräch, bei Meetings oder wenn Experten Inhalte vermitteln; man glaubt den Attraktiven eher.	Fehleinschätzung aufgrund eines kurzen Eindrucks und der Selbstbestätigung, dass dieser richtig ist.	Bewusst eigene Annahmen und Gefühle gegenüber einer Person oder einer Gruppe von Personen infrage stellen; Informationen ausblenden, zum Beispiel Musiker hinter einer Wand spielen lassen, Namen abdecken

Was?	Beschreibung	Wo einschränkend auf Individualebene? (Ich)	Wo einschränkend auf Teamebene? (Wir)	To-do
Confirmation Bias	Wir suchen uns Studien und andere Aussagen, die unsere These stützen – und ignorieren andere.	Verkürzt analytische Entscheidungen und verschlechtert die Entscheidungsqualität.	Verkürzt Gruppenentscheidungen und senkt die Qualität.	Entscheidungstechniken wie konsultativer Einzelentscheid oder Konsent; vor der Entscheidung Pro- und Kontra-Wettbewerb; für jedes Pro- ein Kontraargument verpflichtend; Einbeziehen von Datenanalysen
Dunning-Kruger-Effekt	Inkompetente sehen sich als kompetenter an, als sie sind; sie erkennen die Fähigkeiten von anderen auch nicht.	Gute Leute werden nicht eingestellt, ihre Qualität nicht erkannt.	Auch bei Teameinstellungen kann das gelten.	Eine Teamhaltung fördern, die Unterschiedlichkeit erlaubt und zulässt, dass andere klüger sein dürfen als man selbst
Effekt der schwindenden Optionen	Sobald man eine sinnvolle Option gefunden hat, beachtet man die anderen nicht mehr.	Ignoranz gegenüber neuen Informationen.	Dito.	Bewusstes Einbeziehen von Alternativen mit der Frage „Was könnten wir sonst noch tun"?; nicht sofort entscheiden, nicht sofort nach Lösungen suchen und Prozesse trennen (Optionensuche und Entscheidung)
Entscheidungsfehler	Auch „Dekorieren von Deckstühlen auf der Titanic" genannt – man konzentriert sich auf das Lösen unwichtiger Probleme anstatt auf das, was geboten wäre.	Das große Ganze wird nicht gesehen.	Dito.	Prinzipienorientierung: Was ist jetzt wirklich wichtig?
Fischteicheffekt	Man vergleicht sich mit seiner direkten „Peergroup" und entwickelt entsprechendes Selbstbewusstsein bezogen auf eigene Talente. Kommt man in ein anderes Umfeld, in dem die Mitglieder ähnlich talentiert sind oder talentierter, sinkt das Selbstbewusstsein mehr, als es der Leistung entspräche.	Leistung von Leistungsträgern sinkt, wenn sie unter anderen Leistungsträgern sind. Man kann dort mehr Leistung bringen, wo andere ein geringeres Level als man selbst mitbringen.	Selbstbewusstsein sinkt in einem leistungsstarken Team.	In eingespielte Teams neue Mitglieder bringen, die etwas leistungsfähiger sind als die anderen; am Anfang mit Leistungseinbruch rechnen
Fluch des Siegers	Wer einmal etwas gewonnen hat oder im Rampenlicht stand, dem werden auch fortan Siege unterstellt.	Erfolgreiche Mitarbeiter bleiben aufgrund des Erfolgs von gestern und beweisen sich nicht neu.	Newcomer haben keine Chance. Einem erfolgreichen Team wird unterstellt, dass es in neuen Situationen den Erfolg wiederholen kann.	Stetige Neubewertung von Leistung; nicht damit rechnen, dass sich Leistung wiederholt
Fokus auf Innensicht	Man konzentriert sich darauf zu betrachten, was man für Erfolg und Zielerreichung braucht.	Ausschaltung von Risiken, übertriebener Optimismus.	Selbstüberschätzung	Die Außenperspektive einnehmen; sich fragen, was man anderen Einzelpersonen oder Teams raten würde, die ein solches Projekt wie dieses realisieren wollen

Was?	Beschreibung	Wo einschränkend auf Individualebene? (Ich)	Wo einschränkend auf Teamebene? (Wir)	To-do
Gruppendenken/ Groupthink	Wir schließen uns der Gruppenmeinung an beziehungsweise der Meinung, die am selbstbewusstesten vorgetragen wird.	Angst vor Konflikten, Zugehörigkeitswunsch.	Bei Entscheidungen, Innovationen von Prozessen und Produkten, Entwicklung, Beförderung, Einstellung etc.	Bewusste Gegenmaßnahmen wie Rollenkarten, Advocatus Diaboli, Meinungen/Einschätzungen vor einer Sitzung aufschreiben/einsammeln.
Motivierte kognitive Verzerrungen	Die Abneigung gegen Verluste/Misserfolg/Neuerungen ist so groß, dass sie die Vorteile und Risiken bei der Weiterverfolgung einer Idee verzerrt.	Übermäßiges Vertrauen in die eigene Urteilskompetenz; nicht Erkennen von gegenteiligen Informationen.	Mobben und Ausgrenzen anderer Stimmen; Folgen der Mehrheitsmeinung.	Weiterverfolgen von Ideen, obwohl Personen andere Informationen haben könnten; Zulassen widersprüchlicher Gefühle; Prä-Mortem-Analysen, bei denen man sich zukünftigen Misserfolg schon vor der Entscheidung vorstellt und fragt, wie es dazu kommen konnte; Gefühle wie Angst einbeziehen.
Primacy Effect/ Recency Effect	Wir merken uns besser, was am Anfang und am Ende geschah. Beispielsweise bleibt bei Coachingprozessen vor allem deren Ende im Gedächtnis.	Abwerten des mittleren Teils, in dem oft die wichtigsten Informationen stecken.	Emotionalisieren von Informationen, kleine Häppchen, Blitzlichter zwischendurch.	Verteilung der Aufmerksamkeit abschnittsweise auf mehrere Personen.
Rekognitionsheuristik	Drei Möglichkeiten: Beide Objekte sind unbekannt → Raten. Beide Objekte sind bekannt → Wissen. Eines ist bekannt, das andere nicht → Vorzug des Bekannten.	Falsche Einschätzungen	Dito.	Durch dieses Halbwissen raten viele Menschen durchaus richtig. Je mehr die Situation aber an menschliche Erfahrung gekoppelt ist, desto schneller kann man irren.
Selbstbestätigungstendenz	Man findet immer eine Studie/ein Argument, das die eigene Meinung untermauert.	Keine Akzeptanz wichtiger Argumente.	Keine Weiterentwicklung von Argumenten, sondern Entweder-oder/Richtig-falsch-Diskussionen	Bewusste Auseinandersetzung mit Gegenargumenten; Gründe für Gegenargumente reflektieren.
Selektive Wahrnehmung	Man sieht/hört nur das, was man sehen/hören will.	Ignorieren der echten Aussage „weiß ich schon"; Wissen wird nicht geteilt.	Teammitglieder, die mehr wissen, sagen das nicht; Ideen von Teammitgliedern werden mit deren Status selektiv bewertet.	Aufmerksames Zuhören, bewusstes Hinterfragen „habe ich wirklich richtig verstanden?"; Aufmerksamkeit beim Hören auf das Unbekannte.
Soziales Faulenzen/ Social Loafing	Man denkt, die anderen, werden sich schon genügend anstrengen.	Nachlassende Leistung, einer macht alles.	Stehenbleiben oder Rückentwicklung eigener Fähigkeiten, „Downgrading" der eigenen Leistungsfähigkeit, Frustration.	Tandems bilden, kleine Gruppen, wechselnde Rollen, Leistungsfeedback auf Ich- UND Wir-Ebene.
Tendenz zur Mitte	Wir bewerten etwas ungern sehr extrem, da wir eine Normalverteilung annehmen, Ausnahme in Gruppen, da verstärken wir manchmal unsere vorherige Meinung.	Mitarbeiter werden mittiger bewertet, als sie sind; sehr gut oder sehr schlecht wird vermieden.	Besondere Stärken werden bei Teammitgliedern nicht wahrgenommen, diese könnten aber wesentlich sein.	Viele verschiedene Bewertungen unabhängig voneinander; Vergleiche auch mit Mitarbeitern außerhalb des Teams und der Organisation; alternative Evaluierungen ohne klassische Skalen.

2 Gruppen- und Teamdynamik

Worauf sollten Sie bei der Arbeit mit Gruppen und Teams achten? In diesem Kapitel führen wir Sie in die Dimensionen der Gruppen- und Teamdynamik ein. Diese helfen Ihnen zu verstehen, was in einer Gruppe oder einem Team vor sich geht, und Ansatzpunkte für Ihre Arbeit zu finden.

Es ist faszinierend zu sehen, wie Gruppen ein Eigenleben entwickeln. Wie sie entstehen und sich entfalten. Welche Kräfte wirken, welche Kräfte verpuffen. Wie sich Beziehungen herausbilden und verändern – und auch, wie Sie das bis zu einem gewissen Grad beeinflussen können.

Als eine besondere Form der Gruppe sind im Team Dynamiken stärker, die sich auf gemeinsame Leistung und Beziehungen beziehen.

Teams schließen wir dabei explizit ein: Als eine besondere Form der Gruppe sind im Team Dynamiken stärker, die sich auf gemeinsame Leistung und Beziehungen beziehen. So kann der Verlust eines Gruppen- und Teammitglieds Trauer bei den anderen auslösen. Dieser Effekt ist bei Teams aber nachhaltiger und intensiver, weil auch die Bindung größer ist.

Gruppendynamik ist die praktische Einflussnahme auf das, was passiert, wenn Menschen zusammenkommen. Die Gruppendynamik als wissenschaftliche Disziplin versucht, die Kräfte in Gruppen zu erforschen. Das Objekt ihres Interesses ist die kleine Gruppe und das Team. Mit großen Gruppen beschäftigt sich die Massenpsychologie, heute „kollektives Verhalten“ genannt.

Sie sind als Teamentwickler also immer auch Organisationsentwickler und eben auch Gruppendynamiker.

Drei relevante Fragen für Sie:

- Was soll überhaupt durch Ihre Intervention in der Gruppe erreicht werden? Geht es darum, ein Team zu erschaffen oder ist es schon ausreichend, wenn die Gruppe sich mehr auf produktive Zusammenarbeit konzentriert?
- Wozu soll die Gruppe befähigt werden? Zur Selbstentwicklung oder doch eher zur produktiven und kooperativen Kommunikation untereinander und zwischen den Schnittstellen?
- Wie viel oder wenig Struktur braucht die Gruppe, um zu entfalten, was gewünscht ist? Strukturen sind Pläne, Regeln, aber auch Ziele. Man kann auch fragen: Wie viel Rhythmus ist vorgegeben? Je mehr Struktur, desto mehr gehen Sie in Richtung eines „Trainings“, je weniger, desto mehr in Richtung Selbstentfaltung. Das ist ein Balanceakt und verändert sich ständig. Vielleicht beginnen Sie voll getaktet, um dann in einer Übung auch mal Freestyle zu fliegen.

Praxis

Frühe Gruppendynamiker erfanden die so genannte T-Gruppe, für Trainingsgruppe. Hier bleiben Teilnehmerinnen fünf Tage zusammen, die Leitung ist nur anwesend, übernimmt aber keine strukturierende oder ordnende Funktion. In einem solchen Umfeld zeigen sich Dynamiken sehr unmittelbar. Deshalb können sie eine sehr wichtige Lernerfahrung sein.

Beziehungen

Die Gruppe wie auch das Team bestehen aus Interaktionen, die wiederum Beziehungen prägen und von diesen geprägt werden. Beziehungen sind somit ein wichtiges Thema der Gruppendynamik. Sie unterstützen deren Entstehen, indem Sie jeden mit jedem in Kontakt bringen – eine der wichtigsten Aufgaben am Anfang, denn es gilt, frühzeitige Cliquenbildung zu vermeiden. So finden sich in heterogenen Gruppen typischerweise diejenigen, die sich aufgrund sozialer und hierarchischer Merkmale ähnlich sind. Für die Selbstentfaltung der Gruppe ist das aber einschränkend. Es erschwert Veränderungen und hemmt Kreativität. Sie als Teamentwickler sind deshalb immer auch Beziehungsarchitekt.

Praxis

In konservativen Unternehmen trennt sich das obere Management gern konsequent vom mittleren und unteren Management ab. Doch dies ist zunehmend nicht mehr gewünscht – alle sollen zusammenarbeiten. Stellen Sie die Weichen dafür, wenn es der Rahmen zulässt. Das erleben wir immer wieder als Balanceakt. Beispielsweise forderte ein Auftraggeber Offenheit ein, sagte aber zugleich, dass die höheren Führungskräfte empfindlich reagierten und wir vorsichtig sein sollten. Das ist eine Doppelbotschaft, die „aufgebohrt“ werden muss. Was denn nun? Oft stecken Ängste dahinter, „eigentlich wollen wir ja, aber was, wenn es wirklich passiert?“. Auch solche Themen müssen Sie als Externer ansprechen. Als Interner spüren Sie Widersprüche unmittelbar. Damit konfrontiert brauchen Sie eine klare Haltung und auch Risikobereitschaft und Mut. Sie müssen zudem öfter in die Rolle des Beraters schlüpfen, der klare Empfehlungen gibt.

Sie können Beziehungen durch Symbole darstellen, durch Blitze oder Herzen. Da sind zwei ganz „dicke“ – und die da, total entzweit. Wer hat die informelle Führung übernommen? Wie stehen die Menschen zueinander? Wenn Sie dies darstellen und auf einem Zettel aufmalen, skizzieren Sie die Gruppendynamik. Das können Sie natürlich nur, wenn Sie sehr dicht herankommen. Solche Fallskizzen helfen Ihnen bei der Hypothesenbildung und damit bei der Konzeption und dem Workshopdesign.

Während Konflikte noch sehr ähnlich wahrgenommen werden, sind andere Dynamiken subtiler. Wer stiftet welchen Mehrwert in einer Gruppe? Wie wir solche Dinge bewerten und betrachten, hängt auch mit Normen zusammen. Beispielsweise bewerten wir Stärken kontextabhängig. Was in dem einen Kontext angesehen ist, kann in einem anderen schief betrachtet werden. Ist es angesehen, Gegenpositionen zur Gruppe einzunehmen? Dann werde ich das als Stärke sehen. Wenn dies nicht der Fall ist, nehme ich wahrscheinlich eher wahr, dass da jemand ausschert.

Tipp

Wer sieht wie auf die Gruppe? Eine Methode, die Dynamiken als Standbild zu zeigen, ist neben dem Aufzeichnen auch das Aufstellen. Dazu können Sie LEGO-Steine, Stifte und Post-its verwenden, aber auch Aufstellungsfiguren. Jedes Teammitglied stellt dabei erst einmal für sich auf, wie es die Gruppe derzeit sieht. Es ist möglich, neben der reinen Arbeitsgruppe und ihrer Beziehungen auch Themen aufzustellen, also zum Beispiel Meetings, Ziele, Zukunftsvisionen, oder beides zu kombinieren. Anschließend sprechen jeweils zwei oder drei Personen mithilfe von Leitfragen über ihr Bild. Wo sind Unterschiede? Wo Gemeinsamkeiten? Was bedeutet das für das Thema der Gruppe?

Dynamik bedeutet, dass Gruppen immer in Bewegung sind. Es gibt aber auch Themen, die sich festsetzen. So wird beispielsweise das Bild vom anderen bei längerer Zusammenarbeit und wenig Selbstentwicklung und Reflexion immer eindimensionaler, bis hin zu einer stereotypischen Wahrnehmung: „Ach der, der war noch nie lustig!" Konflikte setzen sich fest und werden „kalt". Dann stören Sie jede Bewegung.

Es verändert sich auch laufend, wie Menschen zueinander und zu Themen stehen. Die Kräfteverhältnisse mischen sich immer wieder neu. Für jemanden, der mit Teams arbeitet, bedeutet das: Es kommt immer anders, als man denkt. Teamentwicklung erfordert deshalb die Bereitschaft, sich genau darauf einzulassen.

Dabei gibt es einen wesentlichen Fokus der praktischen Gruppendynamik: Das ist die Entwicklung der Gruppe. Das Entwicklungsziel könnte man als Reife bezeichnen, die auf der Ebene der Gruppe ähnlich zu verstehen ist wie auf der Ebene des Individuums.

Eine Gruppe gilt als reif, wenn sie sich bewusst über sich selbst ist, wenn sie Werten folgt und über ihre Interaktionen reflektiert. Damit das geschehen kann, muss sie sich ausdifferenzieren. So wie der Mensch dadurch reift, dass er Anteile in sich integriert, sich selbst also als Prozess und komplexes Wesen wahrnimmt, so reift auch die Gruppe durch eben diesen Prozess. Die Reifung von Mensch und Gruppe bedingt sich gegenseitig.

Im Mittelpunkt der Arbeit als Gruppendynamiker steht die Reflexion. Reflexivität ist das Ergebnis von Reflexion und fördert die Selbstentwicklung.

Im Mittelpunkt der Arbeit als Gruppendynamiker steht die Reflexion. Reflexivität ist das Ergebnis von Reflexion und fördert die Selbstentwicklung. Auch hier gilt für die Gruppe dasselbe wie für den Einzelnen. Feedback ist dabei der wichtigste Entwicklungsbooster – und damit meinen wir nicht die üblichen Unternehmensbewertungen von Verhalten. Feedback ist eine bewertungsfreie Rückmeldung, kein „Urteil".

Kurt Lewin stellte fest, dass Schulungsteilnehmende ihr Verhalten veränderten, wenn sie von den anderen Teilnehmenden und den Leiterinnen Rückmeldungen bekamen – also Feedback. Rückmeldungen müssen nicht verbalisiert sein. Als nonverbale Reaktionen sind sie oft viel stärker in ihrer Wirkung auf Einzelne. Wie die Abbildung 4 zeigt, können wir ganz unterschiedliche Formen von Feedback unterscheiden.

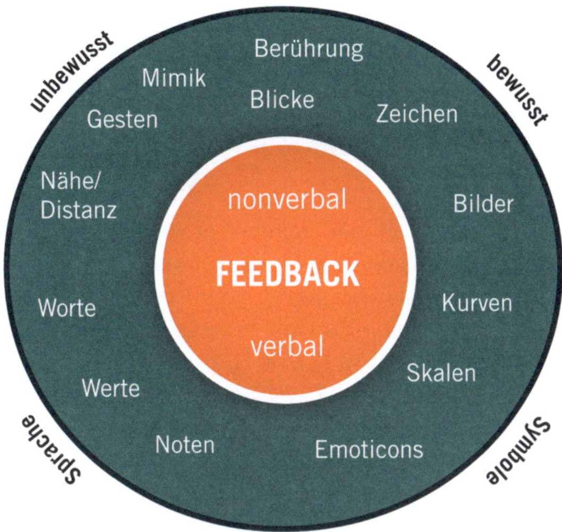

Abbildung 4: Feedback auf vielen Ebenen

Aus der frühen praktischen Gruppendynamik stammt das sogenannte „Johari-Fenster", benannt nach Joseph Luft und Harry Ingham. Die beiden gaben auch dem „blinden Fleck" seinen Namen. Das Johari-Fenster beschreibt eine Richtung gezielter Gruppen- und Teamentwicklung, das Öffnen von Fenstern. Dadurch, dass sich Selbst- und Fremdbild über Rückmeldungen angleichen, entwickelt sich der Mensch in der Gruppe, aber auch die Gruppe selbst. Es werden dadurch nach und nach unbewusste und vorbewusste Bereiche erschlossen.

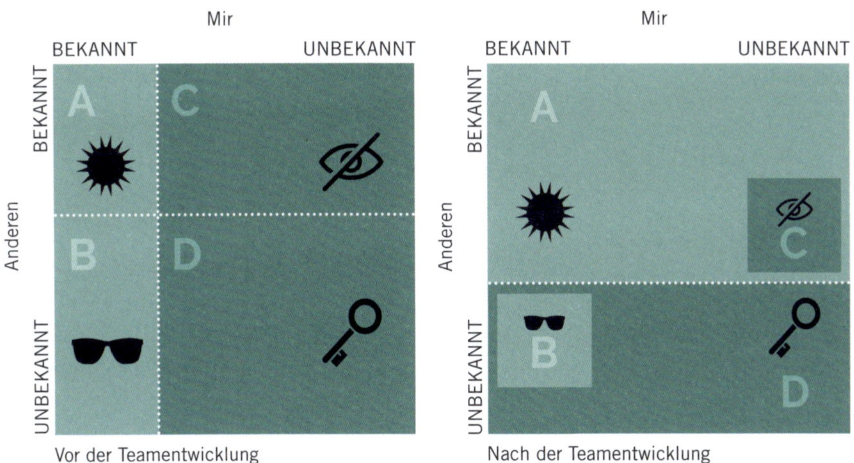

Abbildung 5: Johari-Fenster: A ist mir und anderen bekannt, B ist mir bekannt, wird aber von mir verborgen. Der Bereich „C", also das, was andere sehen, aber mir nicht bekannt ist – der blinde Fleck –, wird durch Feedback immer kleiner. D ist mir und anderen unbekannt.

Zum Johari-Fenster gehörte ursprünglich eine Übung. Dafür erhielten die Gruppenmitglieder 56 beschreibende Adjektive, die sie sich selbst und anderen zuschreiben sollten. Davon sollten sie zunächst fünf auswählen, die sie selbst am besten beschrieben. Danach gaben einige oder mehrere Gruppenmitglieder ein Fremdbild ab. Wählten sie wenige oder andere Adjektive? Je mehr Übereinstimmung, desto kleiner war der blinde Fleck.

Einige Adjektive wie „tapfer" und „sentimental" erscheinen heute nicht mehr zeitgemäß. Sie machen zudem Schubladen auf. Hinzu kommt eine kulturell oft unterschiedliche Bewertung. Eine freie Beschreibung, also ohne vorgegebene Liste, erscheint uns sinnvoller. Für weniger erfahrene Gruppen kann es sinnvoll sein, mehr vorzugeben oder mit Karten zu arbeiten wie etwa den 50 Karten des von uns entwickelten „StärkenNavigators". Diese erhalten Teilnehmerinnen unserer Ausbildung. Auf unserer Website www.teamworks-gmbh.de gibt es dazu einen kostenlosen Test.

Dimensionen der Gruppendynamik

Dynamiken lassen sich genauer über gegensätzliche Dimensionen beschreiben. Aus der Gruppendynamik bekannt sind drei Dimensionen, die wir um eine vierte Dimension erweitert haben.

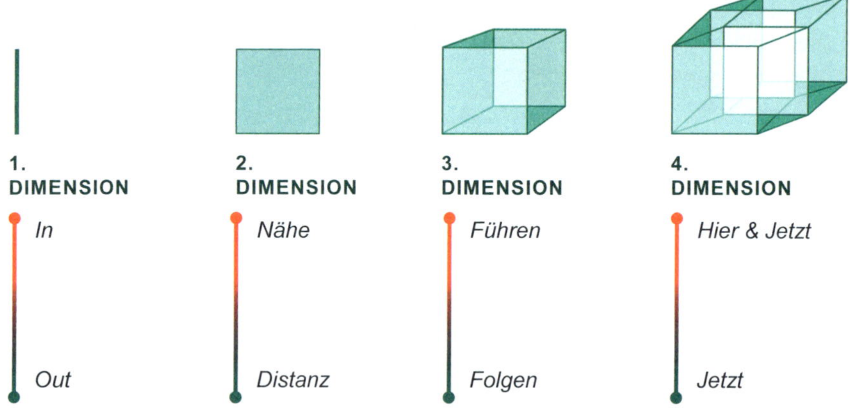

Abbildung 6: Vier Dimensionen der Gruppendynamik helfen bei der Gruppenanalyse. Sie sind weniger ein Tool als ein Modell, um sich Fragen zu nähern wie „Wer ist drinnen, wer draußen?" oder „Wo ist Nähe, wo ist Distanz?".

- Die Dimension „Zugehörigkeit" umfasst die Pole „drinnen" und „draußen", die wir **„In und Out"** nennen. Diese Dimension tangiert die Frage, wer Mitglied der Gruppe ist und wer nicht. Sie gilt es nicht nur am Anfang zu klären, sondern immer wieder neu. Teams sind dadurch gekennzeichnet, dass sie eine weitgehend stabile Mitgliedschaft haben. In manchen Gruppen ist das aber nie endgültig geklärt, was oft schwierig ist.

Beispielsweise gibt es Projektteams, die sich bestimmten Themen widmen. Teilnehmen kann ein Kreis von Menschen, der sich aber bei jedem Treffen anders gestalten kann.

- Die Dimension „Beziehungen/Intimität" beschreibt, ob etwas „näher" oder „ferner" ist: Sie bezieht sich auf **„Nähe und Distanz"** zwischen den einzelnen Mitgliedern einer Gruppe, aber auch auf die Beziehung der einzelnen Mitglieder zum Ziel der Gruppe. Wer steht wem nahe, wer ist weiter entfernt?
- Die Dimension „Macht und Einfluss" umschreiben wir mit **„Führen und Folgen"**: Wer führt die Gruppe? Von wem lässt sie sich führen? Wer folgt? Führen und Folgen ist kein hierarchisches Oben und Unten. Es kann auch ein stetiger Wechsel sein. Dieser Wechsel ist sogar ein Kennzeichen reifer Teams. In ihnen kann jeder zeitweise die Führung übernehmen, ebenso vermag jeder dem anderen zu folgen. Wichtig ist hier, zwischen Führung und formaler Leitung zu unterscheiden.

Dynamik in Gruppen bringen

Eine Gruppe entwickelt im Idealfall nach und nach Klarheit über die Art und Weise, wie sie interagiert – und wozu sie besteht. Indem sie sich eine Art formelle oder informelle Verfassung gibt, entsteht eine innere Struktur. „Woran wollen wir uns orientieren?" ist somit eine wichtige Frage für ein Team in der Formungsphase. Ein eingespieltes Team braucht für Bewegung eine Veränderung der eigenen Spielregeln. Diese beziehen sich immer auf Strukturen, die Verhaltensänderungen nach sich ziehen: Wenn ich ein Meeting streiche, muss das Team andere Möglichkeiten des Austauschs finden.

Das Verändern von Spielregeln lässt sich auch anhand der vier Dimensionen betrachten.

- Dimension In – Out:
  - Mehr: neue Mitglieder, die neue Stärken hinzugeben
  - Weniger: Teammitglieder, Gruppe verkleinern, zwei Teilgruppen
  - Anders: andere Regeln, zum Beispiel machen Sie die Teilnahme verpflichtend
- Dimension Nähe – Distanz:
  - Mehr: Ansprechen des Befindens in jedem Meeting, Verbinden von zwei oder drei Teammitgliedern, eingeschaltete Bildschirme verpflichtend
  - Weniger: Detailbesprechungen, Teilnehmer an bestimmten Meetings, verschiedene Tools
  - Anders: Rollen im Meeting verwenden, rotierende Moderation, Orientierung an sichtbaren und ausgesprochenen Werten wie „Offenheit"
- Dimension Führen – Folgen:
  - Mehr: Verantwortung, Entscheidungsvollmacht für das Team, verteilte Führung durch Rollen
  - Weniger: Hierarchieebenen, Detailabsprachen
  - Anders: Belohnung von Lernaktivitäten statt von Vertriebserfolgen
- Dimension Jetzt – Hier und Jetzt:
  - Mehr: Verbindlichkeit, Rückmeldung, Privates teilen, Pausen, soziales Miteinander
  - Weniger: Technologie-Ablenkung, Unverbindlichkeit
  - Anders: Meetingformate und Hybridformen

Überlegen Sie dabei stets, welche Entscheidung worauf einzahlt. Berücksichtigen Sie auch die Auswirkungen auf die anderen Dimensionen.

- In – Out: Welchen narrativen Rahmen gebe ich dem Team? Unterstütze ich das Wir-gegen-die-anderen oder sorge ich für ein positives Bild der In- auf die Out-Gruppe? Welchen Reiz hat die Zugehörigkeit? Was bedeutet es, nicht dazuzugehören? Verändere ich die Geschichten, verändere ich auch die Gefühle.
- Nähe – Distanz: Verändere ich die Sitzordnung, nehme ich Einfluss auf Beziehungen. So kann ich beispielsweise einen Tisch aus einem Raum schieben und damit die Aufmerksamkeit auf den Stuhlkreis lenken. Gebe ich dann vor, dass sich jeden Morgen die Teilnehmer neu platzieren sollen, sorge ich für einen immer neuen Blickwinkel.
- Führen – Folgen: Rege ich eine wechselnde Moderation an, kommt dadurch jeder in die Verantwortung und Führen und Folgen verteilen sich mehr.
- Jetzt – Hier und Jetzt: Wann bin ich zusammen in einem Raum, wann online? Wo werden welche Themen besser bearbeitet?

Folgende Tabelle hilft Ihnen, Ideen mit einem Team zu entwickeln:

	Mehr	**Weniger**	**Anders**
Dimension In – Out			
Dimension Nähe – Distanz			
Dimension Führen – Folgen			
Dimension Jetzt – Hier und Jetzt			

Überlegen Sie sich, welche Veränderung Sie wirklich wollen und was dafür der einfachste Hebel sein könnte.

Informelle Spielregeln sind wie unsichtbare Seile, die Interaktionen lenken. Verhaltensänderungen werden möglich, wenn diese gesehen werden und so neu arrangiert werden können. Damit das geschehen kann, sind Entscheidungen nötig, die die gesamte Organisation betreffen. Das Wissen, dass Entscheidungen notwendig sind, kann aber auch für jene Menschen sehr entlastend sein, die diese selbst gar nicht treffen können. Sie erkennen vielleicht dadurch, was sie selbst beeinflussen können und was nicht.

> Informelle Spielregeln sind wie unsichtbare Seile, die Interaktionen lenken. Verhaltensänderungen werden möglich, wenn diese gesehen und so neu arrangiert werden können.

Praxis

Ein Unternehmen baute einen Thinktank aus talentierten Mitarbeitern. Diese arbeiteten zwei Jahre in einem geschützten Raum zusammen und entwickelten fantastische Iden, die objektiv betrachtet dem gesamten Konzern einen unheimlichen Gewinn bringen würden. Dann sollten die Entwicklungen in die traditionellen Teile des Unternehmens eingebracht werden. Einige Mitarbeiter aus dem Thinktank sollten dabei unterstützen. Doch alle Ideen verschwanden schnell von der Bildfläche. Nach einem Jahr war kein ehemaliger Thinktank-Mitarbeiter mehr da. Was war geschehen? Das alte System hatte die Mitarbeiter vergrault. Ein mehrfacher Millionenbetrag war umsonst ausgegeben worden. Auch das ist Gruppendynamik. Wie lässt sich dem entgegenwirken? Es ist oft nicht sinnvoll, alles integrieren zu wollen. Sind die Denkweisen und Normen zu unterschiedlich, kann es vernünftiger sein, Ökosysteme mit ganz unterschiedlichen „Anpflanzungen" zuzulassen. Als Teamgestalterin sollten Sie Mitarbeitende anregen, darüber nachzudenken, was in Ihrem Ökosystem erlaubt ist, was wachsen darf und kann.

Experimente

Die Sozialpsychologie ist jene psychologische Disziplin, die sich mit Menschen in Gruppen beschäftigt. Sie arbeitet mit Experimenten. Wie verhalten wir uns beispielsweise, wenn wir einen Menschen nur hören und nicht sehen? (Wir entscheiden anders.) Was geschieht mit Interaktionen in Großraumbüros? (Sie nehmen eher ab.)

Solche Experimente machten Sozialpsychologen wie Stanley Milgram und Philip Zimbardo weltberühmt. Einige davon gelten als Klassiker und ihre Erkenntnisse sind heute noch bedeutsam für Sie als Teamgestalter.

Diese fünf erhellen den Blick auf Gruppen.

Robbers Cave: Wir gegen die anderen

Das „Robbers-Cave-Experiment" des amerikanisch-türkischen Psychologen Muzafer Sherif ist auch als „Ferienlagerexperiment" bekannt. Sherif führte drei dieser Ferienlagerexperimente durch: 1949 in Connecticut, 1953 im Staat New York und 1954 unter dem Namen „Robbers Cave Study" in Oklahoma. Mit diesem letzten Experiment wurde Sherif berühmt. Teilnehmer waren 22 Jungen im Alter von neun bis zwölf Jahren, alle weiß, keine Mädchen.

Die erste Phase bei Robbers Cave war die Gruppenbildung, dabei stand das „Bonding" im Vordergrund, das heißt, es sollten Kontakte und Beziehungen untereinander entstehen. In der zweiten Phase teilten die Forscher die Gruppen, und zwar so, dass sie die bereits befreundeten Jungen voneinander trennten. Es formten sich zwei Gruppen, die Eagles und die Rattlers.

In den folgenden Tagen bildeten sich in beiden Gruppen Verhaltensnormen aus, die auf Wettbewerb mit der jeweils anderen Gruppe ausgerichtet waren. Außerdem zeigte sich, wer Anführer war und wer folgte. Jungen, die Gruppennormen verletzten, bestrafte die Gruppe.

Im nächsten Teil des Experiments ging es darum, gegeneinander anzutreten, etwa im Baseball.

Bald teilten die Jungs verbale Attacken und negative Charakterisierungen für die jeweils andere Gruppe aus. Sherif hatte in seinen Hypothesen vorausgesagt, dass ein solch gruppenübergreifender Wettbewerb zu Feindseligkeiten zwischen den Gruppen, negativen Stereotypen und einer verstärkten Solidarität innerhalb der Gruppe führen würde. So war es dann auch.

Schließlich wurden die beiden Gruppen wieder zusammengebracht. Jetzt sollten sie um rare Ressourcen wie einen Wassertank buhlen. Sie hatten damit ein gemeinsames, übergeordnetes Ziel, das sie wieder miteinander verband. Sherif schloss daraus, dass Ziele Gruppen und Menschen zusammenbrachten.

Kritik an diesem Experiment äußerte die australische Psychologin und Wissenschaftsjournalistin Gina Perry, auf die sich auch der Autor Rutger Bregmann beruft. Sie schrieb in „The Lost Boys", dass die Jungen von den Studienleitern angestachelt worden seien.

Zu jener Zeit waren geschlechtergetrennte Ferienlager normal. Rassentrennung bestimmte den Alltag. Die Gruppe war schon aus diesen Gründen nicht divers besetzt. Der Begriff „Framing" war noch nicht geboren, als die Studienleiter Anweisungen gaben. Mit der Gruppengröße und Zielen hatte man sich auch noch nicht tiefer beschäftigt.

Dass Ziele Orientierung geben, bewiesen Latham und Locke 1984 in ihrer Zielsetzungstheorie, die die „SMART-Welle" in Gang setzte.

Praxis

Was Sherif eigentlich tat, war ein „Framing" für verschiedene Situationen – und die Studie zeigte, wie dies gelingen konnte und wie es wirkte. Die Namen „Rattlers" und „Eagles" kamen von der Studienleitung, allein dadurch entstand schon ein Handlungsrahmen. Sprache formt Verhalten.

Auch wenn Perrys Verdacht stimmt, dass die Versuchsleiter bewusst Zwietracht säten, so zeigt auch das nur, was sich in Gruppen immer offenbart: Sie bilden Normen aus, die das Zusammenleben ermöglichen. Auf welche Art und Weise, das geschieht, ist von vielen Faktoren abhängig. Wettbewerb ist jedenfalls – so unsere Beobachtung – keinesfalls eine logische Konsequenz. Strukturen bilden sich so oder so aus. Ein positiver Rahmen kann aber die Richtung beeinflussen, in die das geschieht.

Das Milgram-Experiment

1961 wollte der Psychologe Stanley Milgram testen, wie sich durchschnittliche Personen verhielten, wenn sie autoritäre Anweisungen bekamen. Folgten sie auch dann noch den Anweisungen, wenn diese das eigene Gewissen berührten?

Die Teilnehmerinnen wurden aus der Stadt New Haven rekrutiert. Ihnen wurden zufällig bestimmte Rollen zugewiesen. Ein „Lehrer" war die eigentliche Versuchsperson. Er sollte einem „Schüler", der in Wahrheit Schauspieler war, bei Fehlern einen elektrischen Schlag versetzen. Die Intensität musste nach jedem weiteren Fehler erhöht werden. Der Schüler war in einem Nebenraum an einen Stuhl gebunden, sein „Stöhnen" (bei leichten Schlägen) und „Brüllen" (bei starkem Schlag) war für den Lehrer hörbar.

Die Schläge begannen bei 15 Volt und ließen sich bis 450 Volt steigern, natürlich nicht in Wirklichkeit. Am Schockgenerator befanden sich Aufschriften von „leichter Schock" bis zu „bedrohlicher Schock". Der Versuchsleiter gab standardisierte Bemerkungen wie: „Bitte fahren Sie fort!"

In der ersten Variante des Experiments gehorchten 26 von 40 Versuchspersonen, also 65 Prozent, bis zum letzten Schock. Die Forscher variierten das Experiment, sorgten etwa für mehr menschliche Wahrnehmung bei den „Lehrern" oder auch für Abstand. War der Versuchsleiter nur am Telefon, verweigerten sich mehr Personen, die Gehorsamkeit nahm ab.

Das Experiment passte in die Nach-Hitler-Zeit. Züchtigen gehörte zur Erziehung. Noch in den 1950er-Jahren war körperliche Strafe eine ganz normale Erziehungsmethode für Eltern und Lehrer, aber das Experiment fiel eben auch in die Nachkriegszeit: Adolf Eichmann, der sechs Millionen Juden mit auf dem Gewissen hatte, wurde 1962 hingerichtet. Fünf Psychologen hatten ihn untersucht und als „normaler als normal" eingestuft. Die Philosophin Hannah Arendt beschrieb dieses Phänomen mit dem Ausdruck die „Banalität des Bösen". Dieser „Wolf im Schafspelz" faszinierte, schockierte und polarisierte. Das Experiment bestätigte all die, die meinten, eine Uniform reiche, um aus Durchschnittsbürgern Monster zu machen. In ihrem Buch „Behind the Shock Machine" von 2012 enthüllte die Australierin Gina Perry allerdings, dass sich einige der Teilnehmer im Experiment selbst in einem Film wähnten.

Praxis

Menschen können in dem Glauben handeln, dass sie etwas Gutes tun, aber dabei, aus der moralisch-ethischen Sicht der Folgegeneration und durch eine andere Brille betrachtet, „böse" handeln.

Die Nähe zum anderen und die Beziehung spielen eine ganz entscheidende Rolle. Je näher ich jemanden komme, desto weniger werde ich ihn als Objekt sehen können. Das ist eine Ihrer Hauptaufgaben als Teamgestalter: die Beziehungen stärken, denn das verbessert den respektvollen Umgang. Andrerseits geht es manchmal auch darum, neue Dinge einzubringen. Da hilft oft ein einfacher Trick: Setzen Sie auf den langsamen Gewöhnungseffekt. Anfangs gibt es vielleicht Protest und Ablehnung, doch werden beides sicher mit der Zeit nachlassen.

Das Stanford-Prison-Experiment

Das Stanford-Prison-Experiment sollte vor Augen führen, wie sich Menschen als Gefängniswärterinnen verhalten. Den Versuch führte Philipp Zimbardo 1971 an der Stanford University durch. Die Wärterinnen hatte das Forscherteam um Zimbardo aus den Studenten über eine Annonce rekrutiert. Sie hatten Personen ausgewählt, die in einem Persönlichkeitstest besonders durchschnittlich abschnitten. Die Aufgabe der Wärterinnen war, uniformiert und mit einer Trillerpfeife um den Hals, im Gefängnis für Recht und Ordnung zu sorgen. Eine Ausbildung hatten sie dazu nicht erhalten.

Die Wärter entwickelten im Laufe des Experiments eine zunehmende Brutalität gegenüber den Insassen. Das ging so weit, dass die Wissenschaftler das Experiment vorzeitig abbrechen musste. Etwa ein Drittel zeigte ein regelrecht sadistisches Verhalten, zwei Drittel waren streng, ohne brutal zu werden.

Kritiker bezweifelten die korrekte Durchführung sowie die Ergebnisse des Experiments. Die Studenten, die an dem Experiment teilgenommen hatten, sagten später aus, sie seien vom Studienleiter angestachelt worden. Außerdem wähnten sich auch hier einige nach späteren Aussagen in einem Film.

Der Kontext bestimmt, wie sich der Inhalt organisiert und gestaltet. Wenn Menschen keine Ausbildung erhalten, dann agieren sie so, wie sie vermuten, dass es in der Rolle richtig ist oder erwartet wird. Sie fügen sich eher in die Stereotypen eines Berufsbilds.

Praxis

Eine Ausbildung muss Normen und Grundannahmen vermitteln. Sie muss eine Rolle differenziert darlegen und sie in den Kontext einbetten. Das ist zum Beispiel beim „hippokratischen Eid" der Ärzte selbstverständlich. Doch auch in Organisationen sollte eine bewusste Normenbildung mehr Gewicht bekommen. Das kann zu Ihren Aufgaben als Teamgestalter gehören, vor allem, wenn eine Führungsposition dazukommt.

Der Rosenthal-Effekt (auch Pygmalion-Effekt)

Fördert allein die Einstellung gegenüber einem Schüler dessen Entwicklung? 1965 untersuchten die US-amerikanischen Psychologen Robert Rosenthal und Lenore F. Jacobson an einer Grundschule, wie sich die Einschätzung der Lehrer auf die Intelligenzentwicklung der Schüler auswirkte.

Die Wissenschaftler erzählten den Lehrern, dass auf der Basis eines wissenschaftlichen Tests die Leistungspotenziale der Kinder eingeschätzt worden seien. Dadurch hätten sie jene 20 Prozent Schülerinnen einer Schulklasse identifiziert, bei denen mit einem Entwicklungsschub zu rechnen sei. In Wirklichkeit hatte das Forscherteam die 20 Prozent zufällig per Los bestimmt. Der Test maß in Wahrheit den IQ.

Acht Monate später wiederholten die Forscher den Test. Die IQ-Steigerung war bei den Kindern, denen man Wachstumspotenziale zugesprochen hatte, deutlich größer ausgefallen als bei den restlichen Schülern, also der Kontrollgruppe. Die sogenannten

„Aufblüher“ hatten die Lehrer offensichtlich allein dadurch motiviert, dass sie an ihre Entwicklung glaubten.

Dieses Experiment folgte einem früheren, in dem zwölf Studenten jeweils fünf Laborratten betreuten. Der einen Hälfte der Studenten teilten die Studienautoren mit, dass ihre Ratten darauf gezüchtet seien, einen Irrgarten besonders schnell zu durchlaufen. Die andere Hälfte der Studenten erfuhr, dass ihre Ratten für besondere Dummheit gezüchtet worden seien. Obwohl die Ratten alle denselben genetischen Stamm hatten, zeigten die Ratten der pseudointelligenten Gruppe deutlich bessere Leistungen als die Ratten der Kontrollgruppe. Die Studenten hatten sich einfach besser um sie gekümmert.

Der Psychologe Edward Lee Thorndike kritisierte die Studie mit den Kindern, da die IQ-Tests nicht für jüngere Kinder geeignet und die Leistungen der Kinder beim logischen Denken unterdurchschnittlich gewesen seien. Die Entwicklungssprünge führte er auf die Regression zur Mitte zurück.

Das Experiment fiel in eine Zeit, in der sehr viel über Erbe und Umwelt gestritten wurde. Heute sind fast alle Wissenschaftler von einer Gen-Umwelt-Interaktion überzeugt, die Zeit des Entweder-oder ist vorbei. Dennoch gibt es immer noch Auseinandersetzungen zwischen Gen-Deterministen und Vertretern einer stärkeren Kontextüberzeugung, die sie vielfach aus der noch recht jungen Epigenetik ableiten.

Systemische Ansätze betrachten oft gar nicht die Psyche, sondern beziehen sich allein darauf, wie der Mensch in seinen Systemen handelt. Diese sind laut Niklas Luhmann durch Codes beschreibbar. Veränderung wird erst möglich, wenn es dem Überleben des Systems dient.

„Intelligenz ist das, was ein Intelligenztest misst“, so die heute übliche Definition. Sie sagt alles: Intelligenz ist ein Konstrukt, mit dem wissenschaftliche Psychologen Korrelationen messen, etwa zum Führungserfolg in der bisherigen Arbeitswelt.

Was Intelligenz in einer digitalisierten Arbeitswelt bedeutet, ist dabei unklar. Es scheint sich aber immer deutlicher zu zeigen, dass bisher vernachlässigte menschliche Fähigkeiten wie Empathie (wieder) an Bedeutung zunehmen werden – in dem Maße, indem künstliche Intelligenz analytische Aufgaben übernimmt.

Die Stanford-Professorin Carol Dweck, bekannt durch ihr Konstrukt des „Fixed Mindset“ und „Growth Mindset“, wies nach, dass allein die innere Einstellung einen (amerikanischen) Notenpunkt ausmachen kann.

Praxis

Im nächsten Kapitel werden wir über unsere Grundannahmen sprechen. Eine davon lautet: „Ich selbst bin die wichtigste Intervention.“ Wenn Sie als Teamgestalterin daran glauben, dass aus einer Gruppe ein Team werden kann, dann hat das einen Einfluss. Der Glaube bewegt nicht alle, aber viele Berge. Es ist aber nicht nur diese Überzeugung, sondern auch die Bereitschaft, vom eigenen Wollen loszulassen, denn erzwingen lässt sich nichts. Ihr Job ist nur, gute und günstige Bedingungen für die Selbst- und Teamentfaltung zu schaffen.

Der Ringelmann-Effekt

Bringen Menschen in Gruppen weniger Leistung als die Summe der Einzelleistungen? Ende des 19. Jahrhunderts experimentierte der französische Ingenieur Maximilian Ringelmann mit einem Seil und fand heraus, dass die Leistung umso mehr abnahm, je mehr Teilnehmerinnen am Seil zogen.

1974 griff der Psychologe Alan G. Ingham den sogenannten „Ringelmann-Effekt" auf. Seine Forschungsergebnisse und die seiner Kollegen gingen als „Lazy Co-Working" oder auch „Social Loafing" und „Soziales Faulenzen" in die Psychologiegeschichte ein.

Beim Ringelmann-Effekt war stets unklar, ob der Leistungsverlust motivations- oder koordinationsbedingt entstand. Daher wiederholten Alan G. Ingham und Kollegen das Ringelmann-Experiment und variierten die Gruppengröße. Sie verbanden den Versuchspersonen die Augen und ließen sie in Pseudogruppen am Seil ziehen. Die „Blinden" dachten, sie zögen mit, doch in Wirklichkeit waren sie alleine, wodurch die Leistung besonders abnahm. Koordinationsverlust ließ sich damit ausschließen. Die reduzierte Kraft der einzelnen Personen fiel mit steigender Gruppengröße immer deutlicher aus.

Historisch eingeordnet gewann die Gruppenarbeit in den 1970er-Jahren an Bedeutung, etwa durch teilautonome Arbeitsgruppen, wie sie Toyota installierte. Seitdem nahm die Forschung zu Gruppen und Teams deutlich an Fahrt auf. Bis dahin hatte man sich stark auf größere Kollektive oder Individuen konzentriert. Der Begriff Teamarbeit entstand in dieser Zeit.

Es ist immer wieder zu beobachten, dass sich Menschen in Gruppen zurücknehmen, wenn sie den Eindruck haben, andere würden es schon richten. Vermutlich ist der Effekt vor allem dann ausgeprägt, wenn es sich um einfache Arbeiten handelt, die kein spezielles Fachwissen brauchen, oder um Situationen, in denen man meint, andere würden bereits helfen. Die jeweilige Situation prägt das Engagement in einer Gruppe stark.

Praxis

Das Experiment unterfüttert den Rat, kleine Gruppen zu bilden, aber aus ihm lässt sich noch etwas anderes ableiten: In typischen Teamspielen handelt es sich regelmäßig um einfache Aufgaben. Deshalb ist der hier zu beobachtende Effekt nicht immer auf den realen Arbeitskontext zu übertragen. Wenn Sie mit Gruppen arbeiten, passen Sie die Aufgaben dem wirklichen Kontext an. Diese sollten abbilden, was in dem Team passiert. Andernfalls bekommt man einen Eindruck von genau diesem Ringelmann-Effekt, nicht aber davon, was sich tatsächlich in Arbeitssituationen zeigt. Sorgen Sie mindestens für eine differenzierte Betrachtung und stets für den Transfer in das eigene Arbeitsumfeld.

3 Besonderheiten von Remote- und Hybrid Teams

Immer mehr Teams arbeiten teilweise oder ausschließlich remote. Über die Dimensionen der Gruppendynamik können wir die Zusammenarbeit beschreiben und Interventionen planen. Welche Onlinebesonderheiten es hier zu berücksichtigen gilt, lesen Sie in diesem Kapitel.

In Remote-Teams sinkt oft die Bindung an eine Organisation, dafür wird die Bindung innerhalb des Teams wichtiger. Dieser Aspekt ist vor allem für größere Unternehmen eine Herausforderung. Sie müssen auf verschiedenen Ebenen für Vernetzung und zudem für Bindung an die Organisation sorgen. Noch anspruchsvoller sind hybride Teams: Ein Teil ist vor Ort, ein anderer Teil remote.

In Remote-Teams sinkt oft die Bindung an eine Organisation, dafür wird die Bindung innerhalb des Teams wichtiger.

Schauen wir uns die virtuellen Dynamiken noch einmal konkreter anhand der im vorherigen Kapitel beschriebenen vier Dimensionen an.

Dimension „In und Out"

Wer gehört dazu, wer nicht? Diese Frage ist online manchmal leichter und manchmal schwerer zu beantworten. Leichter ist die Antwort dahingehend, dass Software sehr viel Klarheit schaffen kann. Sie zeigt an, wer zu welchen Teams gehört und informiert über Aktivitäten der Teammitglieder. Neue Mitglieder lassen sich per Klick hinzufügen.

Schwerer ist die Antwort insofern, weil man eher die Übersicht verliert. Im Büro sieht man, wer da ist, und das jeden Morgen. Online merkt man natürlich, wenn jemand beim „Daily" fehlt. Neue Mitglieder in einem Team lassen sich softwareseitig oft per Klick löschen. Das hat letztendlich auch Symbolkraft, denn es ist gefühlt leichter als der Rausschmiss aus einem physischen Raum.

„In und Out" beschreibt aber auch die soziale Zugehörigkeit und die ist schwerer zu fassen. Gehöre ich dazu oder nicht? Darüber entscheiden zum Beispiel bestimmte Kriterien wie „alle, die ...". Neben dem formalen „In" gibt es auch das informelle. So mag jemand in einem Team eine Außenseiterposition einnehmen, obwohl er formal dazugehört.

Bei Hybridteams ist Grüppchenbildung erst recht eine Gefahr. Typischerweise bevorzugen wir die Menschen, die wir oft sehen und denen wir allein deshalb näher sind. Auch bestimmte Situationen verbinden, beispielsweise die Situation weit entfernt zu sein, an einem bestimmten Standort. „Wir hier und ihr da" kann zu Cliquenbildung führen, also zu einem „In" und „Out".

Die Nutzung von Tools kann ebenso zugehörigkeitsfördernd wie trennend sein. Fördernd, wenn alle an etwas Gemeinsamem arbeiten oder vielleicht sogar in der 3-D-Küche eine Party feiern, trennend, wenn drei Mitglieder eines Teams eine Software oder ein Medium nutzen, das die anderen – beispielsweise „aus Prinzip" – nicht verwenden, etwa WhatsApp. Sogar die internen Datenschutzrichtlinien können „In" und „Out" festlegen, wenn bestimmte Software in einigen Abteilungen nicht verwendet werden darf, während das in anderen möglich ist. Wer verfügt über welche Technik, falls das Unternehmen sie nicht für alle bereitstellt? Wer trifft welche Entscheidungen? Wie werden diese getroffen? Wer ist bei Kleingruppenarbeit dabei, etwa der Vorbereitungen für einen Workshop, wer nicht?

Die „In“-Gruppe ist jene, zu der man gehört oder gehören möchte. Ein wenig „Wir-gegen-die-anderen“ ist dabei durchaus förderlich, wenn das positiv gelenkt wird.

Praxis

In einem Remote-Team halten sich zwei Teammitglieder immer heraus und wollen nichts Persönliches einbringen. Sie sind also irgendwie „in“ und dann auch wieder „out“. Was macht das mit den anderen? Heißt das, dass diese Teammitglieder nicht dazugehören möchten? Oder haben diese nur ein anderes Verständnis von Zusammenarbeit? Schön, wenn das Team gewohnt ist, über diese Dinge zu reflektieren. Doch das ist nicht immer der Fall.

Ziel sollte es sein, sich darüber zu einigen, wie Zusammenarbeit trotz unterschiedlicher Bedürfnisse gelingen kann. Dabei ist es manchmal hilfreich und befreiend, über den Grund für das unterschiedliche Verhalten zu sprechen. Manchmal passt es aber auch nicht zur Kultur. Mindestens eins sollte aber besprochen sein: Können und wollen wir Trennendes zulassen? Welche Auswirkungen hat das für das gemeinsame Ziel?

Dimension „Nähe und Distanz“

Remote-Teams erleben andere Dynamiken. Die häufig höhere Konzentration auf die Arbeit lässt sie weniger Zeit auf zwischenmenschliche Themen verwenden. Es fehlt also etwas, das wie ein „Kitt“ wirken kann.

> Die häufig höhere Konzentration auf die Arbeit lässt weniger Zeit für zwischenmenschliche Themen.

Es braucht gerade deshalb mehr Beziehungsarbeit, auch und gerade am Anfang. Das gilt ganz besonders für Menschen, die nicht gewohnt sind, Gesprächsrunden zu moderieren. Strukturen und Rituale helfen dabei, Interaktion zu fördern und Gesprächen über persönliche Dinge Raum zu geben, so wie der Check-in mit der Frage „Wie bist du heute hier?“. Gemeint ist: Welche Emotionen, Fragen, Gedanken bringt die jeweilige Person mit und ein. Solche Fragen sind je nach Kontext zu konkretisieren.

Gerade Check-ins dienen dem Kennenlernen und sind somit sehr wichtig für die Teambildung. Online braucht es auch immer wieder „Slots“ für Persönliches. Den Grad dafür erleben wir hier oft als höher.

Privat- und Arbeitszone werden im Homeoffice schon räumlich vermischt. Typischerweise konzentriert sich ein Remote-Team mehr auf seine Arbeit, während in einem Vor-Ort-Team der Small Talk und Nebentalk zum bestimmenden und auch sozial verbindenden Element werden kann.

Virtueller Kaffeeklatsch, Spaziergänge mit Video – vieles ist möglich, wenn man die technischen Möglichkeiten kreativ ausreizt. Die „Architektur“ der Beziehungen aber ist Aufgabe der Teamgestalterin: Sie kann zum Beispiel dafür sorgen, dass auch die Teammitglieder miteinander in Kontakt kommen, die sonst wenig miteinander zu tun haben.

Die Medaille hat jedoch zwei Seiten: Wenn die Kollegin, mit der ich einen erbitterten Kleinkrieg geführt habe, nicht neben mir sitzt, sondern weit entfernt, sorgt das für Entspannung. „Aus den Augen, aus dem Sinn" ist virtuell leichter, mit den positiven und negativen Folgen.

Die Distanz ist schon technisch bedingt größer. Da entschärfende Blicke in konfliktreichen Situationen nur bedingt durch Emoticons ersetzt werden können, kann das Streitpotenzial steigen. Ausweichen ist einfach, man klickt sich weg. Eine geschlossene Tür erinnert immer noch daran, dass da jemand dahinter ist. Ein geschlossenes Windows-Fenster ist da weniger nachhaltig. Online scheint es leichter möglich, einen Konflikt durch Nichtaufgreifen zu vermeiden und ein „Konfliktangebot" zu ignorieren. Dadurch besteht die Gefahr, dass Konflikte latent werden und sich verschlimmern. Ausschließlich sachbezogene Kommunikation, wie sie über Aufgabenboards üblich ist, kann zudem das Aggressionspotenzial erhöhen. Dass Verbalschlachten ohne Blickkontakt noch heftiger verlaufen, zeigt der Blick in Internetforen.

Für die Kontaktaufnahme brauchen Menschen im virtuellen Raum mehr Unterstützung durch eine Teamgestalterin, auch weil sie sich online (noch) weniger sicher bewegen. Was sich vor Ort zeigt, macht sich auch im Internet bemerkbar: Wer gewohnt ist, mit anderen in Kontakt zu gehen, kann auch Beziehungen über den Bildschirm leichter aufbauen. Wer gewohnt ist, Technologie kreativ zu nutzen, hat einen weiteren Vorteil. Eine der wesentlichen Aufgaben von Teamentwicklung im virtuellen Raum ist es deshalb, einen Rahmen für das gemeinsame Erkunden von Möglichkeiten und Grenzen zu schaffen. Kann man online miteinander Mittagessen? Warum nicht: Es ist möglich, bei eingeschalteten Bildschirmen gemeinsam zu essen und sich zu unterhalten. Alternativ nimmt man das Handy mit ins Restaurant.

Allerdings erweisen sich virtuelle Zweier- oder Dreiergespräche praktisch als vorteilhafter, da der Videochat kein Durcheinandersprechen erlaubt. Das Gefühl, mit einer größeren Gruppe an einem Tisch zu sitzen, wird man erst mit Virtual Reality nachbilden können. Erste Lösungen gibt es schon, etwa Spatial Chat.

Ein gemeinsames Geschmackserlebnis ist aber auch da in naher Zukunft wohl eher unwahrscheinlich …

Andere Erlebnisse, bei denen Menschen sich körperlich nahekommen, bleiben ebenfalls der Präsenz vorbehalten. Wir können zwar online zusammen auf einen Berg steigen. Die Anstrengung dabei und die schöne Aussicht ersetzt aber kein Video. Das Gefühl, nebeneinander auf einer Bank zu sitzen – das alles geht online nicht so tief. Gerade im Teambildungsprozess sind gemeinsame Erlebnisse wichtig, einschließlich des Erlebens von Natur, sportlicher Anstrengung, vertrauter Gespräche in einer besonderen Atmosphäre. Diese Erlebnisse bilden Ressourcen, auf die ein Team später immer wieder zurückgreifen kann. Das gemeinsame Spiel ist online jedoch immer auf einen kleinen Ausschnitt begrenzt. So fehlt der Bindungseffekt der Bewegung und der Körpernähe. Der Mensch ist ein soziales Wesen.

> Eine vertrauensvolle Onlineatmosphäre schaffen Sie durch Interventionen, die private Einblicke zulassen.

Eine vertrauensvolle Onlineatmosphäre schaffen Sie durch Interventionen, die private Einblicke zulassen.

Dies geschieht auch durch den tatsächlichen Blick in das Arbeitszimmer statt einen virtuellen Hintergrund.

In Präsenz-Workshops kennen wir die oft ausführlichen Einstiegsrunden. Bei Remote-Veranstaltungen haben wir gelernt, dass es sinnvoller ist, mehrere, jedoch kürzere und privatere Runden zu drehen:

- Was wissen die anderen garantiert noch nicht von euch?
- Was habt ihr in der letzten Woche dazugelernt?
- Was ist euer schönstes Geheimnis?
- Bringt nach der Pause mal einen Gegenstand mit, der für euch eine Bedeutung hat.
- Nach der Pause verändert ihr etwas an euch und die anderen müssen raten.

Dass Vertrauensaufbau online noch wichtiger ist, zeigt sich auch, wenn wir mit Kleingruppen in Breakout Rooms arbeiten.

Bei bestimmten Aufgaben machen wir dabei den Bildschirm aus und hören einfach zu, zum Beispiel, um danach Tipps zu geben oder besser zu verstehen. Das funktioniert aber nur, wenn die Teilnehmerinnen das als „da hört jemand aufmerksam zu" und nicht etwa als „ich werde ausspioniert" interpretieren. Das ist eine Gratwanderung, die Vertrauen fordert. Warum man etwas tut, muss online immer ausgesprochen werden, in der realen Welt erschließt man sich viel mehr intuitiv. Mit mehr Online-Erfahrung wird sich das aber auch ändern.

Tipp

Fördern Sie die bei Gruppen mit Teilnehmerinnen, die sich neu kennenlernen, den Small Talk am Anfang. Lassen Sie die Teilnehmer zum Beispiel früher in den Raum und bilden Sie Kaffeeklatschräume, in denen sich zwei oder drei austauschen können. An dieser Stelle passt auch gut eine „Statement-Übung". Jeder trifft abwechselt eine Aussage, zum Beispiel: „Ich mag gern schwimmen" oder „Ich nutze lieber Post-its als Flipchart". Die weiteren Teilnehmenden der Runde stimmen durch das Verdecken der Kamera zu oder machen die Kamera ganz aus.

Dimension „Führen und Folgen"

In Meetings ist oft nicht entscheidend, was besprochen wird, sondern wie: Wer hat wie geschaut, wen angeblickt? Wer hatte welchen Redeanteil? Wem sollte man sich anschließen? Somit ist eine indirekte, ja verschlüsselte Sprache hilfreich. Auch Macht zeigt sich hier sehr diffus. Wer diese hat, sieht man auch daran, wie andere sich dieser Person gegenüber verhalten.

Das alles bleibt uns online eher verschlossen. Macht und Einfluss werden durch das Medium auf andere Weise beeinflusst, beispielsweise durch die Dauer der Anwesenheit in einem Meeting, Ankündigungen oder Redezeit. Aber: Es zeigen sich auch andere Machtinsignien. Die technische Versiertheit beeinflusst die Machtwahrnehmung. Eine Subfacette der Macht ist der Status. Dieser kann sich auch in der professionellen Art und Weise der Nutzung von digitalen und sozialen Medien widerspiegeln.

Die virtuelle Gleichschaltung in Videokonferenzen ist also oft nur scheinbar da. Es wird der Anschein von Demokratie erweckt: Die Teammitglieder sind auf gleich großen Kacheln angeordnet, nur in der Sprecheransicht kommt man „nach vorne". Im Onlinemittelpunkt zu stehen, hat also nicht die Aspekte, die mit einer formellen Position zu tun haben. Es ist diffuser.

Wie Menschen damit umgehen und wie sich das langfristig auswirkt, ist noch nicht genau erkennbar. Es könnte zu mehr Augenhöhe führen, zu mehr Klarheit – schließlich muss man vieles aussprechen, was sich vorher einfach zeigte (etwa anhand der Zahl der Fenster und der Bürogröße).

Vielleicht bilden sich auch andere hierarchische Formen heraus – die technologischen Entwicklungen könnten es möglich machen. Formelle Macht ist auf den ersten Blick nicht zu sehen. Das alles führt unserer Erkenntnis nach dazu, dass viel mehr explizit ausgesprochen werden muss.

Wir glauben, dass aus diesen Gründen ein ausgewogeneres Verhältnis zwischen Führen und Folgen möglich ist.

In einem echten Raum „führt" allein schon die Sitzordnung. Es ist durch Abstand und Position im Raum erkennbar, wer die formelle Leitung innehat. Auch das Verhalten der anderen kennzeichnet in der realen Anwesenheit die Einflussreichen: In bestimmten Situationen geht die Tür zu, da kommt jemand von „ganz oben" zu Besuch. Man beobachtet Szenen, die zeigen, wie Machtverhältnisse sind. Da halten sich die Kollegen weit entfernt vom Schreibtisch. Man tuschelt in der Küche. Bei einer Begegnung auf dem Flur verändert sich die Stimme. Ein Blick reicht, damit eine bestimmte Handlung geschieht.

In einem virtuellen Team fehlen fast sämtliche Informationen, die nonverbal Aufschluss über Machtverhältnisse geben. Auch die kulturellen Besonderheiten zeigen sich weniger. Menschen, die in einem Remote-Team starten, werden deshalb leicht abgehängt. Ein Präsenz-Onboarding erweist sich als sinnvoll. Alternativ gibt es gemeinsame Reisen zum Kernnenlernen und Teambonding.

In einem virtuellen Team fehlen fast sämtliche Informationen, die nonverbal Aufschluss über Machtverhältnisse geben.

Ihre Kollegen vor Ort sind mit der Kultur groß geworden, sie sind sich ihrer nicht bewusst. Das kann ein Vorteil sein, denn so ist man unbelastet, aber auch ein Nachteil, weil die Sozialisierung fehlt, die auch der Karriere auf die Sprünge helfen kann.

Hybride und virtuelle Teams brauchen verteiltere Führung. Strukturen übernehmen eine zentrale Führungsrolle, denn die Kommunikation muss genauso geregelt sein wie die Entscheidungsfindung. Eine Top-down-Führung im Homeoffice ist nahezu unmöglich, Selbstverantwortung notwendig. Das fordert mehr und mehr auch Entscheidungskompetenz. Wie entscheiden wir? Im virtuellen Raum müssen Dinge thematisiert werden, die sich vorher in der Präsenz einfach so ergeben haben.

Auch Arbeitsprozesse müssen transparent sein, der Workflow durchsichtig. Mit dem Grad gegenseitiger Abhängigkeit im Team steigt die Anforderung daran: Es gilt, gemeinsam an etwas zu arbeiten, an Dokumenten, Konzepten, Ideen.

Was vor Ort optional ist, ist virtuell der einzige Weg. Bei nicht ganz klar abgegrenzten Tätigkeiten gilt es, sich zu synchronisieren. Wer macht was? Wer braucht Hilfe? Wer arbeitet zusammen? Agile Organisationsmethoden sind deshalb in virtuellen Teams nicht mehr nur hilfreich, sondern geradezu notwendig. Kollaborationssoftware stellt Transparenz her und verbindet. All das erfordert, dass Menschen bereit sind, auf diese Weise zusammenzuarbeiten und um gute gemeinsame Lösungen zu ringen.

Das heißt nicht, dass es die typischen Machtverhältnisse nicht mehr gibt.

Praxis

Wir haben einmal erlebt, wie ein virtuelles Team über eine Geschäftsentscheidung diskutierte. Eine Mitarbeiterin meinte, das ginge alles nicht so schnell. Sie bremste, das Team diskutierte, niemand entschied. Dann kam der Vorstand in den virtuellen Raum und griff durch und beendete das vorherige Hin und Her. Nach vier Worten „so wird es gemacht" war alles klar. Das zeigt, dass Top-down-Anordnungen nach wie vor möglich und üblich sind.

Die Kunst der Führung ist es dabei, den Teams zu verdeutlichen, was sie entscheiden dürfen und was nicht. Hier lässt sich aus unserer Sicht sehr gut mit einem Delegation Board arbeiten, das auf dem situativen Führen beruht. Es beantwortet Fragen wie: Wann haben wir die Verantwortung, wann müssen wir uns beraten und wann abstimmen? Doppelbotschaften führen dazu, dass das Team irgendwann nicht mehr handeln kann. Auch muss ein Team Entscheidungstechniken lernen, damit endlose Diskussionen strukturiert zu schnelleren Ergebnissen führen können.

Projektionsflächen

Im Internet sehen wir nur einen Teil des Körpers. Wir riechen ihn nicht. Wir nehmen nicht ganzheitlich war, wie sich jemand im Raum bewegt, auf andere zugeht oder sich entfernt – dieses einzigartige Zusammenspiel. Aus unserer Sicht ist es eine der größten Herausforderungen bei Remote-Teams, trotz dieser fehlenden Ganzheitlichkeit zu agieren. Im virtuellen Raum ist die Gefahr der Projektion schon deshalb größer. Projektion bedeutet die Übertragung von Emotionen, beispielsweise die verdrängte Wut, die sich plötzlich auf den Teamgestalter richtet, die aber ganz woanders herkommt.

Die Sache ist die: Wir können uns umso mehr vorstellen, je weniger wir wissen. Das kann das Bild von einer Person sowohl positiv als auch negativ aufladen. Wir dichten Dinge dazu, wenn sie uns fehlen.

Es ist Ihre Aufgabe, darauf zu achten und hinzuweisen, vor allem wenn Sie als externer Teamgestalter etwas mehr von außen auf die Zusammenhänge blicken. Interne Teamgestalter können das als Teil des Systems weniger sehen und schon gar nicht darüber sprechen. Zu wissen, dass es das gibt, hilft damit klarzukommen, dass man sich plötzlich schlecht fühlt, obwohl doch eigentlich gar nichts ist … Doch: Die Gruppe hat etwas projiziert. Wenn Informationen fehlen, steigen Emotionalität und Interpretationsfreiraum.

Das fängt bei den kleinen Fragen an: „Warum ist X nie mittags erreichbar?“ Schnell wächst der Verdacht, dass da jemand privat abtaucht. „Wieso ist Y immer so abgelenkt?“ Automatisch verbinden wir es mit Desinteresse. Die Vorstellungen verbreiten sich im virtuellen Raum umso freier, je weniger wir Geschichten und Bilder mit der anderen Person verbinden. Da hilft nur eins: reden, zeigen, einbinden. Schaffen Sie neben dem Bewusstsein auch den Rahmen dafür. Selbst wenn Sie öfter Gegenwind bekommen – wir haben die Erfahrung gemacht, dass es dem Team guttut, Dinge auszusprechen. Dennoch gilt es, die Balance zu halten und natürlich aufmerksam zu sein, wenn das Team zurückmeldet, dass es lieber arbeiten will und nicht schon wieder reden …

Synchrone und asynchrone Kommunikation

Die bisherige Onlinekommunikation war überwiegend asynchron. Das heißt, sie vollzog sich zeitversetzt: Da stellte jemand eine Frage in einem Forum, die Antwort kam später oder gar nicht. In einem solchen Umfeld belegten Studien oft stark nachlassendes Engagement nach einer Anfangseuphorie. Eine Bindung, wie sie in einem Team vor Ort entstehen kann, entwickelte sich bei Formaten mit vorwiegend asynchroner Kommunikation kaum. Doch die Möglichkeiten, asynchron zu kommunizieren, sind zahlreicher und vielfältiger geworden:

- Videos kann heute jeder drehen und damit auch ein Stück Small Talk ersetzen.
- Sprachnachrichten erreichen auch die, die in einer anderen Zeitzone arbeiten.
- Fragen und Themen kann man jederzeit an einem Kollaborationsboard hinterlassen.

Vor allem aber hat die präsenzähnliche synchrone Kommunikation per Videochat das Kommunikationsverhalten verändert und verbessert. Die direkte Kommunikation vis-à-vis ist nur minimal zeitverzögert. Sie bildet damit die Dynamik im realen Raum zu einem wichtigen Teil ab. Gleichzeitig ist es so, als würden wir mit Personen im Fernsehen sprechen. Wir sind nicht wirklich zusammen in einem Raum, wie es Virtual Reality zu realisieren scheint. Hier allerdings entstehen noch einmal andere Dynamiken allein dadurch, dass Menschen Stellvertreter senden, sogenannte „Avatare“.

Virtual-Reality-Brillen sind zudem noch schwerer als Headsets, die man dank anderer Geräte kaum noch braucht. Virtual-Reality-Brillen trägt man auch nicht einen ganzen Tag. In der Breite hat sich das dreidimensionale Erleben deshalb bis jetzt noch nicht durchgesetzt. Allerdings gibt es immer mehr Tools, die in diese Lücke springen und das räumliche Erleben auch ohne Virtual-Reality-Brille integrieren, etwa Tools wie Wonder.me oder Spatial Chat.

Technische Möglichkeiten nutzen

Vieles, das im Arbeitsleben ganz normal ist, kann auch online stattfinden, nur braucht es dafür andere Schritte und Erfahrung im Umgang mit den Onlineräumen. Je gekonnter der Umgang mit der Technik, desto weniger störend ist diese. Je weniger diese Aufmerksamkeit auf sich zieht, desto mehr ähneln die Dynamiken in virtuellen Räumen denen vor Ort in einem Konferenz- oder Meetingraum. Sie gleichen ihnen allerdings nicht.

Wer die technischen Möglichkeiten nutzt, macht mehr aus dem Onlineraum:

- Lassen Sie die Bildschirme eingeschaltet, wenn Sie miteinander sprechen.
- Die Teilnehmer sollten gut sichtbar sein und sich vom Hintergrund abheben.
- Ideal ist ein Körperausschnitt etwa bis Dekolleté, der Armbewegungen erkennen lässt.
- Die Stimme ist angenehm und hallt nicht. Dazu verwendet man gute Technik wie bestimmte hochwertige Mikrofone oder Headsets.
- Es gibt viele Möglichkeiten, sich zu sehen und zusammenzuarbeiten, weshalb zwei Bildschirme von Vorteil sind.
- Das Videochat-System ermöglicht spontane Kleingruppenarbeit und Rückzugsräume.

Das hilft methodisch:

- Bilden Sie ein Team im Team, wenn das eigentliche Team zu groß ist.
- Online-Teams müssen kleiner sind, eher fünf bis sieben als acht bis neun Personen.
- Ermöglichen Sie dem Team ein- bis zweimal im Jahr ein gemeinsames Live-Erlebnis.
- Nutzen Sie Onlineetikette für das Miteinander im virtuellen Raum. Regeln braucht es oft nicht, aber es hilft, wenn Menschen verstehen, dass andere sich wohler fühlen, wenn sie ihren Gesprächspartner sehen.
- Sorgen Sie mit gemeinsam vereinbarten Werten für Orientierung. Integrieren Sie diese Werte in die alltägliche Zusammenarbeit.
- Schaffen Sie den Rahmen für eine vertrauensvolle Atmosphäre, in der auch privater Austausch möglich ist, beispielsweise durch gemeinsame Pausen.
- Arbeiten Sie aktiv mit Rollen wie „Moderator“, „Fokusbeschleuniger“ oder „Möglichkeitenfinder“ und damit verteilter Führung.
- Verankern Sie eine Lernkultur, bei der es selbstverständlich ist, die jeweiligen Erfahrungen auszuwerten und die Zusammenarbeit immer wieder anzupassen.

KI in der Teamentwicklung

Immer mehr Möglichkeiten beziehen sich auch auf die Nutzung von künstlicher Intelligenz. Dabei haben Large Language Models wie ChatGPT einen besonders großen Einfluss. Diese können in verschiedener Hinsicht unterstützen:

- Beratung: Welche Tools und Methoden einsetzen? Was tun in einer bestimmten Teamsituation?
- Umsetzung: Unterlagen für Workshops erstellen oder Videos aus Text generieren.
- Kreativität: Praxisbeispiele finden, Ideen generieren.

KI führt dazu, dass der inhaltliche Teil des Lernens weniger oder gar nicht mehr vor Ort stattfindet. Stattdessen ist auch Teamentwicklung immer öfter adaptiv. So lassen sich bekannte Tools aus dem Coaching wie das Wertequadrat von Schultz von Thun auch online bearbeiten. Teilnehmende können so etwas zuhause bearbeiten und kommen dann bereits mit einer ersten Reflexion in den Workshop.

4 Unsere Grundannahmen

In diesem Kapitel wollen wir uns unseren Grundannahmen widmen. Sie helfen uns, Entscheidungen in unserer Arbeit zu treffen, und sie geben unserer Entwicklung ein Fundament. Vielleicht können auch Sie sich damit anfreunden.

Alles, was wir tun und denken, beruht auf Grundannahmen. Wir sind uns sicher darüber einig, dass die Erde rund ist. Schon Aristoteles soll das klar gewesen sein. 1522 erbrachte Magellan dann den Beweis durch seine Erdumsegelung. Eine Grundannahme ist auch, dass Teams oft mehr schaffen können als Einzelne. Idealerweise liegen Grundannahmen – wie in diesem Beispiel – wissenschaftliche Erkenntnisse zugrunde.

Grundannahmen sind Grundlagen für Entscheidungen.

Grundannahmen sind Grundlagen für Entscheidungen. Manche muss man durch aktuelleren Wissensstand revidieren. Das ist ein wissenschaftliches Prinzip. Für uns Praktiker gilt das ebenso: Zeigt die Erfahrung, dass eine Annahme falsch ist, müssen wir bereit sein, diese anzupassen. Deutet eine Studie auf etwas hin, das unsere bisherigen Annahmen widerlegt oder relativiert, sollten wir sie uns anschauen und prüfen, was das für unsere Arbeit bedeutet.

Vor der Coronapandemie haben wir beispielsweise nicht geglaubt, dass Teamentwicklung online erfolgreich möglich ist. Danach haben wir einige unserer Annahmen upgedatet. Wir haben es für sehr schwierig gehalten, Rollenspiele digital abzubilden – auch hier sind wir eines Besseren belehrt worden. Wir freuen uns darüber!

Die wichtigste Grundannahme ist, dass Grundannahmen sich ändern dürfen. Manche Grundannahmen stammen aus dem Denken einer bestimmten wissenschaftlichen Schule, andere aus Praktikerschmieden. Denkschulen vermitteln Konzepte und eine eigene Sprache. Menschen, die jahrelang in der Transaktionsanalyse oder der Systemtheorie nach Niklas Luhmann ausgebildet worden sind, haben auch ein dazugehöriges Vokabular.

Die wichtigste Grundannahme ist, dass Grundannahmen sich ändern dürfen.

Manchmal besteht die Neigung, ein solches Konzept zur Grundlage der eigenen Wirklichkeitskonstruktion zu machen. Dann wird es dem Status eines Konstrukts enthoben. Ein Konstrukt ist aber nicht die Wirklichkeit, sondern nur eine Art und Weise, diese zu betrachten.

Anders als ein Glaubenssatz baut die Grundannahme auf Belegen auf, zum Beispiel wissenschaftlichen oder praktischen Erfahrungen. Ein Glaubenssatz hat keinen solchen Boden. Er ist durch Bauchgefühl belegbar, das allerdings kann trügerisch sein.

Ihr Reflexionsglobus

Vielleicht merken Sie es: Wir führen Sie hier in die Grundannahme unserer Grundannahmen ein. Diese besagt, dass es nicht den richtigen oder wahren Ansatz gibt, sondern nur einen, der zu Person, Situation und Kontext passt. Wir sind also keine Dogmatiker. Wir sagen nicht, dass man zum Teambilden immer auf Bootstour gehen muss oder Konflikte auf jeden Fall mit der gewaltfreien Kommunikation lösen. Wir halten auch nichts von allzu dogmatischen Empfehlungen, wie etwas immer zu tun ist. Beispielsweise lernt man oft, dass man bei Feedback erst etwas Nettes sagen soll und dann gut verpackt den Verbesserungsvorschlag servieren. Das ist oft nicht angebracht, denn es ist nicht wirklich authentisch. Manchmal wird es den Beziehungen in der Gruppe nicht gerecht, beispielsweise wenn diese durch Offenheit geprägt sind.

Deshalb reflektieren wir gern darüber, was die Dinge mit uns machen. Damit wollen wir auch gleich ein Tool einführen, das auch ein „Modell" ist – zur Unterscheidung warten Sie noch ein paar Seiten. Es stammt aus der themenzentrierten Interaktion nach Ruth Cohn, ist schon ein paar Jahrzehnte alt und nicht besonders dogmatisch. Es nennt sich „Vierfaktorenmodell". Wir haben jedoch eines in der Praxis gelernt: Manche Namen sind einfach unattraktiv und bleiben schlecht hängen. Nennen Sie es also, wie Sie wollen. Wir finden „Reflexionsglobus" schön bildhaft.

Sie können damit wunderbar reflektieren. Es eignet sich auch als Tool für eine Retrospektive, wie sie im agilen Kontext üblich ist. Es hilft, eine Metaperspektive einzunehmen und auf sich selbst und die anderen sowie die übergeordneten Zusammenhänge zu blicken. Dabei können Leitfragen bei der Orientierung helfen:

- Wo stehen wir als Gruppe oder Team in unserer eigenen Entwicklung?
- Welche Themen ergeben sich für unseren Workshop, wenn wir diese Aspekte betrachten?

Tipp

Der Blick auf „GLOBE" ist anspruchsvoll, wenn Menschen nicht gewohnt sind, so zu reflektieren. Grenzen Sie das ein. Manchmal reicht ein recht allgemeiner Begriff wie „Umfeld". Überhaupt raten wir immer dazu, die verwendeten Tools und Modelle der Erfahrung Ihrer Gruppen anzupassen. Manchmal ist es auch einfacher, diesen Aspekt kurzerhand herauszulassen.

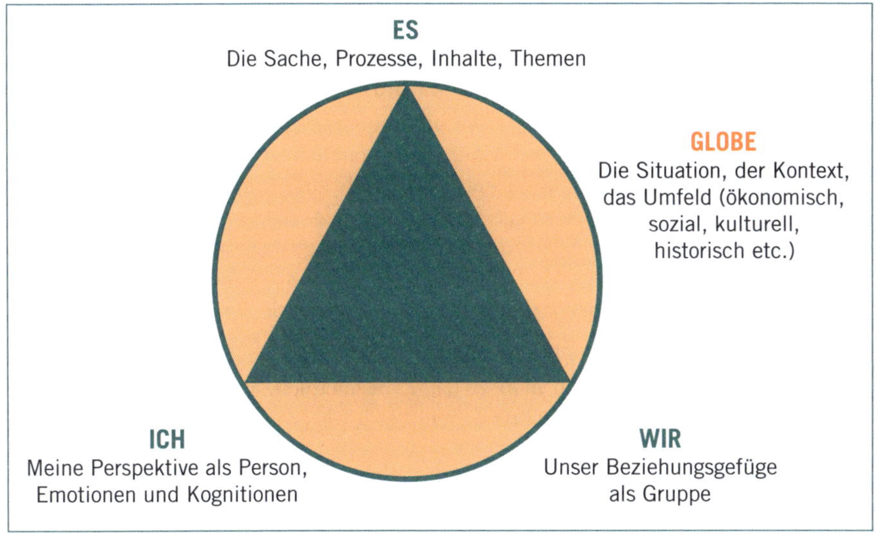

Abbildung 7: Der „Reflexionsglobus", im Original „Vierfaktorenmodell", ist ein Tool zur Reflexion aus der Metaperspektive, zum Beispiel in einer Retrospektive.

Übrigens arbeiten wir auch in unserer TeamworksPLUS®-Ausbildung nach dieser Aufteilung: Am ersten Tag jedes der fünf Module steht „ICH“, am zweiten Tag „WIR“ und am dritten „PRAXIS“ auf dem Programm. „PRAXIS“ ist, wenn Sie so wollen, unser „GLOBE“: Wir übertragen die Fälle der Teilnehmerinnen und entwickeln mit dem systematischen Blick auf „ICH“, „WIR“ und „GLOBE“ Hypothesen, Lösungsideen und Interventionen.

Unsere „Brillen“

Wir sind durch eine systemische Denkweise und durch unterschiedliche Schulen geprägt. Diese bezeichnen wir gern als „Brillen“. Durch die „Brille“ signalisieren wir, dass man sie auf- und wieder absetzen kann.

Wir haben beide gruppendynamische Ausbildungen und Erfahrungen. Wir sind aber auch in der Unternehmensberatung tätig gewesen und haben nicht nur deshalb ein unternehmerisches (Mit-)Denken.

Thorsten hat sich über die Jahre immer mehr dem Thema Konflikte und Mediation verschrieben. Svenja ist durch verschiedene psychologische Schulen beeinflusst, beispielsweise durch die Entwicklungspsychologie und die positive Psychologie, durch Hypnotherapie nach Milton Erickson sowie die ACT (Akzeptanz-Commitment-Therapie), eine moderne verhaltenstherapeutische Schule.

Wir beide sind auch firm in systemischen Ansätzen, etwa der Lösungsorientierung nach Steve de Shazer und humanistischen Ansätzen – Carl Rogers ist hier nur ein Vertreter.

Das sind alles unterschiedliche „Konstrukte“, also Weltverständnisse mit teils eigenen Begriffswolken. Nicht nur in unserer Ausbildung merken wir durch die unterschiedlichen Brillen, dass wir mehr sehen. Es ergeben sich mehr Ansatz- und Anknüpfungspunkte für Interventionen und es entwickelt sich eine höhere Flexibilität. Unser „Metaansatz“ macht uns auch gelassener: Wir wissen, dass viele Wege zu gleichen oder ähnlichen Ergebnissen führen. Es ist nicht wichtig, wie genau man irgendwohin kommt. In einer Ausbildungssituation ist es von Vorteil, systematisch mit den Brillen zu arbeiten, denn dadurch lernt man die Perspektiven in der Praxis kennen.

Viel wichtiger ist aber, dass wir alles, was wir tun, reflektieren und ex post aus den Erfahrungen lernen. Das kann man als „agil“ bezeichnen, aber ganz ehrlich: In der Organisationsentwicklung ist das so neu nicht.

Unsere Vorgehensweise

Da ist ein Problem, das gelöst werden muss. Der Berater bekommt ein Briefing und beschäftigt sich eine mehr oder weniger lange Zeit mit dem Thema. Dann erarbeitet er einen Lösungsansatz beziehungsweise ein Konzept, implementiert dieses und/oder führt es durch. So arbeiten traditionelle Beraterinnen. Trainerinnen sind in diesem Konzept oft Ausführende.

Das beruht auf der Grundannahme, dass da jemand ist, der die Lösung von vorneherein kennt und Rezepte parat hat, sogenannte „Best Practices“. Das können Standardtrainings für das Teambuilding oder auch für andere Themen sein. Beispielsweise könnte es sich bei dem Problem um ein Team handeln, das seine Ziele nicht erreicht, und die Lösung ist die Entwicklung eines Hochleistungsteams. Wenn es so einfach wäre!

Wir glauben,

a.) dass nachhaltiges Lernen auf den Selbstlösungskräften einer Gruppe aufsetzt; daran anzudocken, ist die Aufgabe;
b.) dass der Kontext bestimmt, was sich in ihm zeigen kann;
c.) dass die Teamgestalterin zuständig dafür ist, den Rahmen zu gestalten und zu intervenieren, wenn es das Team in die gewünschte Richtung bringen kann.

Das sind zentrale Grundannahmen, die aus der Erfahrung erwachsen sind. Wir haben erlebt, dass es so funktioniert und auf andere Weise vieles verpufft – manches hinter einer kurzen Welle der Begeisterung, manches hinter der Frage „Was mache ich damit jetzt im Alltag?“.

Im Workshop setzen wir demzufolge auf ein Miteinander. Interventionen planen wir aufgrund von Hypothesen, die wiederum auf möglichst vielen Informationen aufsetzen. Dazu kommen wir später noch einmal, wenn es um Auftragsklärung geht. Die Auswertung einer Veranstaltung ist ein wichtiger Schritt, denn aus ihr ergeben sich die nächsten Schritte.

Praxis

Diese Vorgehensweise steht der klassischen Planungsmentalität fast immer entgegen. So wollen Verwaltungen in der Regel ihr Budget für das ganze Jahr planen und sind nicht begeistert von Aussagen wie: „Lassen Sie uns mal mit einem Workshop anfangen und dann sehen wir weiter.“ Die Kunst ist, so konkret und offen wie möglich zugleich zu sein. Wenn Sie weniger Ziele als vielmehr Ergebnisse in den Vordergrund stellen, sind Sie oft aus dem Schneider. Wenn beispielsweise ein „High Performance Team“ verlangt wird, könnte das Ergebnis die Ausarbeitung von Kriterien für ein Hochleistungsteam sein, was Sie auf jeden Fall gewährleisten können. Ein Hochleistungsteam zu „liefern“, wäre garantiert ein falsches Versprechen. Es nimmt Sie in eine Pflicht, die Sie nicht annehmen sollten.

Didaktik

> Teamentwicklung heißt lernen.

Teamentwicklung heißt lernen. Deshalb spielen bei der Arbeit mit Gruppen immer auch didaktische Fragen eine Rolle – und schon zeigen sich wieder Grundannahmen. Wie wird etwas vermittelt? Was verspricht Erfolg?

Da hat sich in den letzten Jahren, auch aufgrund neurobiologischer Erkenntnisse, viel verändert. So gehen wir immer weiter weg von der Vermittlung abstrakter Inhalte hin zu relevanten Kontextinformationen. In der Begegnung im Workshop- wie im Seminarraum wollen wir möglichst viel erarbeiten, das für unsere Teilnehmerinnen Bedeutung hat.

„Reverse Classroom“ kann dabei helfen. Hier lesen sich die Teilnehmerinnen bereits vorher ein oder erarbeiten sich mit Text, Video und Audio einen Stoff. Unserer Erfahrung nach ist das immer noch ungewohnt und die Vorbereitung erfolgt auf einem unterschiedlichen Level. Doch dieser Gap lässt sich auch zum Thema machen. Damit kann die Gruppe auf der Metaebene auf sich schauen: Warum nehmen einige die Vorbereitung ernst, andere nicht?

Das gilt auch, wenn man Inhalte frei vorbereiten lässt. Sehr hilfreich ist hier die Arbeit in Tandems. Wie damals in der Schule kommt es aber auch hier immer wieder vor, dass die eine sehr intensiv „reingeht“, während der andere großzügiger ist und weniger tut. Dies kann ebenso reflektiert werden: Was sagt dieser Unterschied über Motive, Stärken, aber möglicherweise auch Beziehungen und Interaktionen?

Ein modernes Konzept ist auch „Training from the BACK of the Room“, das die amerikanische Lehrerin Sharon Bowman entwickelt hat. Hier geht es darum, gemeinsame Lernräume zu gestalten, in denen sich die Trainerin oder Moderatorin maximal zurückhält. Im Mittelpunkt stehen Verbindungen zwischen den einzelnen Lernenden, kreative Konzepte, Übungen und gemeinsame Schlussfolgerungen.

Diese Vorgehensweise ist für viele Themen passend, doch muss man sich vor allem anschauen, um was es geht. Training ist ein Aspekt in der Teamentwicklung. Weitere sind jedoch Coaching, Moderation und Beratung. „Training from the BACK of the Room“ bezieht sich auf den eher kleineren Trainingsteil.

Alles dient dem Lernen, doch auf teils sehr unterschiedliche Art und Weise. Diese muss vor allem angemessen sein, weshalb wir auch die didaktischen Konzepte variieren. Eine Fallarbeit zur Einleitung einer Gruppenreflexion kann an der einen Stelle sinnvoll sein, an einer anderen doch eher eine Coachingintervention.

Unsere Grundannahme ist also, dass es wichtig ist, Selbstverantwortung und Erkenntnisse zu fördern, aber sich nicht sklavisch an vermeintlich modernen Konzepten auszurichten.

Sie werden später noch unser Teamentwicklungsmodell kennenlernen, das Ihnen hilft, dies konkret in Ihren eigenen Kontext zu übersetzen.

Unser Werkzeugkoffer

In den letzten Jahren sind, vor allem beflügelt durch den Agil-Trend, immer mehr Tools für die Arbeit mit Teams entstanden. Da sind tolle Open-Source-Entwicklungen dabei, die wir Ihnen auch vorstellen werden.

Auf manches sehen wir erfreut und besorgt zugleich: erfreut, weil es Spaß macht, neue Erfahrungen zu machen und neue Ideen einzubringen, besorgt, weil wir als Ausbilder die Überforderung unserer Teamgestalter bemerken:

- Da ist erstens die Neigung, zu viel in zu kurzer Zeit machen zu wollen, weshalb es an Tiefe fehlt. Verhaltensveränderung benötigt Zeit.
- Da ist zweitens die Verunsicherung, was denn nun das Beste ist.
- Drittens geht der Übungseffekt verloren, wenn man immer wieder etwas Neues ausprobiert. Viel Neues führt nicht gleichzeitig zu einer Weiterentwicklung von Personen und Teams.
- Viertens wird da viel „falsch" angewendet, beispielsweise wenn man Tests wie „MBTI" ohne Hintergrundwissen und kritische Distanz in ein konfliktäres Team einbringt.

Unsere Grundannahme ist auch, dass weniger mehr ist, für alle Beteiligten. Deshalb bietet Ihnen dieses Buch kein Tool-Feuerwerk und wir haben uns auch bewusst gegen ein „Playbook" und allzu viel Buntheit entschieden.

Generell empfehlen wir bei der Ausbildung, sich an drei Ebenen (Abbildung 8) – Mindset, Skillset, Toolset – zu orientieren und beim Mindset anzufangen. Das tun wir übrigens mit diesem Kapitel, denn alles, was wir hier schreiben, hat mit dem Mindset zu tun. Das ist die Logik des Fühlens und Denkens (und nein, das lässt sich nicht trennen), die Grundannahmen gebildet hat und sich an Werten orientiert. Wenn wir von einem „agilen Mindset" sprechen, meinen wir eines, das flexibel auf neue Anforderungen eingeht. Wir schauen aber jederzeit, wie dieses durch das System geprägt und beeinflusst wird.

Wir haben in diesem Buch auch schon Modelle vorgestellt, den „Reflexionsglobus" und zuvor den „Entwicklungsbaum". Manches Mindset weitet sich durch die Anwendung von Tools. Sicher können Sie sich jedoch vorstellen, wie ein solches Tool angewendet würde, wenn jemand checklistenartig durch die Bereiche scrollte oder dazu aufkommende Fragen nicht für alle befriedigend beantworten könnte. Es braucht also auch Anwendungsfähigkeit – Skills, allen voran die Fähigkeit, gut zuzuhören. Das ist nicht nur Mindset, das ist auch die Fähigkeit, zum Beispiel systematisch Fragen zu stellen, etwa zu Situation, Person, Umfeld und Kontext, oder etwas skizzieren zu können, während ein anderer erzählt.

Da sind wir auch schon wieder beim Mindset: Ohne die passende Haltung und die Fähigkeit, das Gehörte in allen verbalen und nonverbalen Facetten aufzunehmen und gegebenenfalls durch weitere Fragen weiterzuentwickeln, ist jedes Tool wertlos.

Abbildung 8: „A fool with a tool ..." – professionelle Teamgestalter brauchen alles zugleich. Hier ist ein Tool, das hilft, die einzelnen Aspekte getrennt zu betrachten und darüber zu reflektieren, was man zum Beispiel für eine Tätigkeit wie Teamcoaching braucht.

Tool und Modell

Jedem Tool liegt ein Denkmodell zugrunde und manche Modelle sind zugleich Tools. Ein Modell ist eine Form oder ein Denkmuster, man könnte auch Denkschablone sagen. Es hilft uns, etwas zu ordnen. Es kann auf wissenschaftlichen Erkenntnissen beruhen, muss es aber nicht. Manche Modelle sind zugleich auch Metaphern wie der „Entwicklungsbaum": Bäume haben eine kraftvolle und symbolische Bedeutung. Modelle helfen dabei, etwas zu verstehen und einzuordnen. Einige geben zusätzlich eine Reflexionsgrundlage und werden dann zum Tool. Andere helfen einfach nur beim Verstehen.

Tools sind Werkzeuge, die etwas anwenden. Damit wird also etwas erzeugt, allein oder co-kreativ, das heißt in einem gemeinsamen Prozess. Wenn wir also den „Entwicklungsbaum" als Tool anwenden, nutzen wir ihn als Coachingintervention. Dann verbinden wir ihn zum Beispiel mit Leitfragen. Auch Selbst- und Fremdbilder, die mit Checklisten, Fragebögen oder frei erstellt werden, können auf den „Baum" übertragen werden. Dann spielen Modell und Tools zusammen.

Diese Unterscheidung ist zentral für die Ausbildung, denn als Teamgestalterin sollten Sie wissen, was Sie nutzen oder vorstellen.

Daran knüpft eine ganz entscheidende Frage an, nämlich die, ob Sie etwas explizit machen. Explizit machen bedeutet, dass Sie etwas in Ihren Teams und Ihrer Teamentwicklung erklären, gar theoretisch einführen. Das ist nicht immer sinnvoll. Beispielsweise muss eine Gruppe nicht wissen, dass der „Reflexionsglobus" aus der „Themenzentrierten Interaktion" und diese aus der Psychoanalyse stammt. Im Gegenteil, das kann eher hemmen und die Dinge schwerfällig machen. Ohne psychologische

Vorkenntnisse wird man „Psychoanalyse" auch schwerlich inhaltlich oder historisch einordnen können. Die Information hilft also nicht.

Implizit bedeutet, dass Sie etwas anwenden, indem Sie den Sinn und Nutzen für die Person oder das Team erläutern. Sie bleiben also auf der Anwendungsebene. Als Teamgestalter sollten Sie allerdings immer mehr Hintergrundwissen haben als die Teams, mit denen Sie arbeiten. Aus diesem Grund vermitteln wir in unserer Ausbildung und auch in diesem Buch eine angemessene Dosis Hintergrundwissen sowie den Hinweis auf diese kleine, aber feine Unterscheidung.

Tipp

In der „Psychoedukation" lernen Menschen durch Wissensimpulse, wie Sie selbst funktionieren. Das kann hilfreich auch im Gruppenkontext sein. Wie viel Sie implizit, also durch Übungen vermitteln und wie viel explizit, also durch Erklären der Hintergründe, ist vor allem eine Frage dessen, was Sie erreichen wollen. Wenn wir mit Ausbildungsgruppen arbeiten, sollen diese die Dinge natürlich auch einordnen können. In der eigenen Praxis ist das wiederum nur teilweise nötig und sinnvoll.

5 Grundannahmen und Prinzipien für Teamgestalterinnen

Bisher haben wir dargestellt, wie wir zu unseren Grundannahmen gekommen sind und was diese kennzeichnet. Nun kommen wir zu den Annahmen, die wir Ihnen vermitteln möchten, da wir sie als hilfreich bei der Arbeit mit Gruppen erleben. Aus diesen leiten sich Prinzipien ab. Das sind offene Regeln, die Sie wie einen Denkrahmen verwenden könnten.

Erste Grundannahme: Ich selbst bin die wichtigste Intervention

Wir haben erfahren, dass es hilfreich ist, immer zuerst auf uns selbst zu schauen. Wenn da ein komisches Gefühl ist, wenn etwas nicht zu gelingen scheint, sich die Gruppe im Kreis dreht – welchen Anteil habe ich daran? Welche Erwartungen, meinen Sie, hat das Team an Sie? Welche Erwartungen hat das Team wirklich an das Gelingen der Teamentwicklung? Welche unausgesprochenen Erwartungen fesseln mich in meiner Handlungsfähigkeit? Manches, das man selbst als „Misserfolg" empfindet, ist von einer anderen Seite betrachtet durchaus ein Fortschritt oder auch eine Lerngelegenheit. Hinderlich ist auch zu starkes eigenes Wollen. Wenn ich etwas will, heißt das noch lange nicht, dass die anderen mitziehen. Ziemlich oft gilt das Gegenteil. Nicht wenige Teamgestalterinnen übernehmen zudem die Verantwortung für das Team. Dieses spielt den Ball zurück – und schon sind sie wieder in der Verantwortung. Dabei wollten Sie doch eigentlich nur dafür sorgen, dass das Team seine Probleme selbst löst.

Tipp

Machen Sie sich frei von eigenem Wollen oder Denken an sich selbst („Wie wirke ich?"). Machen Sie die gegenseitigen Erwartungen transparent. Sie dürfen so etwas denken, das ist normal. In dem Moment, indem Sie auf Ihre eigenen Gedanken blicken können, können Sie sie auch loslassen. Installieren Sie ein „Beobachter-Selbst", das wahrnimmt, was hier, jetzt und im Moment stattfindet. Dadurch gewinnen Sie Ihre Flexibilität zurück und können sich frei für oder gegen ein Verhalten entscheiden. Gönnen Sie sich dazu selbst Pausen. Sagen Sie beispielsweise: „Ich muss mal darüber nachdenken, lasst uns eine Pause machen."

Zweite Grundannahme: Ohne Emotionen bewegt sich nichts

Menschen sind keine rationalen Wesen. Veränderung wird erst da möglich, wo im ganzen Körper etwas passiert. Wir fühlen nicht mit dem Kopf, sondern mit dem Körper. Deshalb bringen wir Menschen im wahrsten Sinne des Wortes in Bewegung. Ob Sie sich nun einfühlen oder etwas Neues erleben. Überall dort, wo Neuronen feuern und der Körper mitschwingt, passiert etwas. Für uns ist alles gleichwertig: Freude ist wunderbar, aber Trauer zeigt an, dass sich etwas verändert. Menschen ins Fühlen zu bringen, fällt neuen Teamgestaltern am schwersten. Viele trauen sich das nicht. Dabei ist es eine tolle Erfahrung.

Menschen ins Fühlen zu bringen, fällt neuen Teamgestaltern am schwersten.

Tipp

Beziehen Sie den Körper ein. Da sind zwei Teams, eventuell ein altes und ein neues. Lassen Sie sich einfühlen und im Raum aufstellen, aufeinander zugehen und „laut" denken. Seien Sie weder übervorsichtig noch übermutig. So zu arbeiten, muss geübt sein. Tasten Sie sich langsam heran.

Dritte Grundannahme: Alles hat zwei Seiten

Alles – und damit auch jeder Anteil – lässt sich nur über sein Gegenteil verstehen. Diese dialektische Herangehensweise hilft uns sehr. Wir können es auch als These und Antithese beschreiben, die wir so stehen lassen oder zu denen wir eine Synthese suchen.

Tipp

Ergründen Sie Aussagen, indem Sie sie von den gegenteiligen abgrenzen. Was wäre das Gegenteil von „kreativ“, was meinen wir in diesem (speziellen) Fall? Oft führt das dazu, dass man den eigentlichen Begriff mehr konkretisiert, als man das gewöhnlich tut.

Vierte Grundannahme: Inspiriere auf die Art, die beim Gegenüber Resonanz erzeugt

Eine gute Teamentwicklerin kann vor allem eines: flexibel auf das reagieren, was im Raum ist. Das heißt, sie kann mitschwingen. Das ist auch der große Unterschied zu einem Trainer, der ein bestimmtes Programm durchgeht. Wir stellen uns auf das ein, was sich in der Gruppe zeigt.

Das erfordert Übung und einen geschärften Blick. Wir müssen uns dafür von Vorannahmen lösen und uns auf das konzentrieren, was passiert.

Die beste Übung ist, sich auf Verhalten zu beziehen. Wer gelernt hat, darauf zu achten, kann sich irgendwann davon befreien. Es geht in Fleisch und Blut über. Aber auch für Rückmeldungen ist es essenziell, Verhalten in den Mittelpunkt zu stellen. Diese Fragen helfen, den Blick für Verhalten auf der Individual- und auf der Gruppenebene zu schärfen:

> Es gilt, die dicke Schicht persönlicher Bewertungen abzubauen und sich auf das zu konzentrieren, das darunterliegt.

- Was tun die Menschen?
- Was tun die Menschen nicht?
- Was wird gesagt?
- Was wird nicht gesagt?

Auch Gedanken sind in gewisser Weise Verhalten; dieses lässt sich nur aus der eigenen Perspektive beschreiben. Wenn eine Teilnehmerin in Ihrem Team „diesen Gedanken einfach mal zulassen will“, tut sie damit etwas. Etwas anderes ist das Sprechen über andere. Hier können und sollten wir uns nur auf das beschränken, das wir sehen können. „Du hast deine Stirn in Falten gelegt“ ist dabei aber ebenso zulässig wie „du bist auf diese Person zugegangen und hast ihr die Hand gegeben“. Das heißt praktisch: Arbeiten Sie an einer konkreten und konkretisierenden Sprache. „Was bedeutet es genau für das, das Sie tun wollen?“

Fünfte Grundannahme: Entwicklung braucht Irritation

Wenn sich innen nichts bewegt, passiert nichts! Wir brauchen diesen Moment, der uns mit Fragezeichen hinterlässt oder ein wenig verwirrt. Das muss jedem klar sein, der mit Gruppen arbeitet. Hier kann es nicht nur um eine gute Bewertung gehen, sondern auch darum, dass Muster aufgebrochen werden. Nur dass ermöglicht Entwicklung.

Wir gehen davon aus, dass Menschen sich entwickeln können und dass Entwicklung ihnen guttut. Wir sehen menschliche Persönlichkeit auf einer Reise hin zu größerer Gelassenheit und persönlichem Sinnempfinden. Der eine mag bei der Station „Weisheit" ankommen, der andere bei sich selbst: Doch selten ist der Weg ein gradliniger und oft führt er über Schwierigkeiten und Herausforderungen.

Unsere Grundannahme beruht auf psychologischen Erkenntnissen, aber noch viel, viel mehr auf der eigenen Erfahrung. Krisen stärken einzelne Persönlichkeiten, aber auch die von Teams. Der Satz von der „Krise als Chance" ist alles andere als profan.

In der praktischen Arbeit bedeutet das, dass wir nicht „gefallen" wollen, sondern tun, was aus unserer Sicht „sinnvoll" ist. Wir haben die Erfahrung gemacht, dass Interventionen einen fruchtbaren Boden brauchen. Wenn die Zeit nicht reif ist, wird ein Mensch oder Team auch nicht ins Nachdenken kommen. Ist die Zeit aber reif, dann führt der Weg zu einer neuen Erkenntnis fast immer über eine Irritation und selten über sofortiges lautes Hurra.

> Wir wissen auch, dass größere Entwicklungsreisen nie nur beruflich stattfinden.

Wir wissen auch, dass größere Entwicklungsreisen nie nur beruflich stattfinden. Wir sind uns sehr wohl bewusst, dass eine harmlose Frage eine fundamentale Reflexion anstoßen kann – die am Ende sogar dazu führen kann, dass jemand seinen Job oder Haus, Hof, Hund und Mann verlässt. Dabei ist es nicht die Frage selbst, sondern der Mensch, der fragt und der genau im richtigen Moment die richtige Tür öffnet. Unsere Erfahrung sagt aber auch: Das passiert nie, wenn die Türen komplett geschlossen sind, es muss schon eine Öffnung geben, ein Schlupfloch im sich selbst organisierenden Gehirn.

Auch das Teilen einer Beobachtung kann einen Stein ins Rollen bringen.

Tipp

Je mehr Sie an etwas glauben, wie etwa an Entwicklung, desto mehr sind Sie bereit, Risiken einzugehen. Gleichzeitig sollten Sie niemals einfach so vorpreschen. Manche Dinge sind nicht wichtig genug. Fragen Sie vor allem: Kann ich auffangen, was ich anstoße? Das bezieht sich auf die Zeit genauso wie auf Ihr Selbstverständnis, mit schwierigen Situationen umzugehen. Manches „Fass" bleibt besser zu, auch weil es für bestimmte Lebensthemen noch zu früh ist.

Praxisbeispiel

Der Chef hielt sich für extrem teamfähig und kollegial. Er redete ohne Unterbrechung und hörte nie zu. Selbst- und Fremdbild klafften deutlich auseinander. In der Retrospektive fragten wir, wie das Team seine Führungskraft wahrnahm und sahen, dass die Rückmeldungen unehrlich waren. Als wir diese Beobachtung schilderten, herrschte eisige Stille. Wir baten dann darum, zu zweit darüber zu sprechen, was „gutes Zuhören" denn wirklich bedeutete und woran man es festmachte. War der Vorgesetzte am ersten Tag noch leicht säuerlich, zeigte er sich später sehr dankbar für diese Intervention. Wir hätten diese aber nie gewagt, wenn unsere Grundannahme anders gelautet hätte.

Hinweise

Aus den Grundannahmen leiten sich automatisch Prinzipien ab, die uns und unseren auszubildenden Teamgestalterinnen Orientierung geben. Darauf aufbauend können wir auch Tipps formulieren:

Nutze eine klare Sprache

Gruppen sprechen oft über Dinge, von denen jeder ein anderes Verständnis hat. Als Teamgestalterin sollten Sie dieses Verständnis ergründen und sichtbar machen für alle. Dazu gehört auch die Emotionalität eines Wortes.

Das heißt praktisch: „Was ist dieses X für dich?" Diese Frage sollten Sie immer wieder stellen oder noch besser: Sie sollten die Impulse so setzen, dass die Gruppe lernt, sie sich selbst zu stellen.

Beziehe Emotionen ein

Emotionen bilden sich im ganzen Körper ab. Emotionale Markierungen bestimmen die Art und Weise unserer Reaktionen. Veränderung wird dann möglich, wenn wir ihrer gewahr werden. Teamentwicklung ist deshalb Persönlichkeitsentwicklung. Es betrifft immer auch den Einzelnen in der Gruppe, der sich durch Rolle und Positionen, aber auch Beziehungen, wandelt. Dabei stehen keineswegs nur die positiven Emotionen im Zentrum. Wenn etwas „Angst" macht, ist es sinnvoll, darüber zu sprechen.

Beziehen Sie Emotionen ein – entsprechend der Vorerfahrung und den Gewohnheiten der Gruppe – und natürlich auch entsprechend dem Umfeld und der Situation. Jede körperorientierte Arbeit, jedes Gehen und Sichbewegen, jedes Einnehmen und Wechseln von Positionen, ist immer auch Emotionsarbeit, selbst wenn man darüber gar nicht spricht.

Nutze Visualisierungen

Wir finden, dass Visualisierungen enorm hilfreich sind, um ein gemeinsames Verständnis von etwas zu entwickeln. Dabei ist es nicht nötig, dass Sie lernen, toll zu zeichnen. Viel wichtiger sind Fallskizzen, die Ihnen und dem Team helfen, sich auf ein gemeinsames Verständnis zu einigen.

> Üben Sie sich darin, Gesprochenes gleich zu visualisieren.

Üben Sie sich darin, Gesprochenes gleich zu visualisieren. Das muss absolut nicht perfekt sein, der „bikablo-Stil“ (siehe Praxis) ist aus unserer Sicht sogar bisweilen hinderlich, da er zu „schön“ ist. Schließlich geht es mehr darum, etwas darzustellen, das das Verständnis absichert.

Praxis

Bilder klären Zusammenhänge. Sie helfen beispielsweise, ein gemeinsames Bild von etwas zu entwickeln. Dabei empfehlen wir, folgende Visualisierungstypen zu unterscheiden. Aneignen sollten Sie sich unbedingt die Fallskizze.

Fallskizzen erstellen Sie selbst oder jemand aus dem Team, der diese Rolle übernimmt. Sie stellen eine Ausgangslage dar, wie sie eine einzelne Person oder das Team wahrnimmt. Fallskizzen helfen auch im Coaching sehr. Zentral ist, dass die Coachee oder das Team diese „abnimmt“ oder korrigiert. Sie müssen nicht schön sein, sondern funktional.

- Flipcharts dienen der individuellen Visualisierung von Zusammenhängen oder Aufgaben. Sie sollten vor allem einprägsam sein und etwas verdeutlichen. PowerPoint-Charts haben eine ähnliche Funktion, aber man sollte es mit ihnen nicht übertreiben. Besonders wertvoll sind sie, wenn sie Infografiken beinhalten.
- Graphic Recording ist die zeichnerische Begleitung von Veranstaltungen. Ein Graphic Recorder zeigt mit Bildern, was er gehört und wahrgenommen hat. Das ist immer eine Interpretation und Vorauswahl. Deshalb empfiehlt es sich auch hier, die Gruppe einzubeziehen. Was habt ihr gehört? Was war für euch wichtig?
- Generative Scribing kommt aus der „Theory U“ von C. Otto Scharmer. Dabei werden die vier Ebenen des Zuhörens nach Scharmer bewusst verarbeitet. Auf diese Weise entstehen ganz andere Bilder als beim Graphic Recording. Die vier Ebenen des Zuhörens sind Downloading (Informationen herunterladen), Fakten-Zuhören, empathisches und generatives Zuhören. Bei Letzterem geht es darum, Interpretationen und Ideen für die Zukunftsgestaltung einzubringen.
- Bei der Visualisierung helfen auch Onlinetools, beispielsweise Kollaborationssoftware wie MURAL, Miro, Padlet oder Conceptboard. Ihre spontanen Zeichnungen können Sie mit dem iPad sofort auf den Bildschirm übertragen. Weiter gibt es dafür Apps und Tools wie explayn und viele andere.

Tipp

Da sich hier so viel schnell ändert, verweisen wir auf unseren Blog „www.teamworks-gmbh.de/blog“ sowie auf den Blog von „www.komfortzonen.de“. Hier finden Sie oft die neusten Tools und sehr gute und detaillierte Einsatzbeschreibungen.

Arbeite iterativ

Eine Teamentwicklung in zwei Stunden ist keine Teamentwicklung, auch wenn jemand das so nennt (und Sie als Auftragnehmer manche Dinge auch gar nicht richtigstellen sollten, sondern sich auf das Wesentliche konzentrieren). Es geht immer um Prozesse, die sich entwickeln. Das agile Denken in Sprints hilft da sehr: Wir planen etwas, probieren es aus und lernen dann daraus. Dafür ist die Retrospektive, also die Ex-post-Analyse, zentral.

Arbeiten Sie ganz viel mit Experimenten und Prototypen, die etwas zeigen, das nicht fertig ist. Legen Sie viel Wert auf Auswertung und Nachbesprechung.

Verstehe Teamentwicklung als Teil der Organisationsentwicklung

Teamprozesse lassen sich nicht losgelöst von organisationalen Prozessen betrachten. Die Organisation, das Kollektiv also, setzt Teams einen Rahmen. Dieser muss jedoch nicht eng sein. Stellen Sie es sich vor wie einen Garten: Wildblumenbeete geben neue Akzente sowie auch manch als Unkraut verschrienes Gewächs – etwa Butterblumen und Gänseblümchen – neue Lebensräume schaffen kann.

Teamprozesse lassen sich nicht losgelöst von organisationalen Prozessen betrachten.

Sehen Sie das Team immer in seinem Kontext und in den Wechselwirkungen zur Organisation. Ein Team kann eine Organisation verändern, aber die Organisation bestimmt, was sie aufnimmt und zulässt.

Sieh dich selbst als Führungskraft

Wir verstehen Führung als „Beeinflussen der Richtung von Bewegung und Intervenieren in kritischen Situationen". Jeder kann Führung übernehmen. In der Rolle des Teamgestalters müssen Sie öfter Einfluss auf Bewegungen nehmen, beispielsweise wenn Prozesse stocken oder Konflikte blockieren.

Machen Sie sich Ihre Rolle klar und zwar in zweierlei Hinsicht: Was sieht das Team in Ihnen? Was sehen Sie selbst in sich? Da das Thema „Rolle" so wichtig ist, bekommt es ein eigenes Kapitel.

6 Die beiden Seiten der Teamentwicklung

Der Mittelpunkt Ihrer Arbeit ist der Workshopraum, Ihr Handwerk ist das Workshopdesign und Ihre Kunst das Beeinflussen von Gruppendynamiken. Dabei hilft es, wenn Sie zwei Dinge unterscheiden – Teambildung und Teamcoaching.

„Machen Sie doch mal einen Teamworkshop!" So oder ähnlich lautet oft ein Auftrag. Manchmal sagt man Ihnen vielleicht auch: „Machen Sie doch mal Teamentwicklung!". Einige kommen mit „Teambildung" um die Ecke und immer mehr sprechen auch von Teamcoaching. Hilfe! Jetzt geht es ums Unterscheiden, denn erst dann können Sie Interventionen planen. Also, Schritt für Schritt.

Team- oder Gruppenentwicklung?

Um die richtigen Interventionen zu planen, ist es für Sie wichtig herauszufinden, ob Sie den geplanten Workshop mit einer Gruppe oder einem Team machen.

Dabei reicht manchmal schon der Blick auf äußere Faktoren. Beispielsweise wird aus einer 25köpfigen Projektgruppe, die alle zwei Wochen für eine Stunde zusammenkommt, kein Team werden – schon aufgrund der Rahmenbedingungen nicht. Es muss auch kein Team sein – eine funktionale Gruppe ist allerdings auch Arbeit. Diese verlangt ein gewisses Maß an Vertrauen untereinander sowie eine Einigung auf Rollen und Arbeitsprinzipien, sofern das nicht top-down bestimmt wird.

Fünf Vertriebler, die sich gemeinsam um Kunden kümmern, haben dagegen die Voraussetzungen, ein Team zu werden. Sie brauchen neben Vertrauen, Rollenklarheit und Arbeitsprinizpien auch den Blick auf das gemeinsame Produkt und die Leistung, die nur zusammen erbracht werden kann.

Die Themen unterscheiden sich entsprechend: Sie können mit einer Gruppe an gemeinsamen Regeln arbeiten und mit einem Team an seiner Performance.

Sie können mit einer Gruppe an gemeinsamen Regeln arbeiten und mit einem Team an seiner Performance.

Vielleicht soll ja auch eine Gruppe zum Team werden, wenn die Voraussetzungen gegeben sind, eben die Größe, die gegenseitige Abhängigkeit, das Ziel und gemeinsame Werte. Ob aber dann auch wirklich ein Team entsteht, lässt sich kaum planen. Es gibt kein allgemeingültiges Rezept, aber durchaus wichtige Zutaten. Die Chance steigt, wenn sich gemeinsame Werte finden lassen. Dem „werdenden" Team bei der Suche danach zu helfen, kann deshalb eine wichtige Aufgabe der Teamentwicklung sein.

Lassen Sie uns festhalten: Es gibt kein pauschales Chef-Teamgestalterinnen-Rezept. Sie werden es oft mit Gruppenentwicklung und nicht Teamentwicklung zu tun haben. Und: Beides ist komplex und komplex heißt vor allem eins: Etwas lässt sich erst rückwärts betrachtet auf mögliche Muster untersuchen. Das sollten Sie aber unbedingt tun, denn es schärft und füttert Ihre Teamgestalterinnen-Intuition. Auch und gerade, wenn Sie dabei Daten einbeziehen, die Sie gezielt erheben.

Das Teamentwicklungsmodell

Seit vielen Jahren besteht nun unsere Ausbildung TeamworksPLUS®. Als wir starteten, war der Begriff Teamentwicklung unterschiedlich belegt und kaum vom Teamcoaching oder neuen Formen wie Facilitation abgegrenzt. Es war auch unklar, in welchem Verhältnis Teambildung und Teamentwicklung zueinander standen. Von Teamcoaching redete erst recht keiner. In Coachingausbildungen spielten Teams de facto keine Rolle – oder man beschränkte sich auf die Vermittlung einiger weniger Tools und Modelle. Die Begriffe Team und Gruppe wurden dabei weitgehend synonym verwendet.

Es war also die Gelegenheit, etwas aufzuräumen und sinnvoll und praxisgerecht zu strukturieren. Welche Fragen begegnen einem immer wieder? Was sind zentrale Herausforderungen? Und wie kann man Lernenden etwas anbieten, an dem Sie sich bei den wichtigsten Fragen orientieren können?

Unser eigener Prozess der Klärung hat Jahre gedauert. Am Ende aber steht nun unser Modell der Teamentwicklung. Es ist ein Praktikermodell, das für Sie als Kompass dienen soll. Es hilft Ihnen bei der Orientierung, „Wo bin ich gerade?".

Es ist sowohl für die die Entwicklung von Teams als auch von kleineren Gruppen geeignet. Generell gilt, dass Gruppen von Instrumenten der Teamentwicklung profitieren, man aber nicht erwarten sollte, dass sie sich wie Teams verhalten. Das setzt eben dieses gemeinsame Ziel voraus – und das ist sicher nicht die Umsatzsteigerung der Abteilung.

Danach entscheidet sich, ob eine „Einheit" entstehen kann, eine gemeinsame Teampersönlichkeit etwa mit gemeinsam verfolgten Werten. Ist dies der Fall, ist ein Coaching möglich. Ist dies nicht der Fall, fehlt dafür die Basis. Die Gruppe ist dann nicht in einem Performing angekommen, dass es ermöglicht, das „Wir" und damit die gemeinsamen Interessen in den Vordergrund zu stellen. Und umgekehrt die Einzelinteressen freiwillig und ohne Gruppendruck zurückzustellen.

Abbildung 9: Unser Teamentwicklungsmodell verbindet zwei Seiten miteinander. Es ist kreisförmig angeordnet. Das bedeutet, dass es keinen Endpunkt geben muss.

In das Modell, das Sie in der Abbildung 9 sehen, haben wir die bekannten und beliebten Phasen von Bruce Tuckman integriert, wobei Performing auch den den Übergang bezeichnen kann, an dem eine Gruppe zum Team wird. Dies ist allerdings ein fließender Prozess – Rückfälle sind immer möglich und Performing ist nie ein absoluter Wert. Die Phasen sind folgende

- Forming: die Findungsphase – Wer ist dabei? Was sind das für Leute?
- Storming: die Phase, in der sich zum Beispiel Machtverhältnisse ordnen
- Norming: die Phase, in der sich formelle Regeln ausprägen beziehungsweise die Gruppe informelle Regeln explizit macht
- Performing: die Phase, in der das Team etwas leistet und sich selbst verbessert
- Adjourning: die Phase des Abschieds voneinander

Alle diese Phasen durchlaufen auch Gruppen.

Phasen der Teamentwicklung und To-dos

	Kennzeichen	To-do	Vorsicht
Forming	Neugier, nett sein	Kennenlernen, austauschen, warm werden, Vertrauen installieren	Zu schnelle Veränderungsankündigungen, oberflächliches Vertrauen
Storming	Dominanz, „Revierkämpfe“, passiver Widerstand	Zulassen, neue Rollen finden lassen, Diskussions- und Streitkultur entwickeln	Keine Butter vom Brot nehmen lassen, Emotionen spiegeln, als Teamgestalterin neutral bleiben
Norming	Wunsch nach Ordnung	Die informell gültigen Normen und Werte diskutieren. Sich auf explizite Werte und Prinzipien einigen, Regeln aufstellen, Zielverfolgungs- und Entscheidungskultur aufbauen	Fehlender Konsens, Doppeldeutigkeit, soziale Erwünschtheit, fehlende Iteration der beschlossenen Maßnahmen
Performing	Leistung	Kontinuierliche Verbesserung, Verbesserungskultur installieren	Sattheit, zu großes Wohlbefinden, soziale Hängematte
Adjourning	Trauer	Gut auseinandergehen, Bewusstsein für eigenes Wachstum schärfen, Erfahrungen ins neue Team mitnehmen	Kein richtiger Abschied, keine Würdigung, weggegangene Person führt weiter im Hintergrund (ohne Anwesenheit oder sogar bei Tod oder Austritt aus dem Unternehmen)

Dieses Modell ist in anderen Büchern und im Internet hinlänglich beschrieben. Manche nennen es auch „Teamuhr“, was wir irreführend finden. Uhr würde ja bedeuten, dass eines auf das andere folgen muss und der Ablauf immer in der gleichen Zeit stattfindet. Das ist nicht so. Auch die Abgetrenntheit der Phasen ist selbst ohne Uhr nicht ganz stimmig. Viele interpretieren „Performing" als eine Art Endzustand, den es möglichst schnell zu erreichen gilt. Entsprechend stiefmütterlich geht man mit den vorherigen Phasen um – möglichst schnell durch. In einen Workshop übersetzt, steht dann da im schlimmsten Fall:

- 9.00–11.00 Uhr Vertrauensaufbau und Forming
- 11.00–13.00 Uhr Norming und Regeln
- etc.

Bitte nicht abschreiben! Machen Sie auch besser keine Versprechungen, die Sie nicht halten können. „Kennenlernen" in dieser Zeit ist erlaubt, aber ob Sie so etwas wie Vertrauen in zwei Stunden aufbauen? Das wäre ein kühnes Versprechen – und Versprechen sind keine gute Idee. Sie kommen damit allzu leicht in die Verantwortung für etwas, das Sie nicht verantworten können. Erst recht, wenn Sie die Leute gar nicht kennen, die da in Ihrem Workshop sitzen werden.

Auch mit dem abgeschlossenen „Norming" ist es so eine Sache. Normen zeigen sich schon, wenn sich die Menschen das erste Mal begegnen. Man braucht nicht über Normen sprechen, sie entstehen. Das Reflektieren ist aber wichtig für die Reifung des Teams. Es kann dann entscheiden, ob es die informellen Normen haben will, die zum Beispiel Redeanteile ungleich verteilen.

Norming ist ein laufender und sich stets wiederholender Prozess, der auch im „Performing" weitergeht.

Sie können und sollten das „Norming" immer wieder explizit machen, nicht nur in einer Phase. Das bedeutet, dass Sie der Gruppe helfen, sich bewusst zu machen, welche Normen überhaupt da sind. Sind diese funktional für das, was erreicht werden soll? Wenn gilt „Jeder macht sein Ding", ist das eben nicht der Fall. Dies kann auf einen Einigungsprozess hinauslaufen: Was soll bei uns explizit gelten?

Forming, Storming und Norming sind relevant für Teams und Gruppen. Eine Gruppe wird auch einen Zustand erreichen können, in dem allem produktiv zusammenarbeiten. Auch sie entwickelt eine eigene Persönlichkeit, die mehr und anders sein wird als die Summe der einzelnen Mitglieder. Auch sie kann einen gemeinsamen Entwicklungsprozess durchlaufen. Es kann sie auch etwas zusammenhalten, beispielsweise die Gruppe im Ehrenamt eben jenes ehrenamtliche Engagement. Das gemeinsame Ergebnis ist oft wertegetrieben: Es ist etwas Soziales zu tun, sich für die eigenen Kinder zu engagieren oder die gemeinsame, aber am Ende individuelle Entwicklung in einem Working-out-Loud-Circle.

Diese kleinen, feinen Unterschiede unterstützen Sie, Hypthoesen zu bilden und die passenden Maßnahmen zu planen und zu empfehlen. Sie müssen und sollten Sie aber nicht jedem Auftraggeber auf die Nase binden.

Eine bewusst unternommene Reise durch die unterschiedlichen Phasen ist auch ein Selbstfindungsprozess und damit Teambildung – selbst, wenn am Ende kein Team dabei herauskommt und bei genauerer Betrachtung richtiges „Teamperforming" nicht erreicht wird. Ein gute Basis für weitere Zusammenarbeit ist aber auch schon viel wert.

Praxis

Wir haben in unserer Ausbildung viele Gruppen und wenige Teams erlebt. Unser Fazit ist: Teamwerdung lässt sich nicht erzwingen. Manchmal ist der Gruppenklebstoff stark und manchmal schwach, das hat immer auch damit zu tun, ob die Bindung an das gemeinsame Ziel – hier Lernen und unsere Prüfung durch einen Lehrstuhl – groß genug ist, aber nicht nur. Ganz wichtig sind auch integrierende Persönlichkeiten. Wir als Ausbilder sind nicht vollständiger Teil der Gruppe. Wir sind diejenigen, die den Rahmen gestalten. Was innerhalb dieses Rahmens geschieht, unterliegt der immer wieder überraschenden wundersamen Gruppendynamik. Das können Sie auf Ihren Kontext übertragen: Wenn Sie Externer sind, sollten Sie niemals Teil des Teams werden – dieses würde ansonsten möglicherweise nicht (mehr) funktionieren, wenn Sie es verlassen (etwa, weil der Beratungsauftrag ausläuft). Auch als Interner gilt es, Abhängigkeiten zu reduzieren. Das unterscheidet übrigens richtig gute Scrum-Masterinnen oder auch Teamleiterinnen von anderen: Sie helfen dem Team, sich selbst so zu organisieren, dass es auch ohne sie funktioniert. In diesem Sinn der Richtungsgebung und Teamformung sind sie auch eine wichtige Führungskraft.

Noch ein Satz zu den Tuckman-Phasen: Sie sind bereits in den 1960er-Jahren entstanden und konnten nie wirklich wissenschaftlich belegt werden. Es konnte sich aber auch nie ein anderes Modell etablieren, das besser geeignet wäre. Praktiker lieben das Modell, denn es strukturiert das, was Sie täglich erleben, und gibt diesem Erleben ein Muster. Dieses sollte allerdings nie starr sein. Das Modell ist also weniger hilfreich, weil es „wahr" ist, sondern weil es bei der Planung eines sinnvollen Prozesses helfen kann.

Hier noch ein Hinweis: Unterscheiden Sie Modelle und phänomenologisches Beobachten. Modelle helfen bei der Ordnung, aber sie sind immer richtig und falsch zugleich. Wenn Sie beobachten, sollten Sie auf das schauen, was wirklich passiert – ohne Bewertung. Und „Ah, das ist Norming" ist schon eine Bewertung.

Das ist eine Herausforderung auch für unsere Teamgestalterinnen. Doch wir brauchen beides: Die Fähigkeit, ganz genau hinzuschauen, und das Lernen über Modelle.

Praxis

Immer wieder hören wir die Frage, wann denn endlich die „Storming"-Phase vorbei sei und das „Performing" begänne. Darin spiegelt sich die Angst vor Konflikten wider, die mit „Storming" assoziiert werden. Dabei muss es darum gar nicht gehen – und selbst wenn, sie sind notwendig, damit das Team einen Prozess der Klärung durchlaufen kann.

Die Teamphasen sind zudem etwas, das sich laufend und stetig wiederholt. Stürmchen kommen und gehen und sie sind weniger stark, wenn das Team gelernt hat, sie zu bemerken und darüber zu sprechen.

Stellen Sie es sich vor wie ein Schiff, das bei Sturm einen Hafen anläuft: Es ist gut, wenn es seinen Anker wirft, der es festhält, bis das Unwetter vorbeigezogen ist. Dieser Anker ist das gemeinsame Gespräch über das, was gerade passiert. Wenn dann die See ruhiger ist, kann das Schiff in den Hafen einlaufen, wo die Arbeit beginnt.

Unser Teamentwicklungsmodell

Unser Modell der Teamentwicklung ist wie ein liegendes Ei (Abbildung 9) aufgebaut. Es beginnt bei der Teambildung. In dieser ersten Phase dienen Workshops vor allem dem Vertrauensaufbau. Ganz wichtig ist die Identität: Wer gehört zur Gruppe, wer nicht? „Wer bist du im Wir?" – die Antworten darauf sind zentral für die Vertrauensbildung.

Aber auch „Wozu bin ich hier?" ist eine ganz wichtige Frage, die sich nicht in einer einfachen Antwort erschöpft und immer wieder kommen kann. Kennen Sie nicht auch die Phasen, in denen Sie sich fragen, was Sie in dieser Gruppe eigentlich noch wollen? Dann ist es oft nicht mehr weit bis zur Auflösung oder einer Neudefinition.

Die drei Themenkreise in der ersten Hälfte bieten Anhaltspunkte. Natürlich können Sie auch anders vorgehen. Gerade für interne Teamgestalterinnen kann es hilfreich sein, sich am Modell zu orientieren, denn die genannten Fragen müssen beantwortet werden. „Was wird gemacht und wie" ist zum Beispiel eine sehr wichtige Frage, die ebenfalls immer wieder auf den Tisch kommen kann.

Im Teambuilding sollte sich das Team gemeinsam finden und zugleich ausdifferenzieren. Das meint das „Ich im Wir". Welche Stärken habe ich, welche hast du? Wie können wir diese im Team nutzen? Das sind Fragen, die sehr sinnvoll sind. An dieser Stelle können Sie beispielsweise mit dem schon vorgestellten „Entwicklungsbaum" arbeiten.

Es geht um zwei Bewegungen: erst zueinander und dann – in gegenseitigem Respekt für unterschiedlichen Stärken – voneinander weg, aber nur so weit, wie es das Team zulässt. Wenn es zum Team wird, was keineswegs garantiert ist.

Erst wenn das Team sich gefunden hat und durch einige kleine oder auch große Stürmchen gegangen ist, kann man das anwenden, was wir als Teamcoaching bezeichnen. Es setzt voraus, dass es eine Teampersönlichkeit gibt. Diese kann man sich vorstellen wie die Persönlichkeit eines Menschen: Es gibt Eigenschaften, die spezifisch für dieses Team sind – auch Werte und Stärken, ja, sogar Motive sind erkennbar. Beispielsweise gibt es Teams, die sehr stark von Macht und Einfluss getrieben sind, während andere sich mehr von ihrem Bindungsmotiv leiten lassen.

Teampersönlichkeit braucht eine gemeinsame Vergangenheit und Bewusstheit über sich selbst, sonst „coacht" man Einzelne in einer Gruppe – was aber manchmal auch notwendig für den Prozess sein kann.

Praxis

Sie haben die Hypothese, dass Sie mit einer Gruppe statt einem angekündigten Team arbeiten werden. Das gewünschte Thema könnte Konflikte auslösen und individuelle Befindlichkeiten. In diesem Fall ist es sinnvoll, zu zweit oder dritt in einen Workshop zu gehen. Allerdings zeigt die Praxis, dass Unternehmen dazu aus Kostengründen wenig bereit sind. So sprechen wir hier von einem Idealzustand: Einer kümmert sich um die Moderation, ein anderer um Einzelcoaching, wenn Konflikte auftauchen. Das geschieht jedoch unter vier oder sechs Augen, je nachdem wie viele Gruppenmitglieder beteiligt sind – teilweise parallel innerhalb eines Workshops oder auch nachgelagert.

In der Realität entscheiden Sie pragmatisch. Sie können Ihren Auftraggeber beraten, aber es sollte natürlich nicht dahzu führen, dass danach der Auftrag an jemand anderen geht...

Teambildung: Erschaffen

Am Anfang ist da nichts, das verbindet. Da ist eine Art „Haufen", eine Ansammlung von Personen, die als Gruppe zusammenarbeiten sollen – und bestenfalls ein Team werden wollen. Sie haben aber weder als Gruppe noch als Team eine gemeinsame Basis.

Es gibt keine gemeinsame Identität, keine Orientierung, kein verinnerlichtes und intrinsiviertes Ziel (letzteres vor allem für Teams relevant), keine Vorstellung vom „Wie" und erst recht kein Vertrauen. In diesen Situationen setzt Ihre Teambildung an. Es geht darum, zu formen und den Rahmen zu gestalten, damit eine zielgerichtete Dynamik entstehen kann. Das nennen wir „Erschaffen". Ihre Herausforderung ist, die Rahmenbedingungen so zu „stricken", dass Individualität und Kollektivität zugleich möglich sind. Ein gemeinsames Sinnempfinden ist dabei hilfreich: „Wozu gibt es uns?" Je mehr das mit dem Herzen beantwortet werden kann, desto besser.

Es geht darum, zu formen und den Rahmen zu gestalten, damit eine zielgerichtete Dynamik entstehen kann.

Es ist aber nicht immer realistisch. Nicht jeder bringt die gleiche Leidenschaft für ein Thema mit. Und bei diversen Projektgruppen kann es auch zweckrationales Vorgehen geben.

Und so sind auch ehrliche Bekenntnisse, sich auf den Prozess einzulassen absolut legitim. Die aber braucht man.

Da gemeinsame Aktivitäten, vom Kletterseilgarten bis zum Brückenbauen, oft vertrauensbildend wirken, kommen bei vielen Teambildungsmaßnahmen derartige Events ins Spiel. Spielen ist wichtig und verbindet. Es sollte aber nicht überschätzt werden, denn auch die Arbeit im Unternehmen ist ein Spiel. Einmal Kanufahren setzt dessen Regeln nicht außer Kraft. Ist im alltäglichen Spiel kein Vertrauen da, ist es im „Offsite" auch sehr flüchtig.

In einigen Kulturen, Berufsgruppen und bei vielen Menschen ist kognitives Vertrauen noch wichtiger als affektives. Es reicht also nicht aus, sich nur zu mögen – man will auch in die Kompetenz des anderen vertrauen. Was nützt der netteste Kollege, wenn man ihm einfach nicht die notwendigen Fähigkeiten zuschreibt, um die gemeinsamen Aufgaben zu erfüllen?

Es gilt im Teambuilding deshalb mitunter auch, nicht nur das affektive Vertrauen in den anderen zu begründen, sondern auch kognitives Vertrauen. Beim Aufbau des affektiven Vertrauens kann ein kühles Bier nach dem Hochseilgarten helfen oder alles Spielerische und Erlebnisreiche. Kognitives Vertrauen muss ich anhand der Vita vermuten und erleben: Die kann was! Dazu hilft es, Skills und Stärken offenzulegen und klarstellen, was in dem Team gebraucht wird. Oft ist es eben nicht nur die fachliche Expertise, sonder auch jemand, der zusammenhält oder zwischen verschiedenen Disziplinen übersetzen kann. Als Teamgestalterin gehört es zu Ihren Aufgaben, darauf hinzuweisen.

Wenn sich die Teammitglieder kennen und vertrauen

Wenn sich die Teammitglieder kennen und bereits vertrauen, geht es beim Teambuilding darum, die Eckpunkte der Zusammenarbeit zu schärfen:

- Wozu gibt es uns?
- Wer ist dabei?
- Welche Rollen sind da?
- Welche Ziele haben wir?
- Welche Regeln gelten?
- Welche Ressourcen sind da (Geld, Personal, Zeit, Raum, Technologie)?

Wichtig ist auch, sich vorher die Frage nach dem „Wohin?“ zu stellen, also der Richtung. Sofern diese nicht durch die Führung eindeutig beantwortet ist, gilt es das einzufordern. Damit ist nicht nur die abstrakte Vision gemeint, sondern vor allem auch der konkrete Kurs. Der sollte möglichst widerspruchsfrei sein. Es ist nicht Ihre Aufgabe, diesen zu bestimmen, wohl aber nachzufragen, ob alle genau wissen, wohin es geht.

Das alles nennt sich auch „Alignment“, also „Ausrichtung“. Diese kann mithilfe eines Team Canvas erfolgen, in dem Purpose (Wozu?), Rollen, Ziele, Regeln, Prinzipien und Meetings beschrieben sind. Ziel ist es, auch visuell maximale Klarheit zu schaffen.

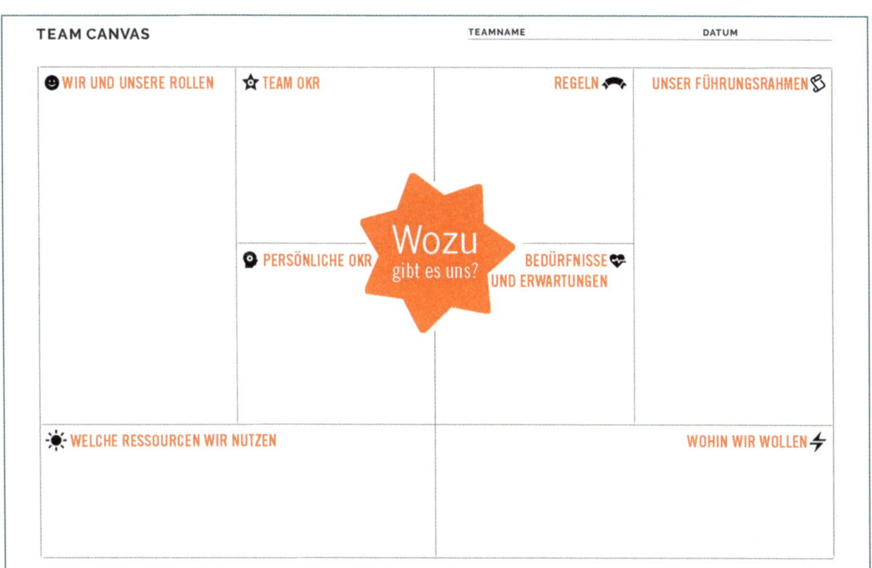

Abbildung 10: Das Team Canvas bietet eine strukturierte Form des „Alignment“. Sie können es auch stark vereinfachen. Es sagt zum Beispiel, wer dazu gehört (Teamer und ihre Rollen), und hilft, einige wichtige Basisfragen zu klären, etwa die nach den Ressourcen.

Wenn sich die Teammitglieder kennen und nicht vertrauen

Vertrauen bedeutet, den anderen eine positive Absicht in der Zusammenarbeit zu unterstellen. Vielleicht ist „Peter" als Topentwickler bekannt, „Sabine" als gute Kommunikatorin, doch insgesamt, haben sie bisher eher nebenher als zusammengearbeitet. Die Stimmung ist nicht besonders vertraulich, jeder geht eigene Wege. Unterstellt Peter Sabine eine positive Absicht in der Zusammenarbeit – und umgekehrt? Das könnten die beiden weder eindeutig bejahen noch verneinen. Dazu kennen sie sich zu wenig.

In einer solchen Situation sollten Sie nicht sofort mit dem „Alignment" starten, sondern erst mal in den Vertrauensaufbau und das tiefere Kennenlernen investieren. Einen Anfang können Spiele machen. Das kann die „Marshmallow Challenge" sein, die im Kapitel „Teamentwicklung in der Praxis" beschrieben ist, oder „das fliegende Ei". Im Internet finden Sie viele gute Spielbeschreibungen. Das Spiel an sich ist oft weniger wichtig als das, was Sie daraus machen. Natürlich passen hier auch gemeinsame Outdoorerlebnisse.

Ebenso können moderierte Gesprächsrunden im „Offsite" einen teambildenden Effekt haben. Da ist unserer Ansicht nach weniger oft mehr.

Die Herausforderung ist, von den stereotypischen Sichtweisen auf Kolleginnen wegzukommen, die sich in Unternehmen schnell durch das Nebeneinanderherarbeiten bilden. Dafür ist es sinnvoll, die Perspektiven auf etwas zu richten, das außerhalb des aktuellen Kontexts liegt.

Die Herausforderung ist, von den stereotypischen Sichtweisen auf Kolleginnen wegzukommen, die sich in Unternehmen schnell durch das Nebeneinanderherarbeiten bilden.

Beispiele:

- Was hast du gemacht, bevor du hier angefangen hast?
- Was ist in deinem Privatleben ganz anders als im Beruf?
- Was weiß hier niemand von dir?
- etc.

Tipp

Wenn Teilnehmerinnen sich schon kennen, kann man durch kreative Fragen viel erreichen, zum Beispiel: „Was würdest du sonst in einer Einstiegsrunde nicht erzählen?" oder „Was würden die anderen garantiert nicht von dir erwarten?".

Wenn sich die Teammitglieder nicht kennen

Stereotype entstehen durch Äußerlichkeiten und Wirkung. Die Vorstufe sind Zuschreibungen. Diese können sehr hilfreich sein. Blitzschnell nehmen wir zum Beispiel wahr, ob jemand sportlich wirkt oder offen und herzlich.

Wir beginnen gern mit einer Übung, bei der wir bewusst auf das typische Vorstellen verzichten. Die Teilnehmerinnen sollen die anderen Personen im Raum einfach mal so wahrnehmen. Dann sollen Sie bei jemandem hängen bleiben und intuitiv Gedanken zu dieser Person aufschreiben. Was könnte diese Person machen? Wie könnte sie sein? Danach bringen wir die Teilnehmerinnen ins Gespräch. Nun können Sie sich gegenseitig informieren und gemeinsam herausfinden, was stimmt und was nicht. Das ist fast immer sehr humorvoll, einfach, weil vieles stimmt, aber etliches eben auch nicht.

Oft ist es hilfreich, wenn die Menschen außerhalb ihres gewohnten Umfelds sind, in schöner Natur oder am Meer. Die besondere Atmosphäre, etwa in einem Boot oder Kanu, vertieft die Intensität der Gespräche. Gemeinsame Spaziergänge bringen auch die Gedanken in Bewegung.

Geben Sie dazu Reflexionsfragen an die Hand – mehr müssen Sie gar nicht tun.

- Was bedeutet Vertrauen für uns in unserer Zusammenarbeit?
- Wie definieren wir Vertrauen für uns?
- Was bedeutet wertschätzender Umgang? Was geht und was nicht?
- Welche Relevanz hat Feedback für uns?
- Was ist der passende Rahmen für unsere Zusammenarbeit?

Kennen sich die Teilnehmerinnen noch gar nicht, sollten die ausgegebenen Leitfragen darauf ausgerichtet sein, das Kennenlernen zu vertiefen.

Beispiele:

- Welche Adjektive treffen stark auf dich zu?
- Welche weniger?
- Was hast du im letzten Jahr über dich selbst gelernt?
- Was ist dir besonders wichtig?
- Was war die wichtigste Begegnung deines Lebens?
- Die Aufmerksamkeit lässt sich erhöhen, wenn der andere zusätzlich am Ende noch zusammenfasst, was er gehört hat.

Eine Alternative ist eine Übung, in der man in einer „Timebox“, also einem definierten Zeitabschnitt, Gemeinsamkeiten und/oder Unterschiede herausfindet.

Hilfreich ist auch eine unter „brillante Momente“ bekannte Übung aus der „Gewaltfreien Kommunikation“. Dabei erzählt einer drei Minuten von seinen brillanten Momenten, in denen etwas gelungen ist, erfolgreich oder schön war, während zwei andere nur zuhören und anschließend stärkenorientierte Rückmeldungen über das Gehörte geben.

Sie als Moderator haben vor allem die Aufgabe, einen Rahmen zu spannen,

- indem Sie Reflexionsfragen auf eine kreative Art präsentieren, zum Beispiel eingerollt oder als Flaschenpost;
- indem Sie für überraschende Kombinationen unter den Teilnehmerinnen sorgen;
- indem Sie ermuntern und Hürden senken, etwa durch das frühe „Du“;
- indem Sie sagen, was passiert (oder eben einiges „geheim“ lassen).

Auch in „steifen" und konservativen Gruppen gibt es fast immer jemand, der mit gutem Vorbild vorangeht und die informellen Regeln des Kollektivs in dieser ungewohnten Atmosphäre bricht. Wenn es in einer Organisation beispielsweise sonst nicht üblich ist, dass man etwas Persönliches erzählt, kann der erste persönliche Bericht wie eine Initialzündung sein.

Wissen Menschen nicht, was auf sie zukommt, brauchen sie eine Struktur und einen Überblick über das, was folgt.

Unsere Erfahrung ist, dass das Vertrauen am Anfang sehr wichtig ist und die Einstiegsrunde dafür den Rahmen gibt. Wissen Menschen nicht, was auf sie zukommt, brauchen sie meistens eine Struktur und einen Überblick über das, was folgt.

Die Frage „Wie offen wollen wir miteinander sprechen?" ist am Anfang eine sehr wichtige, sowohl für die Teambildung als auch für die Gruppenmoderation. Eine Punkteabfrage kann den Offenheitspegel erfassen. Seien Sie sich aber bewusst, dass auch ein hohes Bekenntnis zu Offenheit diese nicht zur Folge haben muss. Ihre Aufgabe kann es sein, das zu thematisieren, wenn der Widerspruch offensichtlich wird.

Sicherheitshafen

- **I Rahmen abstecken**
  - Was wollen wir tun? Wie gehen wir vor?
  - Was ist der Rahmen (zeitlich, inhaltlich, räumlich)
  - Wie offen wollen wir reden?
- **II Klären der Rolle**
  - Was ist meine Rolle
  - Was sichere ich zu? („Ich bin hier, um mein Bestes zu tun ..."/Framing)
  - Was tragt ihr bei?
  - Was darf nicht passieren?
  - Einigen über Signale bei Übertritt über „Sperrzone"
- **III Ziele und Ergebnisse**
  - Was ist das Ziel (heute)? Was könnte ein Ergebnis (heute) sein? Woran zeigt sich, dass das erreicht ist?

Abbildung 11: „SicherheitsHAFEN", um den Rahmen abzustecken

Wir empfehlen unseren „SicherheitsHAFEN" als Orientierung für die Arbeit mit Gruppen und Teams. Dieser bietet eine Struktur dafür, was es zu Beginn zu klären gilt. Dabei sind nicht immer alle Fragen gleich sinnvoll, wie sie dort stehen. Andere müssen situativ „geframt" werden. Nehmen wir die „Sperrzone". Das ist die Zone, die nicht übertreten werden darf, etwa in einem Spiel. Beispielsweise können Sie sagen, dass ein klares „Nein" zu einem Spiel eine solche Sperrzone ist. „Was darf nicht passieren?" sollte dagegen offen formuliert sein. Möglicherweise sagt man Ihnen, dass Sie keine Spiele machen sollen, weil die Gruppe damit schlechte Erfahrung gemacht hat. Eine wichtige Information für Sie! Die Frage ist übrigens zusätzlich auch gut in der

Auftragsklärung aufgehoben. Dabei können sich sehr unterschiedliche Blickwinkel ergeben. Wir haben erlebt, dass die Führungskraft meinte, es sollten keine Rollenspiele stattfinden, während das Team genau das forderte. Spätestens hier sehen Sie, dass Auftragsklärung ein laufender Prozess ist: Der „SicherheitsHAFEN" ist auch eine Form, die – anders als die Auftragsklärung vor einem Termin – vor Ort stattfindet. Die Funktion des „SicherheitsHAFENs" ist es, den Auftrag nochmals vor den eigentlichen Beteiligten klarzumachen – und durch Transparenz Vertrauen herzustellen.

Nicht immer braucht man alle Eckpunkte des SicherheitsHAFENs gleichermaßen. Immer ist es aber für externe Teamgestalterinnen wichtig zu klären, dass alles Gesprochene im Raum bleibt. Das gilt vor allem für vertrauliche Themen. Machen Sie sich dabei klar, dass Menschen damit sehr unterschiedlich umgehen. In der einen Firma mag es völlig normal sein, dass ein Mitarbeiter in einer homosexuellen Partnerschaft lebt oder eine kranke Mutter pflegt, in der anderen ist solche Offenheit nicht üblich. Besonders für Externe gilt es zu verstehen: Was sie als normal empfinden, kann für andere schon außerhalb der kollektiven Norm liegen.

Klären Sie diese Themen auch mit der Person, die Ihr Auftraggeber ist – sofern die Auftraggeberin nicht das Team selbst ist, was eher selten der Fall ist.

Tipp

Wir empfehlen keine Detailinformationen aus Workshops an die Personalabteilung oder die Führung zu geben, sondern dies den Mitarbeitern zu überlassen.

Interne Teamgestalterinnen müssen sich ebenso klar positionieren. Sie sind noch mehr in der Pflicht, sich an Vereinbarungen zu halten. Verschwiegenheit ist eine der wichtigsten Eigenschaften eines Teamgestalters. Was Sie erleben, wenn sich Menschen öffnen – seien es Bekenntnisse oder Tränen – ist nicht für andere Abteilungen oder Bereiche bestimmt.

> Verschwiegenheit ist eine der wichtigsten Eigenschaften eines Teamgestalters.

Danach geht es um das „Wie" und „Was" der Zusammenarbeit:

- Welche Ressourcen stehen uns zur Verfügung, was fehlt?
- Wie definieren wir unsere Rollen in der Zusammenarbeit? Welche Rollen sind überbesetzt, welche fehlen?
- Wie kommunizieren wir miteinander (Meetings, Regeln, Verabredungen)?

Was Sie grundsätzlich beachten sollten

Teambildung ist kein abgeschlossener Prozess. Er wiederholt sich mit jeder Veränderung im Team. Jemand kommt dazu? Absolut ratsam, einen Workshop ins Programm zu nehmen. Jemand verlässt das Team? Ohne Abschied fehlt etwas – und das Team kann sich nicht neu finden.

Oft sehen sich auch Führungskräfte nicht als Team, dabei ist Teambildung auch im Management nötig. Schließlich gilt es hier, etwas vorzuleben.

Fallbeispiel

Drei Geschäftsführerinnen haben vor einigen Jahren ein gemeinsames Unternehmen gegründet. Sie kannten sich zuvor schon länger, ja, waren befreundet. Die Verbindungen entwickelten sich weiter und veränderten sich.

Vor gut einem Jahr rutschte das Unternehmen in eine Krise, die fast das wirtschaftliche „Aus" bedeutet hätte. Das hatte gravierende finanzielle Folgen und zog Reibereien nach sich. Diese Veränderungen veranlassten die drei dazu, sich auch als Geschäftsführungsteam weiterzuentwickeln. Sie beschlossen, sich einen externen Teamgestalter zur Unterstützung zu holen. Doch wofür genau brauchten sie diese Unterstützung? War es Teambildung, Teamentwicklung oder Teamcoaching? Für den Auftrag war das ein zentraler Klärungsschritt.

Schauen wir auf unser Teamentwicklungsmodell, das immer wieder neu beginnen kann: Für unsere drei Geschäftsführerinnen zeigt sich, dass sie, obwohl sie sich schon lange kennen, auch neu am Anfang starten. Gemeinsam werden die individuellen Absichten und Erwartungen sowie die gemeinsamen Ziele der Teamentwicklung herausgeschält. Durch die Krise hat das Vertrauen ineinander gelitten, dieses gilt es wieder aufzubauen. Wichtig ist ein neues Miteinander der drei, das definiert werden muss.

Durch die Krise und die vorhandenen Konflikte ist es für die drei Geschäftsführerinnen wichtig, eine Re-Teambildung zu erleben, in der sie das neue „Wohin" und „Wozu" diskutieren und definieren, in der sie die während der Krise gemachten Fehler thematisieren, alte Zöpfe abschneiden und weg von der Vorwurfshaltung kommen („Storming"), um so das angeknackste Vertrauen wiederzubeleben. Als Teamgestalterin geht es darum, den ersten Teil des Halbkreises im Auge zu haben und durch gezielte Fragen zum „Wozu", „Wer" sowie „Was" und „Wie" den Teamentwicklungsprozess zu beleben.

Teamcoaching: Erhalten

Das Team arbeitet schon länger zusammen. Es verfügt über Ressourcen durch gemeinsame Erlebnisse und eine geteilte Vergangenheit. Doch seit einiger Zeit stockt es. Das Team kann seine Ziele nicht mehr erreichen. Es hakt, aber woran genau, ist meist nicht klar. Ist das Teamleben zu bequem geworden? Fehlen Anregungen von außen? Gibt es Konflikte, die wie Stolperfallen unterm Teppich liegen? Oder fehlen gemeinsame Vorstellungen von dem, wie und welche Ziele zu erreichen sind?

Bei all diesen Fragen, die aufkommen, wenn man schon länger zusammen ist, hilft Teamcoaching. Teamcoaching ist punktuell und prozesshaft auf die Lösung von Konflikten und Problemen, auf die Wiederherstellung der Arbeitsfähigkeit sowie dauerhaft auf den Erhalt der Leistungsfähigkeit ausgerichtet.

Wie das Coaching von Individuen setzt es da an, wo sich ein Problem nicht so einfach per Fingerschnipp lösen lässt oder wo das Ziel vor lauter Bäumen in den „Hinterwald“ geraten ist.

Im Teamcoaching geht es also um das Erhalten und Steigern der Performance, die schon einmal erreicht worden ist. Bei Tuckman sind wir hier in der Phase „Performing“, „Forming“, „Storming“ und „Norming“ liegen bereits hinter uns.

Im Teamcoaching geht es also um das Erhalten und Steigern der Performance, die schon einmal erreicht worden ist.

Teamcoaching ist vor allem dann gefragt, wenn der Erfolg des Teams infrage steht durch:

- Unklare Ziele
- Mangelnde Zielbindung
- Unklare Rollen
- Mangelhafte Leistung
- Missverständnisse
- Fehlende Motivation
- Konflikte, die so leicht sind, dass sie noch keine Konfliktmoderation oder Mediation erfordern, und die das gesamte Team betreffen und nicht etwa zwei Parteien (woraus sich ergibt, dass Teamcoaching und Konfliktmoderation / Mediation kombinierbar sind)

Teamcoaching ist wie Teambildung ein Teil der Teamentwicklung – der Teil in der rechten Hälfte des Halbkreises. Teamentwicklung ist also der übergeordnete, Teamcoaching der untergeordnete Begriff. Wir sagen auch, dass Teamcoaching die Interventionsebene ist. Das bedeutet, hier findet ein Eingriff auf der Handlungsebene statt.

Teamentwicklung ist damit auch alles, was die Leistungsfähigkeit eines Teams (wieder) herstellt oder sie erhöht. Das kann ein Ausflug sein, etwa als Teil einer Teambildungsmaßnahme geplant. Das ist oft aber auch eine auf einen Prozess und damit eine gewisse Dauer angelegte Coachingmaßnahme.

Praxis

Für unsere drei Geschäftsführerinnen kann Teamcoaching bedeuten, dass die drei Sie alle forsch anblicken. Die eine schaut vielleicht etwas miesepetrig, die andere erwartungsvoll bezüglich des erhofften Ergebnisses. Den letzten Ausdruck können Sie nicht deuten. Bringen Sie die drei, oder in anderen Konstellationen auch mehr Menschen, zum Reflektieren! Menschen, die völlig unterschiedlich ticken! Das geht nur, wenn Sie gemeinsame Ziele in den Mittelpunkt stellen können – und das wiederum erfordert, dass es etwas Gemeinsames gibt.

Die drei Geschäftsführerinnen haben eine geteilte Vergangenheit. Sie haben eine eigene Sprache entwickelt. Sie wollen gemeinsam etwas erreichen – aber im Moment sind sie sehr mit sich beschäftigt. Diese Themen wollen besprochen sein, aber die drei Geschäftsführerinnen sind nicht gewohnt, so offen zu sein. Schaffen Sie die Basis dafür, indem Sie sich, nachdem Sie den Rahmen der Zusammenarbeit abgesteckt haben („SicherheitsHAFEN“), den gemeinsamen Zielen widmen. Was soll erreicht werden? Wo steht jeder gerade?

Teamcoaching steht immer an der Schwelle zur Moderation, hat also immer auch moderative Anteile. Auch eine Moderation kann Coachingelemente beinhalten und ein Coaching Moderationsparts. Der Moderator ordnet, der Coach interveniert, bringt in Bewegung, „challengt“.

Geht es um einen Prozess und darum, Ziele und Ergebnisse gemeinsam zu erreichen, befinden Sie sich im Coaching. So mancher Coaching-Prozess kann sich im Übrigen auch aus einer Moderation entwickeln. In dem Fall gilt es, den Auftrag anzupassen. Machen Sie explizit, was Sie tun, damit beide Seiten auch ihre Erwartungen angleichen können. Eine Beispielformulierung: „Bisher war ich bei Ihnen als Moderator, ich sehe, dass Sie sich jetzt einen Coachingprozess wünschen. Das verändert meine Rolle hier. Lassen Sie uns doch einmal die gegenseitigen Erwartungen besprechen.“

Stellen Sie sich den Teamcoach als jemanden vor, der sehr nah am Team ist, aber nicht Teil davon, der vertraute Bekannte, der Fragen stellt, die einem neue Perspektiven aufzeigen. Aus unserer Sicht kann ein Scrum Master deshalb Moderator, aber nicht zugleich Teamcoach sein. Auch eine Führungskraft kann keinen Coachingprozess leiten – sie kann allerdings im Rahmen einer Moderation auch eine Coachingintervention starten. Das ist ein entscheidender Unterschied und fällt ins Thema „Rolle“ und „Rollenklarheit“, das immer mit der Auftragsklärung verbunden sein muss.

Unsere Definition bedeutet auch, dass Teamcoaching-Kompetenzen da ansetzen, wo Moderationsfähigkeiten aufhören. Das heißt praktisch, dass ein Coach immer auch die Moderation beherrschen muss – ein Moderator aber nicht notwendig Coaching anbieten muss.

7 Rolle, Haltung und Auftragsklärung

Als Teamgestalter sind Sie in unterschiedlichen Rollen unterwegs, als Moderator in der Teambildung und als Coach im Teamcoaching, manchmal vielleicht auch als Trainer, ab und zu als Beraterin. Kurzum: Sie müssen ganz schön flexibel sein. In diesem Kapitel lernen Sie, die Rollen für sich abzugrenzen, und sicherer in der Auftragsklärung zu werden. Unser Pfirsichmodell hilft Ihnen schließlich, den Blick auf sich selbst zu richten, damit Sie wirksamer werden.

Rollenklärung

> Wenn Menschen sich der unterschiedlichen Rollen in ihrem Leben bewusst sind, zeigt das persönliche Reife.

Rollen beinhalten Erwartungshaltungen, die Einzelpersonen und Gruppen an Sie haben. Menschen streben nach Rollen, die ihrer Persönlichkeit entsprechen. Wenn Menschen sich der unterschiedlichen Rollen in ihrem Leben bewusst sind, zeigt das persönliche Reife. Wenn die Managerin sich in diesem Umfeld ganz anders verhält als in jenem, ist das eben nicht unbedingt „Fähnchen" im Wind, sondern auch das Bewusstsein für verschiedene Rollen im Berufs- und Privatleben.

Rollen müssen stimmig sein. Denken Sie an gute Schauspielerinnen: Sie merken nicht, dass da eine eine Rolle spielt. Es ist glaubwürdig. Gleichzeitig sind Schauspieler nicht verschmolzen mit ihrer Rolle. So ist auch hier die Kunst, man selbst zu sein, aber zugleich in eine Rolle schlüpfen zu können, die man weniger als zu sich gehörig erachtet.

Jeder hat Wohlfühlrollen, die innerhalb der eigenen Komfortzone liegen. Persönliches Wachstum ist da möglich, wo ein Stretching gelingt. In der Arbeit mit Teams müssen wir unsere Wohlfühlrollen auch verlassen können. Für ein höheres Rollenbewusstsein und eine maximale Rollenflexibilität haben wir die „Rollenmatrix" entwickelt. Diese Matrix wird durch gegenüberliegende Pole aufgezogen und spannt dazwischen ein Kontinuum. Das bedeutet, es gibt nie nur die eine oder andere Ausprägung, sondern immer auch Schattierungen und Übergangsbereiche.

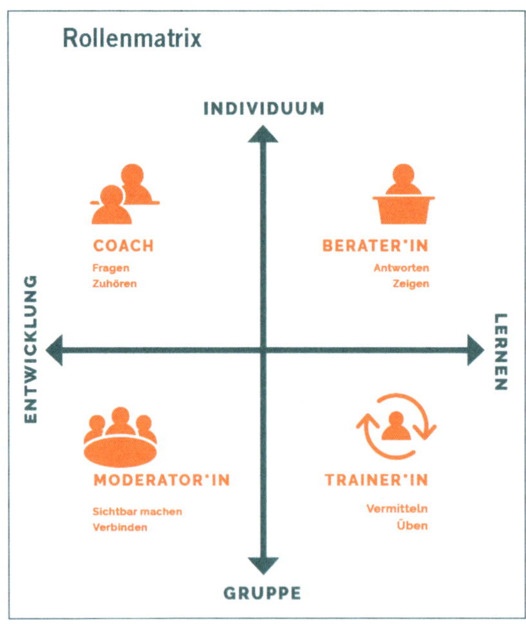

Abbildung 12: Die Rollenmatrix hilft, sich zu orientieren. Sind Sie eher Trainerin oder Moderatorin? Was erwarten die anderen? Füllen Sie Ihre Rolle aus? In welche Rolle müssten Sie öfter gehen?

Coaching

Coaching kann unterschiedlich verstanden werden. Viele interpretieren es im Sinne von gezieltem Training. Doch im Kern ist Coaching Hilfe zur Selbstlösung. Sie unterstützen Menschen, für sich selbst eine Lösung zu finden. Sie geben diese nicht vor. Sie suchen vielmehr danach, was bei diesem Menschen, in diesem Team „andocken" kann.

Deshalb hat Coaching nichts mit Wissen zu tun. Es ist absichtslos in dem Sinne, dass der Coach nicht zu einer bestimmten und erwünschten Handlung oder Wahrnehmung führt, sondern Ressourcen aktiviert, die Selbsthilfe ermöglichen. Durch Fragen stößt er sozusagen auf einen bereits fruchtbaren Boden vor. Die Annahme dahinter ist, dass eine Veränderung im Fühlen und Denken nur selbst organisiert erfolgen kann – dort, wo der Boden etwas aufnehmen kann. Das bedeutet, dass Sie bei den vorhandenen emotionalen Markierungen und Strukturen eines Menschen ansetzen, die bei jedem unterschiedlich sind. Den einen setzt vielleicht ein Bild in Bewegung, den anderen eine Frage.

Zum Fragen gehört notwendig das achtsame Wahrnehmen des Gegenübers, das Zuhören und Beobachten auf einer ganzheitlichen, das heißt auch körperlichen und emotionalen Ebene. Wir unterscheiden ziel- und entwicklungsbezogenes Coaching. Entwicklungsbezogenes Coaching geht tiefer. Es kann bedeuten, dass die Grundannahmen eines Menschen – oder Teams – infrage gestellt werden. Das nennen wir „Single Loop" und „Double Loop". Im „Single Loop" frage ich, ob ich die Dinge richtig tue, ohne die Dinge selbst zu hinterfragen. Im „Double Loop" frage ich, was überhaupt die richtigen Dinge sind. Da kann ich schon einmal das Ziel selbst infrage stellen.

Unterscheiden Sie immer zwischen Coachingprozess und Coachingintervention. In einem Coachingprozess arbeiten Sie über einen längeren Zeitraum mit jemandem zusammen und haben einen echten oder „psychologischen" Vertrag. Psychologischer Vertrag bedeutet, dass ausgesprochen worden ist, was man tut und wie man vorgeht. Unser „SicherheitsHAFEN" (Abbildung 11) ist also eine Form des psychologischen Vertrags. Führungskräfte leiten keine Coachingprozesse, denn sie sind mindestens in einer Doppel- vielleicht sogar in einer Dreifachrolle.

Coachinginterventionen sind allerdings erlaubt, wenn Sie den passenden Rahmen wählen. „Darf ich Ihnen eine Frage stellen?" könnte eine gute Einleitung sein. So offiziell müssen Sie aber gar nicht fragen, hier ist Feingefühl angesagt, aber Vorsicht: Es gibt viele Menschen, die allergisch auf ungefragtes „Gecoachtwerden" reagieren. Coaching ohne Auftrag verlangt eine gute Beziehung, Rollenbewusstsein und feines Beobachtungsvermögen. Gerade tiefe Reflexionsfragen können viel auslösen. Man sollte sie nur anwenden, wenn man zeitlich, menschlich und von der eigenen Rolle her auch auffangen kann, was man anstößt.

Deshalb gehört auch ein feines Gespür für psychische Stabilität dazu. Ganz sicher schadet es auch nicht, sich mit Psychologie auszukennen.

Praxis

Helene möchte unbedingt eine bessere Führungskraft werden. Das ist ihr Ziel. Wenn Sie sie zielbezogen coachen, dann fragen Sie, was sie tun kann, um diese bessere Führungskraft zu werden. Sie konkretisieren, schärfen. Wenn Sie entwicklungsbezogen fragen, stellen Sie die Annahme selbst infrage. Was ist eine Führungskraft? Ist das überhaupt der Weg? Das ist spätestens dann angebracht, wenn Sie sich beim „Single Loop" im Kreis drehen.

Die zweite Art und Weise, Fragen zu stellen, geht tiefer. Sie birgt auch Risiken, denn sie kann und muss irritieren. Im Beispiel mag das zu der Erkenntnis führen, dass es gar nicht um Führung geht, sondern darum, für sich selbst eine neue Identität zu finden. Dieses Thema ist viel größer als das erste und tangiert sehr persönliche und emotionale Themen. So etwas ist in einem Teamprozess nicht gut aufgehoben. Wenn Sie merken, dass solche Fragen da sind, denken Sie über individuelles Coaching nach, aber seien Sie als Teamgestalterin nicht auch der- oder diejenige, die diesen Job übernimmt. Eine Trennung ist empfehlenswert, da es das Teamgleichgewicht stören würde, wenn sie auch eine individuelle Coachingbeziehung zu Teilen des Teams haben.

Im Einzelcoaching geht es um den Einzelnen und seine Bedürfnisse, im Team müssen Teaminteressen über allem stehen, die wiederum von kollektiven (organisationalen) Normen und Erwartungen beeinflusst sind. Je stärker die Teampersönlichkeit als zu coachende „Instanz", je reichhaltiger gemeinsame Ressourcen, je sinnstiftender die Ziele desto einfacher ist das.

Bei Gruppen gibt es keine gemeinsame „Instanz", auf die sich Coaching beziehen könnte.

Entsprechend bestehen auch keine gemeinsamen Ressourcen. Hier ist die Kombination mit Einzelcoaching ganz besonders wichtig, vor allem wenn es Konflikte in der Gruppe gibt, die mit Einzelinteressen zu tun haben.

Doch auch wenn es diese gemeinsame Instanz gibt und eine Art von Teampersönlichkeit: Teamcoaching hat Grenzen, denn die individuellen Themen spielen auch in diesem Kontext immer wieder hinein.

Beratung

Früher war Beratung häufig ein Prozess, der mit einer umfassenden Analyse begann, nach der die Lösung präsentiert und die dann implementiert wurde. So ist es teils immer noch, teils haben sich moderne Formen entwickelt, die man auch als „Sparring" bezeichnen könnte. Beratung kann auch aus einer nicht wissenden Haltung erfolgen, als Teilen von Erfahrungen. Das signalisiert mehr Augenhöhe. Supervision lässt sich hier als eine moderne Form bezeichnen. Sie bewegt sich zwischen Coaching und Beratung. Es geht darum, aus der Expertenperspektive Rückmeldungen zu geben.

Im Unterschied zum Coaching ist jede Form der Beratung eher inhaltsbezogen. Es geht darum, etwas zu empfehlen oder nahezulegen. Der Anteil der Fragen ist in der Beratung geringer, der Berater darf auch mehr reden als ein Coach, aber natürlich, und das will unsere Rollenmatrix auch aussagen, geht es immer um ein Kontinuum. Am äußersten Rand ist die klassische, tradierte Beratung mit Anzug und Expertenkoffer, weiter Richtung Coaching wird dazu immer mehr eine Innenperspektive eingenommen und Lösungen ergeben sich auch hier aus Fragen.

Im Unterschied zum Coaching ist Beratung eher inhaltsbezogen und direktiver.

Moderation

Moderation bedeutet, Verbindungen im Kommunikationsraum wahrzunehmen, sichtbar zu machen und zu ordnen. Die Rolle des Moderators wird von den Protagonisten ähnlich unterschiedlich interpretiert wie die des Beraters: Manche geben Struktur und Inhalt stark vor und lenken die Diskussion, zu beobachten in Talkshows. Andere lassen Raum und achten nur darauf, dass jeder zu Wort kommt oder Beiträge notiert und visualisiert werden.

Moderation kann auch auf etwas aufmerksam machen, das nicht ausgesprochen ist – dann geht es mehr in Richtung Coaching.

Moderation geschieht in einem agilen Sinn in einer Haltung, die die Gruppe einbindet und zur Mitwirkung befähigt. Der Moderator nimmt sich zurück. Teilt man die zur Verfügung stehende Zeit durch die Teilnehmerzahl, sollte er oder sie nicht mehr Raum nehmen als jede andere Teilnehmerin, bei zehn Teilnehmern also nicht mehr als 10 Prozent.

Viele sprechen heute auch von „Facilitation", was als eine moderne Moderationsform gelten kann. Facilitators legen ihr Augenmerk auf die Selbstbefähigung. Formate wie „Dynamic Facilitation" zielen darauf ab, dass die Gruppe vollkommen eigenständig über eine Kombination von Vorgehensweisen ihre Ziele erreicht. Dabei ist die Moderatorin zurückgenommen; sie lässt alles zu, lenkt nicht. Vielmehr sorgt sie dafür, dass alle Raum bekommen können.

In der Teambildung bewegen Sie sich überwiegend in der Moderation, im Teamcoaching gehen Sie auch über zu bewegenden Interventionen. Sie nutzen dann unterschiedliche Coachingtechniken, etwa aus dem systemischen Umfeld oder der positiven Psychologie.

In der Teambildung bewegen Sie sich überwiegend in der Moderation, im Teamcoaching gehen Sie auch über zu bewegenden Interventionen.

Die folgende Übersicht hilft Ihnen bei der Einordnung, worauf das Augenmerk liegen kann. Beispielsweise braucht es in einer Diskussion mehr strukturelle als Coachingintervention. In Konfliktsituationen dagegen ist es andersherum.

Nichts ist richtig oder falsch, situativ ist mal das Eine, mal das Andere überlegen.

Situation	Struktur (Wie wichtig ist ein klarer Rahmen?)	Inhalt Moderation (Wie wichtig sind inhaltliche Impulse?)	Coachinginterventionen (Wie wichtig ist es, dass der Moderator in schwierigen Situationen eingreift?)
Diskussion	+	+/– (je nach Thema)	+
Entscheidungen	+	–	+/–
Konflikte	++	–	++
Kulturthemen	+	–	+
Teambildung	+	+	–
Große Gruppen (größer 25)	++	–	–
Gruppen (bis 25)	+	+	+
Teams (kleiner)	+/–	–	+

Training

Training bedeutet, Wissen zu vermitteln und andere zu befähigen, bestimmte Dinge überhaupt sowie besser oder anders zu tun. Es beinhaltet auch konkretes Üben. Training ist deshalb immer auch an einen didaktischen Aufbau gekoppelt und die Frage: „Wie vermittle ich etwas, damit es ankommt und hängen bleibt?" Die Übergänge zur Moderation können fließend sein, jedoch liegt der Fokus immer auf demgemeinsamen Lernen.

Teamentwicklung beschreibt den übergeordneten Prozess und das Ergebnis desselben, bezieht sich also auf Coaching, Beratung, Moderation und Training. Insofern kann es auf allen vier Polen und Ebenen stattfinden oder Schwerpunkte setzten.

Folgende Tabelle gibt eine Orientierung zu Ihren Rollen im Workshop.

Themen	Ihre Rollen	Struktur (Plan, Vorgaben)	Lerninhalt	Reflexion	Üben	Spielen
Kennenlernen, Vertrauen	Moderation	+	–	–	–	++
Konflikte	Moderation, Coaching	+	–	++	+	–
Entscheiden	Moderation	++	–	+	–	–
Erwerben neuer Fähigkeiten	Training	+	++	+	+	–
Wir selbst (als Team, Gruppe)	Moderation, Coaching	+/–	–	++	–	+
Selbsterfahrung	Moderation	-	–	+	++	+
Planen	Moderation	+	+	–	–	–
Veränderungs- und Entwicklungsprozess begleiten	Moderation, Coaching	–	–	++	–	–

Den Auftrag klären

Rolle und Auftrag gehören zusammen. Die Klärung des Auftrags kann gar nicht genau genug erfolgen. Sie ist einerseits ein einmaliger Prozess vor Beginn der Planung, andererseits aber auch ein laufender Prozess, denn Aufträge müssen immer wieder angepasst werden. Denken Sie an den psychologischen Vertrag und den „Sicherheits-HAFEN" (Abbildung 11). Aus online wird Präsenz, ein Moderationsauftrag kann sich in einen Coachingjob wandeln. Ziele verändern sich. Betrachten Sie also diese beiden Ebenen: die Auftragsklärung davor und die Auftragsanpassung währenddessen.

> Die Klärung des Auftrags kann gar nicht genau genug erfolgen.

Für die Auftragsklärung davor gibt es verschiedene Ansätze. Wir empfehlen das Kontextmodell aus dem Projektmanagement (Abbildung 13). Eine weitere Hilfe bietet unsere „Teamumfeldanalyse" (Abbildung 14). Auftragsklärung ist für interne und externe Teamgestalterinnen gleich wichtig. Externe müssen jedoch viel mehr und detaillierter die Rahmenbedingungen erfragen, die internen schon bekannt sind.

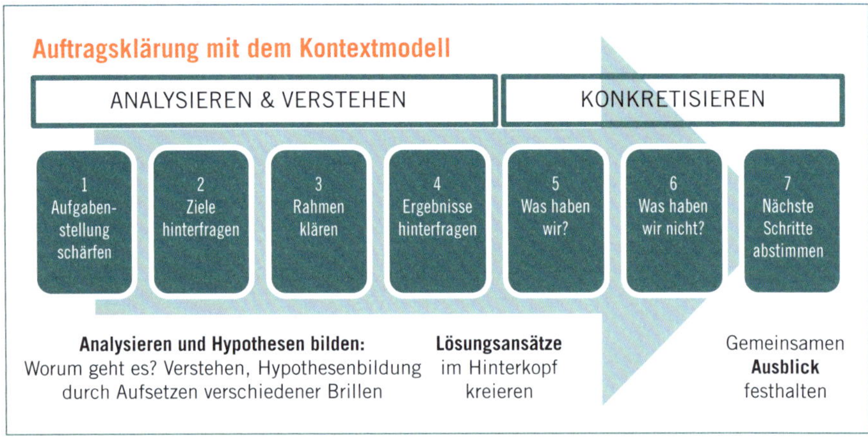

Abbildung 13: Das Kontextmodell zur Auftragsklärung unterstützt Sie als Teamgestalterin dabei, in ein Projekt einzutauchen und sich nicht in der Komplexität zu verlieren.

Phase 1 – Aufgaben schärfen

Hier geht es darum, mit dem Auftraggeber die Aufgabe zu definieren. Die Auftraggeberin kann das Team selbst sein, aber auch die Führungskraft oder die Personalabteilung. Herausfordernd sind „Dreieckskontrakte", wenn Sie also mit einem Team arbeiten, aber nicht direkt von diesem beauftragt sind. In dem Fall ist die Auftragsanpassung oft ein sehr spannender und wichtiger Punkt. Stellen Sie außerdem sicher, wie Sie damit umgehen, wenn zum Beispiel Situationen entstehen, die die (zahlende) Auftraggeberin nicht wünscht, wohingegen ihr direkter Vertragspartner (das Team) danach verlangt. Treffen Sie hier glasklare Vereinbarungen – und Vorsicht bei Interessenkonflikten!

Ein „Team zu unterstützen, seine Leistungsfähigkeit zu verbessern“ ist eine andere Aufgabe, als „einen eintägigen Teamworkshop zu moderieren“. Je genauer Sie also etwas festlegen, umso leichter ist es, auf die zentrale Aufgabe zurückzublicken, wenn Sie sich in der Diskussion verlieren sollten. Wir arbeiten an dieser Stelle immer mit Visualisierungsunterstützung, mit Flipchart, Post-its oder im virtuellen Kontext mit einem elektronischen Whiteboard oder einer Wall wie MURAL oder Miro. Ein gemeinsames Bild schafft eine Brücke der Verständigung, die am Anfang besonders wichtig ist. Menschen wollen richtig verstanden werden. Sie reagieren irritiert und verärgert auf freie Interpretationen. Das fängt schon da an, wo Sie ein anderes als das ursprünglich genutzte Wort verwenden.

Hilfreiche Fragen:

- Worum geht es genau?
- Was exakt ist der Auftrag?
- Was ist die konkrete Aufgabe?

Phase 2 – Ziele hinterfragen

An dieser Stelle wollen wir ein gemeinsames Verständnis für die Ziele erlangen. Oftmals kann sie die Auftraggeberin nicht klar formulieren. Es besteht die Gefahr einer Informationsüberflutung, da die Auftraggeberin ansonsten vielleicht nicht die gewünschte Aufmerksamkeit erhält. Auch kann es an dieser Stelle emotional werden und die Ziele werden vernebelt. Achten Sie deshalb auf Wünsche wie: „Steigern Sie die Zufriedenheit des Teams.“ Können Sie das als Teamgestalterin garantieren? Es sollten immer nur Ziele sein, die Sie nicht abhängig von der Gruppendynamik machen und die die Verantwortung auf das Team legen.

Wir unterscheiden zwischen Ziel und Ergebnis. Ergebnis ist das, was herauskommen wird, zum Beispiel ein Plan für die nächsten Schritte oder eine Team Canvas. Ergebnisse dürfen aber nie etwas von Ihnen fordern, das Sie nicht leisten können, zum Beispiel „mehr Zufriedenheit“.

Hilfreiche Fragen:

- Was sind die Ziele der Teamentwicklungsmaßnahme?
- Was soll erreicht werden?
- Woran erkennen Sie, dass die Ziele erreicht wurden?
- Was ist das Ergebnis des Workshops?

Phase 3 – Rahmen klären

Diese Phase ist durch Daten und Zahlen gekennzeichnet. Es macht einen Unterschied, ob Sie einen Tag, zwei Tage oder zehn Termine zur Verfügung haben. Genauso wirkt sich die Örtlichkeit des Geschehens auf die Nutzung von Methoden und Tools aus.

In einem Raum innerhalb des Unternehmens ist es schwerer, eine konzentrierte, vertrauensvolle Atmosphäre zu erlangen als in einem schönen Seminarhotel außerhalb der Stadt. Für externe Teamgestalterinnen ist die Budgetfrage ebenfalls relevant.

Hilfreiche Fragen:

- Welche Festlegungen gibt es hinsichtlich Zeitumfang, Geld, Raum?
- Welche Einschränkungen gibt es?
- Was darf nicht passieren?

Phase 4 – Ergebnisse hinterfragen

Unsere Gedankenbrücke für den Unterschied zwischen Zielen und Ergebnissen ist, dass ich Ergebnisse „anfassen“ kann. Was soll am Ende herauskommen? Gute Stimmung? Da wird es schwer. Wenn es zuvor eine Umfrage mit Messwerten gab, wäre ein Ergebnis auf die Frage „Wie bewerte ich unsere Zusammenarbeit nach dem Workshop auf einer Skala von 1 bis 10?“ denkbar. Eine genauere Formulierung zu den Ergebniserwartungen wäre beispielsweise „konkrete Maßnahmenideen für die Optimierung unserer Zusammenarbeit mit abgestimmten Verantwortlichkeiten für die Umsetzung“. Spüren Sie den Unterschied bezüglich der Verantwortungsübernahme als Teamgestalterin?

Hilfreiche Fragen:

- Welche Ergebnisse erhoffen Sie sich?
- Was soll am Ende sichtbar sein?
- Was ist anders als heute?

Phase 5 – Was haben wir?

Teams verfügen meistens über Historien und gemeinsame Erlebnisse, die sie geprägt haben, positive und negative. So kann an dieser Stelle zum Beispiel herauskommen, dass es vor zwei Jahren bereits einen sehr erfolgreichen Workshop gab. Das Team hätte gerne mit dem damaligen Moderator weitergemacht, aber er ist leider zeitlich verhindert. „Nun haben wir Sie angefragt.“ Gut zu wissen für den Einstieg in den Workshop, der Beziehungsaufbau und die eigene Positionierung muss nun etwas anders erfolgen, Sie wollen ja nicht nur ein Schatten sein. Vielleicht gibt es auch Ergebnisse, auf die der Workshop gut aufbauen kann und die die Auftraggeberin fast vergessen hätte zu zeigen.

Hilfreiche Fragen:

- Worauf bauen wir auf?
- Wann und mit welchen Ergebnissen hat die letzte Teamentwicklungsmaßnahme stattgefunden?
- Was ist damals gut gelaufen, was war schwierig?

Phase 6 – Was haben wir nicht?

Die Frage nach dem „Was fehlt?“ finden wir sehr hilfreich. Hier geht es auch um Verantwortung. Was wäre, wenn die Auftraggeberin wichtige Informationen vergessen hätte? Wie würde sich das Fehlen auf die Ergebnisse auswirken? Sie haben noch nicht die Ergebnisse der Mitarbeiterauswertung. Sie haben noch nicht die Ergebnisse des letzten Workshops. Sie haben noch nicht unser Portfolio erhalten, was jedoch äußert wichtig ist, um uns zu verstehen.

Hilfreiche Fragen:

- Was fehlt, um die Teamentwicklungsmaßnahme umzusetzen?
- Welche Hintergrundinformationen sind sonst noch wichtig?
- Was habe ich vergessen zu fragen?

Phase 7 – nächste Schritte abstimmen

Schließlich geht es darum, das Besprochene festzuhalten und gemeinsam die nächsten kleinen und großen Aktivitäten abzustimmen – so konkret wie möglich: Wer macht was bis wann? Dafür hilft ein gemeinsamer Blick auf die Visualisierung des Kontextmodells, damit nichts vergessen wird.

Hilfreiche Fragen:

- Was sind die nächsten Schritte bis zur Umsetzung der Aufgabe?
- Welche Aktivitäten planen Sie jetzt?
- Wer übernimmt Verantwortung wofür?

Tipp

Wenn Sie unerfahren bezüglich Fragetechniken und Kontextermittlung sind, hilft Ihnen unsere „Teamumfeldanalyse“, die wir als Poster nutzen. Sie unterstützt Sie, bei der Auftragsklärung nachzufragen, was alles eine Rolle spielen könnte. Um auf Teamebene die Einflussfaktoren im Blick zu behalten, können Sie das Poster dem Team zeigen, damit es selbst seine Ideen einbringt. In der Mitte steht der „Ist-Zustand“. Dieser kann näher beschrieben werden, beispielsweise „Team erreicht seine Ziele nicht“, bevor die Einflussgrößen betrachtet werden.
Die Umfeldanalyse eignet sich auch für einen ersten Workshop zur Standortanalyse. Die Begriffe in unserem Modell sind bewusst offengehalten. Jeder wird etwas anderes darunter verstehen. Das könnte weitere Nachfragen zur Folge haben, etwa „Was genau bedeutet Erfolg in Ihrem Team?“. Achten Sie darauf, nicht zu inquisitorisch zu werden. Sie können das Bild auf ein Flipchart übertragen. Dann sollen jeweils zwei Personen ihre Gedanken dazu austauschen. Schließlich tragen Sie die Ergebnisse in der Gruppe zusammen.

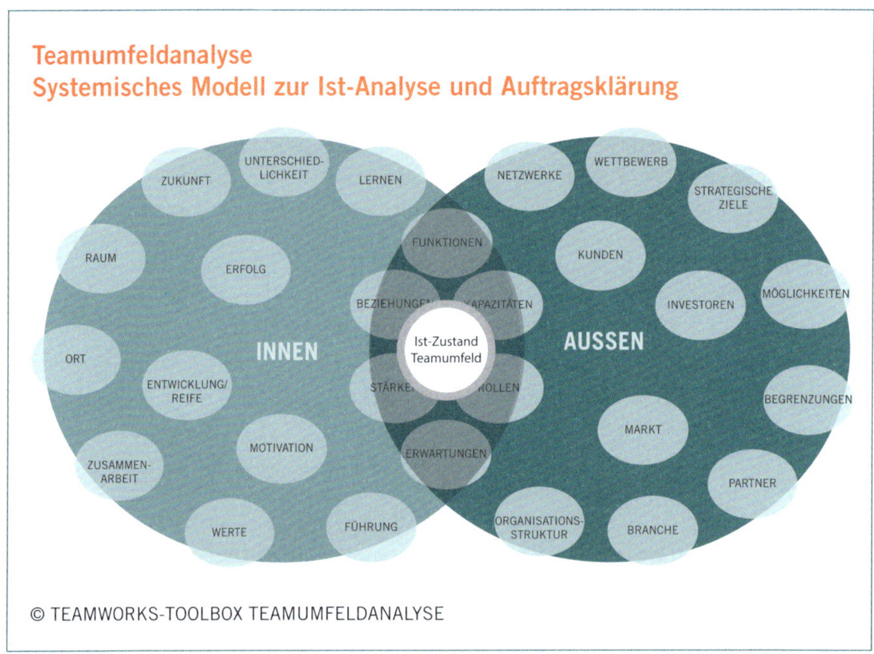

Abbildung 14: Die Umfeldanalyse veranschaulicht die zahlreichen Faktoren, die bei der Teamentwicklung infrage und in Bewegung kommen können.

Nochmals: Rollenklärung gehört zur Auftragsklärung dazu. Ihre Auftraggeberin muss wissen, was sie von Ihnen erwarten kann und was nicht. Dabei hilft die Rollenmatrix (Abbildung 12). Allerdings sind die Begrifflichkeiten für Auftraggeberinnen weniger klar. So mag es sein, dass diese von einem Coach sprechen, aber einen Trainer meinen. Das finden Sie nur durch gezielte Nachfragen heraus und indem Sie sich an dem orientieren, was als Ergebnis gewünscht wird.

> Rollenklärung gehört zur Auftragsklärung dazu.

Klären Sie die gegenseitigen Erwartungen, auch um mögliche Enttäuschungen und Konflikte zu vermeiden. Wir machen sehr oft die Erfahrung, dass eigentlich ein „Experte“, also ein „Berater“, in unserer Matrix gesucht, aber von einem Coach oder Moderator gesprochen wird. Diese impliziten Erwartungen müssen auf den Tisch – und zwar ohne, dass Sie es zu kompliziert machen und über Unterschiede belehren. Orientieren Sie sich an den Wünschen, stellen Sie möglichst viele Fragen. Fragen Sie auch nach Vorerfahrungen. Was fand die Auftraggeberin gut, was nicht, und warum? So kommen Sie der Rolle auf die Spur, ohne sich in Begriffen zu verheddern.

Ein Blick auf Sie

Sicherlich gehen Ihnen bei Ihrer Arbeit mit Teams und Gruppen viele Handlungen und Situationen leicht von der Hand. Vielleicht moderieren Sie Teamrunden mit schlafwandlerischer Sicherheit oder melden positive Beobachtungen motivierend zurück. Das anschließende Gefühl von innerer Zufriedenheit ist zu schön.

Der Arbeitsalltag verläuft jedoch nicht immer nach Plan und den eigenen Wünschen, wie es aus Ihrer Sicht sein sollte. Wenn Teammitglieder permanent im „Ja-aber-Modus" sind, Konflikte in der Teamrunde offen und mit gegenseitigen Schuldzuweisungen ausgetragen werden oder Sie persönliche Ablehnung durch Mimik und Gestik erfahren, dann ist die Arbeit auch einmal anstrengend. Vor allem ist dies Arbeit an Ihnen selbst. Glauben Sie nicht? Doch! Es geht bei diesen Dingen immer zuerst um Sie. Denken Sie an die Grundannahme „Ich selbst bin die wichtigste Intervention". Dazu schrieb uns übrigens kürzlich ein Teamgestalter, der vor Jahren seine Prüfung gemacht hatte, dass er erst jetzt wirklich fühlend verstand, was das bedeutete. Bisher war es eher kognitiv verankert, so ein „ja, klar". Erst in einem Riesenprojekt und mit ganz anderen Anforderungen als gewohnt, spürte er, welchen Unterschied er selbst machte oder vielmehr seine Einstellung zu dem, was da vor sich ging.

Unser eigenes Entwicklungspotenzial erkennen wir am besten an dem, was wir gemeinhin „negative Emotionen" nennen. Das Herz pocht stärker, der Blutdruck steigt und damit auch die eigene Unsicherheit. Wie reagieren Sie in solchen Situationen, wie gehen Sie mit Ihrer inneren Unsicherheit um?

Emotional schwierige Situationen

Überlegen Sie einmal, welche schwierigen Gegebenheiten Ihnen in letzter Zeit begegnet sind. Was passiert Ihnen sogar immer wieder? Gibt es Muster? Wie fühlen Sie sich in Konfliktsituationen, zum Beispiel wenn andere Sie nicht zu verstehen scheinen oder Sie lautstarken Angriffen ausgesetzt sind? Es muss gar nicht so heftig sein. Manchmal sind es auch die positiven Manipulationen von Menschen, die Sie mit einem Lachen um den Finger wickeln oder durch trickreiche Ausflüge zu Ihren Schwachstellen eigene Ziele erreichen. Stimmt die Gruppe nur zu, um Ruhe zu haben? Sagen Sie nur „Ja", weil Sie nett sein wollen?

Hier hilft es, sich mit den eigenen Emotionen zu beschäftigen. Sie prägen das Verhalten erheblich – und ebenso die Reaktion der anderen.

Emotionen sind Gefühle mit einer weiteren individuellen und kulturellen Interpretation. Emotion ist also mehr als das Gefühl selbst. Das Gefühl ist die unmittelbare Körperreaktion. Aber auch hier zeigt sich schon wie schwierig diese Interpretation ist, denn es bleibt die Frage, was diese genau ist. Schon bei der Wahrnehmung ergeben sich Unterschiede.

Für Sie ist wichtig zu verstehen, dass Emotionen nicht eindeutig sind, sondern mit Sprache eng verwoben. Eine Emotion wie Scham sorgt vielleicht mit einer unmittelbaren Körperreaktion wie „Schamesröte" für Sichtbarkeit nach außen – muss es aber nicht.

Die Emotion beeinhaltet also letztendlich auch die individuelle und kulturgeprägte Interpretation. Sie übersetzen das, was in einem vorgeht in Sprache. Das heißt, sie sind nicht universell vorhanden, sondern auch individuell gelernt. Sie lassen sich auch entwickeln und verändern. Der Schlüssel dazu ist das Wahrnehmen der eigenen Körperbotschaften etwa mir der Frage „was fühle ich?" und „wo genau bildet sich das in meinem Körper ab?"

Einige Gefühle bilden sich kulturübergreifend auch im Körper, vor allem im Gesicht ab.

Nach Paul Ekman sind dies die sieben Basisgefühle: Freude, Wut, Ekel, Verachtung, Trauer, Angst und Interesse. Ekman ist nicht unumstritten, einige Experten sehen das anders.

> In schwierigen Situationen ist es besonders hilfreich, die eigenen Reaktionen zu betrachten.

Die praktische Botschaft lautet dann: Suchen Sie nach der individuellen Lesart, interpretieren Sie nicht die Emotionen von anderen. In schwierigen Situationen ist das besonders hilfreich, wenn Sie die eigenen Reaktionen betrachten.

Gefühle, so wissen Neurowissenschaftler, kommen vor dem Denken. Wenn Sie also denken „Ich bin immer sachlich", suchen Sie nach dem Gefühl dahinter oder den Emotionen, also ihrer Interpretation. Innehalten kann helfen, diese sicht- und fühlbar zu machen.

Ebenso hilfreich sind die sieben Schritte der Wahrnehmung:

1. Was ist genau passiert?
2. Was waren Auslöser, Triggerpunkte?
3. Welche Gefühle habe ich wahrgenommen?
4. Was ist im Körper passiert?
5. Welches Bedürfnis ist entstanden?
6. Wie habe ich schließlich gehandelt?
7. Wie hätte ich sonst noch handeln können?

Tipp

Je mehr Menschen die Facetten und Widersprüche ihrer eigenen Emotionen wahrnehmen können, desto reifer sind sie persönlich. Gefühle sind wie das Wetter in Nordeuropa – meistens wechselnd und oft durch Widersprüche geprägt. Als Teamgestalter müssen Sie dies in Ihre Arbeit einbeziehen. Seien Sie der Geburtshelfer, der Emotionen Raum und Namen gibt, angemessen und vor dem Hintergrund dessen, was der Kontext zulässt. Und ohne zu viel Komplexität in den Erklärungen. Für Ihr Verständnis ist die Unterscheidung Emotion-Gefühl relevant, in der praktischen Arbeit eher nicht.

Für Sie als Teamgestalterin ist es wichtig, sich die Muster der eigenen Emotionen bewusst zu machen, denn diese beeinflussen unser Verhalten. Wenn Sie zum Beispiel am liebsten alles harmonisch hätten, steckt dahinter die Angst vor Streit und

Konflikten. Das könnte dazu führen, dass Sie diese nicht zulassen oder Situationen mit Streit vermeiden.

Reflektieren Sie, welche Emotionen welches Verhalten bei Ihnen bewirkt. Die Tabelle hilft dabei.

Typische Situation	Emotionen	Positive Auswirkung	Negative Auswirkung
Komplimente, Zustimmung aus dem Team erhalten	Freude	Schnelle Informationsaufnahme	Nichterkennen von scheinbarer Harmonie und blinder Zustimmung
Start des Teams, inklusive innovativer Aufgaben, begleiten	Interesse, Neugier	Kreative Problemlösung, verbesserte Denkleitung	Nichtbeachten anderer wichtiger Aspekte
Teammitgliedern kritisches Feedback geben	Angst	Inneres Alarmsystem ist angeschaltet, Vorsicht und Rücksichtnahme, Empathie	Zu viel Rücksichtnahme, zu große Vorsicht
Unterbrechungen, scheinheiliges Commitment in der Teamrunde	Ärger, Wut	Dampf ablassen tut gut und kann auch motivierend wirken	Aggressiver Tonfall und Zynismus verschärfen die Situation
Projektende, Krankheit eines Teammitglieds	Trauer	Chance für Beziehungsausbau	Geringere Selbstaufmerksamkeit, zum Beispiel zu viele Versprechungen
Scharfe Kritik aus dem Team erhalten	Scham, Angst (z. B. nicht mehr dazu zu gehören)	Sich verletzlich, menschlich zeigen können	Sich zu klein fühlen, innerer Widerstand und Erstarrung
Starke Antipathie gegenüber Teammitgliedern	Ekel, Wut, Angst	Eigene Grenzen setzen, Selbstschutz	Mangelnde Offenheit, Bevorzugung bestimmter Teammitglieder

Fragen Sie sich ehrlich: Welche Folgen haben die beispielhaften und andere Situationen sowie aus dem Kontext entstandene Emotionen auf Ihr Verhalten? Denken Sie (zu) viel nach? Verzögern Sie Ihre Entscheidungen?

In diesen Momenten ist es hilfreich, sich selbst wahrzunehmen und auf die eigene innere Haltung zu blicken.

Haltung zeigen

Eine innere Haltung ist eine Stütze im Arbeitsprozess mit Gruppen. Diese Haltung sollte flexibel genug sein, dass Sie sich auch situativ angepasst verhalten können. Sie sollte aber auch Orientierung geben: Welche eigenen Prioritäten setze ich? Woran richte ich grundlegende Entscheidungen aus, etwa die Entscheidung, „Nein" zu einem Auftrag zu sagen?

Wenn Sie sich klar darüber sind, dass Sie Ihre Wirklichkeit selbst gestalten, werden Sie viel fließender damit umgehen können. Wesentlich dafür ist ein Werte-Bewusstsein. Denken Sie daran: Werte sind Handlungsqualitäten – es liegt eine Qualität für Sie selbst in ihnen. Werte geben Ihrer Haltung Halt.

> Wer Haltung hat, kann seine eigenen Grenzen erspüren und formulieren.

Wer Haltung hat, kann seine eigenen Grenzen erspüren und formulieren. Bildlich gesprochen ist die Haltung wie der Kern eines Pfirsichs, sozusagen die stabile Komponente der Frucht. Während das Fruchtfleisch der weiche Teil ist, für die anderen sichtbar.

Abbildung 15: Unser Pfirsichmodell verdeutlicht die täglichen Herausforderungen, mit denen wir konfrontiert werden und die Relevanz eines „harten Kerns".

Wer Haltung hat, kennt eigene Grundannahmen und folgt Werten, die mehr sind als Worte. Das ermöglicht Ihnen, eigene Prinzipien zu definieren und sich an diesen zu orientieren. Mit Haltung sind Sie in der Lage, Ihre Grundannahmen neu zu bewerten und aufgrund neuer Informationen jederzeit zu aktualisieren. Das setzt die aktive Reflexion über die Grundlagen eigenen Handelns voraus. Es fördert einen reflektierten Umgang mit Rollen, der wiederum die Voraussetzung für Rollenflexibilität ist.

Aus der Haltung ergeben sich Impulse, um sowohl die persönliche Reife wie auch die Teamreife zu fördern. Teamreife wiederum führt zu Gesundheit und Selbstverantwortlichkeit.

Nicht immer ist das auch so gewünscht, denn damit einher geht auch ein höheres Selbstbewusstsein. Die Bindung an ein Unternehmen, das nicht die optimalen Rahmenbedingungen bietet, kann sinken.

Auch dieser Aspekt kann zur Rollenklärung dazugehören: Wofür wollen Sie stehen? Was unterstützen Sie, was nicht? Dieses Thema sollten Sie mit Ihren Emotionen in Übereinkunft bringen. Was macht es mit Ihnen, wenn Sie merken, dass bei einem Auftrag ein Menschenbild dahintersteht, das Sie nicht teilen? Wenn der Auftraggeber etwas möchte, das nicht Ihren Werten entspricht?

Welche Konsequenzen ziehen Sie daraus? In diesen Fragen liegen die wirklichen Herausforderungen der Teamentwicklung, viel weniger in Spielen und Methoden.

Update der eigenen Grundannahmen und Prinzipien

Wir haben eingangs von unseren Grundannahmen gesprochen und diese vorgestellt. Grundannahmen durchdringen unser Denken, Fühlen und somit auch Handeln. Sie entstehen im Zeitverlauf und werden uns von unseren engsten Bezugspersonen in frühsten Jahren mit auf den Weg gegeben, weitgehend unbewusst. Sind sie verinnerlicht, gehören sie zum Selbstbild und sind nur schwer zu verändern.

Wir haben beobachtet, dass Menschen, die in der Lage sind, die eigenen Grundannahmen zu erforschen, ins Bewusstsein zu holen und selbst zu aktualisieren, leichter eine gerade und aufrechte Haltung entwickeln und so mit schwierigen Situationen fertig werden können.

Praxis

Ein Teamgestalter hat als kleiner Junge von seinen Eltern stets vorgelebt bekommen, dass es für alles immer eine Lösung gibt. Nichts machen, geht nicht. Die Worte wurden in der Jugend nicht explizit formuliert, sondern durch das Vorleben der Eltern permanent und ohne Wissen ins Unterbewusstsein des Jungen eingebrannt. Als der Junge Mitte 20 war, stand er vor einer für ihn schwierigen Situation. Immer wieder verfiel er bei dem Versuch des Umgangs damit in sein vertrautes Muster und lief wieder und wieder gegen eine für ihn schmerzhafte Wand. In der Arbeit mit Gruppen war das immer wieder Thema, denn er konnte einfach nicht akzeptieren, dass es mit manchen Menschen nicht weiterging, dass diese einfach nicht an sich selbst arbeiten und Lösungen finden wollten.

Durch ein externes Coaching mit Blick auf die prägenden Muster der Vergangenheit erkannte er schließlich die vorhandene Grundannahme. Danach konnte er das eigene Verhalten besser einordnen. Er konnte seine eigene Annahme umdeuten.

Dieser Reifeprozess dauerte einige Zeit. Heute heißt die umformulierte Grundannahme: „Es gibt auch Situationen, für die gibt es keine Lösung." Dadurch ist wirksameres Verhalten auch und gerade im Umgang mit Gruppen und schwierigen Situationen vor allem auch im Konfliktumfeld möglich.

Reflexionsfragen für Sie:

1. Wo erleben Sie Begrenzungen?
2. Was fällt schwer?
3. Wann ärgern Sie sich?
4. Wann schämen Sie sich?
5. Was möchten Sie ungern erleben?
6. Was vermeiden Sie?
7. Möchten Sie es weiter vermeiden?
8. Möchten Sie sich ihm stellen?
9. Wie können Sie sich dem stellen, das Sie vermeiden?

Prinzipienorientierung

Prinzipien unterstützen das eigene Handeln. Sie sind kontextabhängig und ein Denkrahmen für das bewusste Treffen von Entscheidungen. Sie nutzen vor allem in schwierigen Situationen, in denen wir Unsicherheit spüren. Sie helfen, uns auszurichten und Orientierung zu erlangen.

Tipp

Die Formel „lilalö" (lindern – lassen – lösen) ist auch ein Denkrahmen und kann eine sehr hilfreiche Orientierung bieten. Ein Konflikt lässt sich nicht immer lösen. Eine Linderung ist für die Beteiligten oftmals schon ein Erfolg.

Emotionale Agilität

Wenn Menschen sich entwickeln, ist dies kein rationaler Vorgang. Agilität bedeutet, sich immer wieder neu auf Situationen einzustellen. Rigidität ist das Festhalten am einmaligen Kurs, trotz neuer Erkenntnisse.

Praxis

Der Kapitän eines US-Marineschiffes sieht Licht im Nebel und funkt: „Steuern Sie sofort 15 Grad Nord, um eine Kollision zu vermeiden." Antwort: „Dies ist A 853. Empfehle, SIE steuern 15 Grad Nord, um eine Kollision zu vermeiden." Daraufhin der Kapitän des Marineschiffes: „Hier spricht Kapitän James Maier. Wir werden von zwei Schlachtschiffen, sechs Zerstörern, fünf Kreuzern, vier U-Booten und zehn Versorgungsschiffen begleitet. Ändern sie sofort Ihren Kurs um 15 Grad nach Norden, um eine Kollision zu vermeiden." Antwort: „Hier spricht Juan Carlos de Santos. Wir haben zwei Hunde, unser Essen, Bier und einen Mann von den

Kanaren, der gerade schläft. Wir fahren nirgendwohin. Wir befinden uns auf einem Leuchtturm." (Witz unbekannter Herkunft)

Rigidität führt dazu, dass wir festhalten und gar nicht erst nach neuen Erkenntnissen suchen. Wir sind wie der Kapitän so auf unseren Kurs konzentriert, dass wir nicht wahrnehmen, was um uns herum passiert.

Gelassenheit dagegen entsteht, wenn wir einfach in den Moment schauen und sehen, was sich zeigt. Die größten Sprünge in der eigenen Entwicklung bescheren einem dabei die Situationen, in denen es nicht so gut gelaufen ist, wo wir kollidiert sind. Wenn Sie, im übertragenen Sinne, ein Team auf die Tanzfläche gezerrt und dabei völlig verpasst haben, dass keinem zum Feiern zumute ist. Wenn Sie die Blicke übersehen haben, die offenbaren wie sehr sich jemand schämt.

Freuen Sie sich auf die Fehler, die Sie machen werden, um aus ihnen zu lernen. Deswegen sprechen wir auch von Fehlerlernkultur statt Fehlerkultur.

Wir nennen unsere Ausbildungsteilnehmer übrigens auch deshalb „Teamgestalter", weil wir das Bewusstsein für die eigenen Gestaltungsmöglichkeiten schärfen wollen. Wir können Situationen verändern, indem wir nach etwas suchen, das in der Gruppe Resonanz auslöst. Das kann ein Lächeln sein, eine Bewegung, aber auch ein Thema oder eine Idee.

Praxis

In einem virtuellen Training brachte eine Teilnehmerin immer wieder lustige Gegenstände in die Konferenz. Es waren seltsame Tiere oder Figuren, die Aufmerksamkeit auf sich zogen. Alle wollten wissen, was das denn jeweils sei. Diese Art und Weise der nonverbalen Kommunikation stieß auf Resonanz. Als Teamentwickler müssen wir solche Impulse gar nicht selbst setzen. Sie entstehen in dem Rahmen, den wir dafür schaffen. Diesen könnte man als psychologische Sicherheit bezeichnen. Die Menschen trauen sich etwas, sie zeigen sich, sie gestalten mit.

8 Spielerisch bewegen

Spiele entspannen und sind lehrreich. Sie sind eine wichtige Brücke zu neuen Erkenntnissen. In der Teambildung gehören sie dazu. Doch auch in Teamcoaching-Kontexten können Sie gut hineinpassen. Wichtig ist, dass sie ihren Zweck erfüllen.

„Spiele der Erwachsenen“ nannte der Psychiater Eric Berne seinen mehr als 50 Jahre alten Bestseller. Dahinter verbarg sich keinesfalls ein schlüpfriges Werk, wie sich viele wohl erhofften. Berne zeigte vielmehr, dass wir dauernd spielen. Ob wir nach mehr Gehalt fragen und auf die Abfuhr empfindlich reagieren oder im Team immer wieder auf einer Außenseiterposition landen, vieles wiederholt die in der Kindheit gemachten Erfahrungen und aktiviert gespeicherte emotionale Markierungen. Beziehungsspiele sind überall, aber anders als Kinder lernen wir oft nicht mehr daraus. Sie sind selbstverständlich geworden. Ebenso wie die „Spielregeln“ zu Hause und im Büro in Leib und Blut übergegangen und oft bitterer Ernst geworden sind. Wir erkennen, wenn sich Spielregeln ändern, beispielsweise weil ein neuer Kollege im Team das bisherige Gefüge auf den Kopf stellt.

Das alles passiert unbewusst und meistens sind wir uns nicht bewusst, dass wir gelernte Muster „abspielen“. Ein Neulernen fängt damit an, diese Muster zu erkennen. In der Teamentwicklung gebrauchen wir Spiele, die das gewohnte Spiel ändern, indem sie auch als „Spiel“ daherkommen und nicht als bitterer Ernst.

Dieses „Framing“ macht den Unterschied. Deshalb können wir uns auf Übungen einlassen, bei denen wir wie Kinder etwas mit Material bauen und damit die Art und Weise der Zusammenarbeit kopieren. „Das ist nicht echt“ sagen dann manche Kritiker. Genau darum geht es ja! Es kann nur funktionieren, weil es nicht echt ist. Weil es nicht echt ist, geht's überhaupt.

Wer spielt, lernt.

Wer spielt, lernt. Teamspiele steigern nicht nur den Spaß im Training, sie fördern auch die Kommunikation und stärken die soziale Kompetenz. Das spielerisch Erlernte lässt sich sogar in den Arbeitsalltag transferieren, wenn Teamentwicklerinnen berücksichtigen, dass Änderungen vor allem eine Änderung des Kontexts brauchen. Wenn ich also in einem Training gelernt habe, einen guten Chef zu spielen, kann ich das in der Organisation nur umsetzen, wenn die Rahmenbedingungen dies auch zulassen.

Sie sind Spielmacher

Spielen Sie nur die Spiele, mit denen Sie sich selbst identifizieren können. Als Führungskraft mit Höhenangst ist es nicht sinnvoll, ein Teambildungswochenende in den Bergen zu organisieren, an dem Sie sich beim Canyoning aus 30 Metern Höhe am Berg abseilen müssen. Gleiches gilt für Wanderungen mit Hindernissen, wenn Sie selbst nicht gerne Sport treiben und auch im Team Personen sind, die sich nicht gerne bewegen oder es aus gesundheitlichen Gründen nicht können. Teilnehmerinnen sind sensibel und bekommen schnell mit, ob Sie sich mit der gewählten Methode wohlfühlen oder eben nicht. Wir selbst bevorzugen einfache Spiele, bei denen alle leicht mitmachen können.

Viele wenden Spiele zu exzessiv an. Sie dienen dann nur noch der Unterhaltung, sind wie die Computerkonsole im Workshopraum. „Kenn ich schon“ bedeutet Daumen runter, „Mal wieder was Neues“ Daumen hoch.

Zu unterhalten ist nicht der Sinn und Zweck von Spielen. Spiele sind Lehrmeister, Aufwecker, Eisbrecher – auch für Kreativität und gemeinschaftliche Experimente. Deshalb helfen Ihnen Spiele in ganz vielen Situationen dabei, Workshops zu gestalten. Unterschiedliche Typen von Spielen sind in unterschiedlichen Kontexten sinnvoll. Während einige vor allem der Auflockerung dienen, haben andere einen direkten Lerneffekt. Eine Spielart ist sogar unverzichtbar für Lernen und Entwicklung – das Rollenspiel. Es kann auch in Einzel- und Teamcoachingsituationen zum Tragen kommen, wenn es darum geht, den Umgang mit Situationen zu simulieren.

Bevor wir zu diesen Spielarten kommen, wollen wir über Chancen, Risiken, Ziele und die verschiedenen Ebenen des Spieleinsatzes schreiben.

Wie lernen Menschen?

„Von der Hand in den Verstand" ist ein altes Sprichwort und es gilt auch für Lernen durch Spiele. Menschen lernen unterschiedlich: Manche hören lieber zu, diese sind nach einer Theorie von Frederic Vester aus den 1970er-Jahren auditiv. Andere lernen durch ihre Augen, die Visuellen. Die kinästhetischen Lerntypen begreifen durch Erfühlen und Ertasten. Vesters Theorie passt jedoch nicht mehr zu heutigen neurobiologischen Erkenntnissen. Menschen sind grundsätzlich auf die visuelle Wahrnehmung fokussiert und lernen mehr über Emotionen. Über die Augen werden zehnmal mehr Information verarbeitet als über die Haut und 100-mal mehr als über die Ohren.

Es geht am Ende also eher über die Stimulation des Körpers. Menschen müssen etwas spüren, um es zu verstehen. Dabei können sie grundsätzlich alle Sinneskanäle nutzen, nur manche haben sie besser trainiert.

Die Lerntypen sind deshalb wohl eher Prägungen und gehen auf Gewohnheiten zurück. Wer es gewohnt ist, Frontalvorträge zu hören, und damit zu eigenen Erfolgen gekommen ist, wird diese auch weiterhin bevorzugen.

Gehen Sie lieber auf das ein, das Sie vor Ort merken. Arbeiten Sie grundsätzlich mit vielen Bildern und beziehen Sie, wenn irgend möglich, den Körper ein.

Chancen und Gefahren

Als besonders wertvoll erleben wir, wenn ein Team aus dem Tagesgeschäft ausbrechen kann. Im Alltag gibt es verfestigte Verhaltens- und Beziehungsmuster, die in einem „Offsite" leichter aufzubrechen sind.

Den Teammitgliedern fällt es schwer, sich von diesen Mustern zu lösen und den Kopf für Leichtigkeit, Optimierungen und neue Ideen freizumachen, wenn Sie dies im bekannten Kontext tun. Ein Teamspiel fördert den gedanklichen Abstand und erhöht somit auch die Chance, dass Neues entstehen kann – und damit meinen wir auch neue Perspektiven.

In der Teambildung, also der „Forming"-Phase, bieten Spiele eine gute Möglichkeit, sich anders kennenzulernen. Sie können eine erste Vertrauensbasis für die Zusammenarbeit schaffen.

Teamspiele bieten eine tolle Möglichkeit, ins Gefühl zu kommen.

Wir verändern uns, wenn wir in Kontakt zu unseren Emotionen kommen. Teamspiele, vor allem Rollenspiele und Simulationen, bieten eine tolle Möglichkeit, ins Gefühl zu kommen, sich über etwas klar zu werden und dann auch den Transfer in den Alltag zu leisten:

1. Wie habe ich mich bei der Veränderungsübung verhalten?
2. Ist es mir leichtgefallen, Dinge loszulassen, mich auf das Neue einzulassen, oder gab es Widerstände in mir?
3. Wenn ja, wie groß waren diese und wie lassen sie sich beschreiben?
4. Wo habe ich meine persönlichen Grenzen erfahren?
5. Wie habe ich es geschafft, mich trotzdem auf das Neue einzulassen?

Die anschließende Reflexion und der Übertrag in den Arbeitsalltag bringen meistens Erkenntnisse, die zu einer Verhaltensänderung beitragen können. Dies geschieht einfach dadurch, dass etwas bewusst reflektiert wird, das bisher unbewusst abgelaufen ist. Teamspiele bleiben auch für Jahre in der Erinnerung haften und können nachhaltig zur Team-, aber auch Gruppenidentität beitragen.

Wie bei fast allem im Leben, gibt es auch hier die andere Seite der Medaille: Wichtig ist, für die Ausgangssituation des Teams passende Teamspiel auszuwählen. Es gibt lange Gesichter, wenn sich das Team schon sehr lange kennt und eigentlich „nur" gezielt an einem Thema arbeiten möchte. Die Teamgestalterin meint es zu gut mit den Auflockerungs- und Kennenlernspielen – und schon klaffen die Erwartungen auseinander. Vorsicht ist auch geboten, wenn das Team unausgesprochene Konflikte hat und ein Spiel mit zu viel körperlicher Nähe genau die wunden Punkte anspielt. Das kann beispielsweise bei Seilspielen passieren oder bei Spielen, in denen man die Augen schließen soll. Spiele mit verbundenen Augen können auch bei anderen Menschen Ängste verursachen. Da kann im Team sonst alles in Ordnung sein, danach ist es das nicht mehr.

Neben den gruppendynamischen Aspekten ist es wichtig, auf die Konstitution der Teilnehmenden zu blicken. Teamspiele mit Bewegung sind nicht für jeden geeignet. Denken Sie nur an Körpergewicht, Verletzungen, verheimlichte Krankheiten, physische und psychische Aspekte.

Kletterspiele sind nichts für Menschen mit Höhenangst. Ein Kollege, Psychologe, berichtete uns von einem Fall aus seiner Praxis: Ein Patient war nach einer Teamentwicklung im Hochseilgarten völlig verstört zu ihm gekommen, da er seine Panikattacken verborgen hatte, um in der Gruppe nicht als Weichei dazustehen. Der Kollateralschaden war immens. Das Erlebnis schwebte immer über dem Team, ohne dass je darüber gesprochen wurde. So legte dieses Event die Basis für eine Reihe von Konflikten, denn der versteckte Ärger des Mannes verfestigte sich in einem eigenbrötlerischen Verhalten.

Tipp

Teams und ganze Organisationen gestalten ihre Organisationsentwicklung seit einiger Zeit verstärkt mithilfe von LEGO-Steinen. Sie bauen Prototypen für komplexe Fragen mit DUPLO und Playmobil. Wer mit dem „Agile Ballgame" oder dem „Agilen Papierflieger" seine Zusammenarbeit beleuchtet und damit gute Erfahrungen gemacht hat, ist zumindest schon einmal offener. So hat Agilität vor allem eines erzeugt: mehr Offenheit gegenüber Spielen.
Vieles, das heute unter agilen Spielen kursiert, ist seit den 1960er-Jahren aus der Gruppendynamik bekannt. Es sind also oft nicht wirklich agile Spiele in dem Sinn, dass sie in den letzten Jahren entstanden wären, aber der Fokus auf das Team ist neu – und da sind Spiele einfach sinnvoll. Gleichzeitig besteht die Gefahr, zu überladen und den Lerneffekt zu lasch ausfallen zu lassen.

Hier ist für Externe zum einen eine besondere Sensibilität in der Auftragsklärung gefragt. Dabei gilt es, die besagten Gefahren anzusprechen und zu hinterfragen. Zum anderen ist die persönliche Haltung zu Teamspielen besonders wichtig. Stehe ich hinter der jeweiligen Methode, die ich einsetzen möchte? Glaube ich an den Erfolg des Einsatzes? Biete ich die Teilnahme an dem Teamspiel als freiwillige Option an oder unterstütze oder begründe ich Gruppenzwang? Schließe ich durch das Spiel auch niemanden aus? Deshalb arbeiten wir ausschließlich mit Methoden, die keine tiefen Wunden hinterlassen. Man weiß jedoch nie: Selbst die Stippvisite in einen spielerischen „Escape Room" kann zum „Panic Room" werden.

Tipp

Bleiben Sie bei sich selbst. Verweilen Sie in Ihrer Entwicklungszone, also dort, wo Sie sich wohlfühlen. Stehen Sie hinter der Methode, die Sie auswählen – auch bei Gegenwind ist das glaubwürdiger. „Ich selbst bin die größte Intervention": Gestehen Sie Fehler ein und lassen Sie die Hauptverantwortung für das Gelingen bei den Protagonisten. Fangen Sie bei der Auswahl von Teamspielen langsam an und erweitern Sie Ihr Repertoire permanent. Eine persönliche Haltung zu Teamspielen ist wichtig, denken Sie an das Pfirsichmodell. Ein hilfreiches Prinzip lautet: „Alle sollen an dem jeweiligen Teamspiel teilnehmen können", „Das Teamspiel ist ein Angebot, kein Zwang" sowie „Aussteigen ist jederzeit möglich".

Los geht's mit dem Ziel

Kommt es im Rahmen der Auftragsklärung zum Einsatz von Teamspielen, ist die Bandbreite der Reaktionen groß: von „Wir wollen unbedingt Spiele einbauen, das ist cool" bis hin zu „Bloß nichts Esoterisches, das passt nicht zu uns". Es ist die kollektive Kultur, die diese Reaktion prägt.

An dieser Stelle besonders wichtig ist das genaue Hinterfragen der Ziele und Bedürfnisse.

1. Was ist das Ziel des Workshops? Spaß haben, Tapetenwechsel, Kommunikationsoptimierung?

2. Was ist das Ergebnis, sprich: Was soll am Ende der Maßnahme herauskommen? Maßnahmen, Teamregeln, ein Gruppenbild, ein gemeinsam erarbeitetes Symbol?
3. Was ist nach dem Workshop anders? Welche Erfahrungen liegen vor?
4. Was darf nicht passieren? Was muss passieren, damit das Teamspiel richtig floppt?

Während interne Teamgestalterinnen kleine Spiele und „Energizer" selbst anleiten können, raten wir bei Lernspielen unbedingt dazu, externe zu engagieren.

Während interne Teamgestalterinnen kleine Spiele und „Energizer" selbst anleiten können, raten wir bei Lernspielen unbedingt dazu, externe zu engagieren. Im Zweifel haben Sie einen „Buhmann", auch wenn dieser das natürlich in Wahrheit nicht ist, aber wenn bei Ihnen etwas schiefläuft, müssen Sie mit den Leuten weiterarbeiten. Der externe Teamgestalter bleibt eben draußen. Hinzu kommt, dass die Menschen sich nicht frei verhalten, wenn jemand dabei ist, der aus dem Kollektiv heraus „beobachtet". Ganz besonders gilt das übrigens für Personaler, die zugleich auch die Personalakte führen. Sie sollten keine Spiele anleiten, auch ihre Anwesenheit ist gut zu überlegen und die Rolle unbedingt zu klären. Hier verweisen wir auf den „SicherheitsHAFEN" in Abbildung 11.

Es gilt, ein gemeinsames Bild zu entwickeln, wobei die obigen Fragen helfen. Der Auftraggeber, meistens auch die Führungskraft, müssen hinter dem Einsatz der gewählten Methode stehen.

Im Workshop selbst ist die Bandbreite der Reaktionen genauso groß: von der Vorfreude auf das Neue, über Lust auf Bewegung und Aktivität bis hin zu Skepsis, Misstrauen und Ängsten. In solch einem Emotionswirrwarr spiegeln wir unsere Wahrnehmung gerne auf der Metaebene wider: „Mir kommt es so vor, als ob sich bezüglich des anstehenden Teamspiels Freude, aber auch Skepsis im Raum befinden. Kann das sein? Wenn ja, wie gehen wir damit um?"

Bei mehreren Workshoptagen steigern wir die Intensität der Methoden langsam. Erst locken wir behutsam aus der Reserve und schaffen den Rahmen, damit sich die Menschen persönlich zeigen können. Danach entsteht ein Umfeld, in dem auch schwierige Themen angesprochen werden können. Vielleicht ist zu einem späteren Zeitpunkt sogar Körperkontakt möglich, um alle mitzunehmen und untereinander Vertrauen zu fassen.

Bei der Vorbereitung der Teamentwicklungsmaßnahme und der passenden Teamspielauswahl gehen uns nach der Klärung der Ziele und Ergebnisse diese Fragen durch den Kopf:

1. Wie ist die Kultur des Teams und der Kollektive, also des Bereichs und der Organisation insgesamt? Welche Erfahrungen gibt es bereits und was haben diese in den Köpfen hinterlassen? Was liegt in der Komfortzone, was löst Panik aus?
2. Welcher Schwierigkeitsgrad passt zu den Hintergründen und Zielen?
3. Sind persönliche Themen damit verbunden beziehungsweise Gruppenthemen, die dadurch tangiert werden? Wie stark sind die Emotionen, die auftreten können?
4. Wie hoch ist der Zeitaufwand? Kann die Übung zwischendurch stattfinden, nach dem Mittag oder benötigt sie, inklusive Reflexion, mehr Zeit?

5. Welche Materialien sind erforderlich? Wie groß ist der Materialaufwand? Braucht es Seil, Schnur, Stühle, Papier oder Sondermaterialien, wie zum Beispiel beim Bildermalen?

Tipp

Agile Coaches und Scrum Master sind keine Teamentwickler, sondern kommen aus anderen Bereichen wie der Informationstechnik. Ihnen ist manchmal nicht bewusst, dass der Spaß beim Spiel noch lange keinen Lerneffekt bedeutet. Deshalb halten wir es für so wichtig, gerade sie auch in Teamentwicklung zu schulen, und zwar nicht nur in einem Zwei-Tages-Kurs. Was die Coachingausbildung im Einzelkontext ist, sollte die Teamentwicklungsausbildung immer dann sein, wenn die Arbeit mit Gruppen im Fokus steht. Agile Coaches sowie Scrum oder Agile Master, sofern sie bereits eng mit dem Team verbunden sind, sind Teil des Kollektivs und bei konfliktären Themen nicht „frei" genug. Sie sollten Spiele eher nutzen, um Erkenntnisse über Kommunikation, Gruppen, aber auch Vorgehensweisen, spielerisch zu vermitteln.

Wählen Sie das Spiellevel

Wir kennen verschiedene Level von Spielen, abhängig davon, wie nachhaltig Spiele in den weiteren Prozess eingebunden sind. Das jeweilige Level korrespondiert mit dem Ziel. Wenn etwas wirklich in den Arbeitsalltag transportiert werden soll, kann das Spiel auch einen Denkrahmen bieten. So nutzen wir öfter ein „Bauspiel", um Teams die Dysfunktionen der Teamarbeit nach einem Modell von Patrick Lencioni bewusst zu machen. Dabei geht es darum, dass zwei Teilteams an einem gemeinsamen Produkt arbeiten. Abstimmung und genaue Kommunikation untereinander und zwischen den Teilteams sind dabei ebenso wichtig wie das Aushandeln von Rollen und das Ringen um gute Lösungen.

Dazu brauchen wir Beobachter des Prozesses, die eine qualitative und wortgetreue Rückmeldung geben können, sowie den Teamentwickler, hier als Teamcoach, der die richtigen Fragen stellt, etwa: „Wie emotional habt ihr um gute Lösungen gerungen?" Die Dysfunktionen liefern ein Modell und zugleich ein Tool, das im folgenden Prozess immer wieder herangezogen werden kann, wobei das Spiel als Erinnerungshilfe dient.

Dazu brauchen wir Beobachter des Prozesses, die eine qualitative und wortgetreue Rückmeldung geben können.

Sie finden dazu auf unsere Website www.teamworks-gmbh.de zahlreiche weitere Texte und einen Test. Das Modell ist auch ausführlich in Svenjas Buch *Agiler führen* dargestellt.

	Level 1	Level 2	Level 3
Ziel	Spaß und Auflockerung	Lerneffekt, verstehen	Verzahnung in den Alltag zur Teamentwicklung
Charakter	Einfach und schnell, Bewegung	Zeigen, vermitteln	Denkrahmen, um sich bewusster zu werden, Neues zu integrieren
Welche Spiele, Beispiele	„Energizer" nach der Mittagspause	„Cynefin Lego Game", Magisches Dreieck	Viele Spiele von Level 1 können auch Modellcharakter bekommen, somit Denkrahmen bilden und immer wieder „hervorgeholt" werden

Entscheiden Sie sich für eine Spielart

Folgende Spielearten gibt es:

1. Rollenspiele, die etwas erleben lassen
2. Lernspiele, die etwas verdeutlichen sollen und idealerweise vor eine Theorieeinheit gesetzt werden
3. Strategiespiele, die verdeutlichen, was sinnvolle Vorgehensweisen sind
4. Simulationen, die neben den Rollen auch Szenarien liefern
5. „Energizer", wie Spaß- und Sportspiele, für die Auflockerung nach der Mittagspause

Rollenspiele

Menschen lernen durch Spiele. Indem kleine Babys erkennen, dass es „signifikante andere" gibt, passen sie sich ihrer Umwelt an. Sie nehmen nach und nach die Perspektiven der anderen in sich auf. So entsteht Selbstbewusstsein – das Bewusstsein also, dass man etwas anderes ist als seine Umgebung. Dieser Prozess hört niemals auf. Wenn Menschen sich nicht genügend in andere hineinversetzen können, so hat es auch damit zu tun, dass aus Spiel Ernst geworden ist. Man nimmt die Grenzen zum anderen als feindlich wahr. Diese zu überwinden, gelingt im Spiel, allen voran dem Rollenspiel. In einem Rollenspiel schlüpfen wir in einen anderen. Dadurch erweitern wir uns selbst um eine neue Perspektive. Gerade Menschen, die Rollenspiele ablehnen, profitieren ganz besonders von ihnen.

Gerade Menschen, die Rollenspiele ablehnen, profitieren ganz besonders von ihnen.

Der Sozialpsychologe George Herbert Mead definierte ***Play*** als das Rollenspiel des Kindes. Das Kind spielt Bezugspersonen nach. Es handelt und denkt von deren

Standpunkt aus. Dadurch lernt es. Auch Erwachsene, die sich entwickeln, lernen vom Standpunkt des anderen, besonders wenn sie diesen verkörpern. Wenn Sie von Teilnehmerinnen hören, ein Rollenspiel sei ja nicht die Realität, so kann es sein, dass da jemand sein eigenes inneres Kind „gefangen" hält und/oder Angst vor Kontrollverlust hast. Rollenspiele sind Realität. Wir müssen nur begreifen, dass unser Gehirn eine einzige große Simulation ist. In Wahrheit ist es so: Das ***Game*** ist die zweite soziale Phase zur Entwicklung einer Identität. Mead bezeichnet es als organisiertes, geregeltes Gruppenspiel mit organisierten Rollen. Beim ***Game*** muss das Kind mehrere Rollen gleichzeitig übernehmen können. Es muss imstande sein, die Konsequenzen des eigenen Handelns, die damit verbundenen Folgen für die „Gruppe", zu bedenken. Nun merkt das Kind, dass sein Handeln einerseits von den anderen abhängt und andererseits das Handeln der anderen beeinflusst.

Wenn Erwachsene durch Rollenspiele lernen, holen sie damit Sozialisation nach. Sie gewinnen an Empathie, indem sie sich in den anderen hineinversetzen. Je mehr Menschen in Teams ***Play*** und ***Game*** üben, desto reflektierter werden sie. Rollenspiele sind dabei nicht nur auf die klassischen Zweier-Übungssituationen beschränkt.

Oft arbeiten wir mit Fallskripten, die komplexere Situationen beschreiben. Dabei muss sich der Übende in einer für ihn schwierigen Situation bewähren, etwa im Lösen eines Konflikts. Ein Beispiel für ein solches Rollenskript finden Sie im nächsten Teilkapitel.

Je näher eine Situation an das eigene Erleben herankommt, desto größer ist der Lerneffekt. Dabei ist es gar nicht so schwer, solche Skripte selbst zu schreiben, denn die Herausforderungen im Arbeitsleben sind überall sehr ähnlich. Unsere Erfahrung ist, dass man vieles nur noch leicht anpassen muss, wenn man einmal einen Fall- und Rollenspielsatz entwickelt hat.

Tipp

Wir lieben Rollenspiele. Oft reichen kurze Beschreibungen aus, um in eine andere Welt einzutauchen. Arbeiten Sie mit solchen kurzen Rollenskizzen, die Interpretationsspielraum lassen. Lassen Sie Menschen fühlen, wie es ist, Vorstand zu sein oder Rezeptionist. Wer sich einfühlen kann, löst auch Konflikte leichter. Fördern Sie das tiefe Hineingehen in Rollen, das Sich-mit-Haut-und-Haaren-in-einen-anderen-Versetzen. Das fällt vielen schwer. Manche sagen, es sei nicht realistisch. Das ist völliger Quatsch, wenn man verstanden hat, wie Lernen geht. Durch Perspektivenwechsel!

Beispiel für ein Rollenspiel

In diesem Rollenspiel geht es um Kulturwandel: Petra Berger ist Bereichsleiterin bei der AdFinance. Sie möchte in der Transformation etwas bewegen und hat sich dazu ein „Go" vom Vorstand geholt. Voller Elan hat sie ein Transformationsteam mit vier anderen Führungskräften gegründet. Nun geht es darum, das Ganze in die Breite zu bringen. Dafür soll ein Team gebildet werden, das das gesamte Unternehmen repräsentiert und Initiativen für eine neue Kultur einbringen kann.

Frau Bergers Team fragt sich jetzt:

- Was ist unsere Rolle im Kulturwandel?
- Wie erreichen wir die anderen und beziehen sie ein?
- Wie sollen wir vorgehen?
- Wo fangen wir an?

Widerstände sind überall zu spüren. Einige Führungskräfte glauben, dass dieser Vorstand auch wieder nur eine gewisse Zeit bleibt und dass sie die angekündigte Veränderung wie immer gut aussitzen können.

Ihr Ziel ist es, in der Rolle als Teamcoach einen ersten kleinen Schritt zu erarbeiten. Dafür haben Sie 30 Minuten Zeit. Nutzen Sie vor allem Fragen. Versuchen Sie dem Team zu verdeutlichen, dass es selbst verantwortlich ist für die Lösung, die es erarbeitet. Verteilen Sie die Verantwortung, indem Sie das Team in den Prozess einbinden.

Die weiteren Rollen im Team:

- Petra Berger: Sie sind Feuer und Flamme für den Kulturwandel. Ihr Idealismus für agiles Arbeiten ist groß und Diplomatie so ganz und gar nicht Ihre Sache. Für Sie muss es einfach vorangehen und zwar schnell und sofort. Sie sehen sich als Vorreiterin.
- Klara Sehrscharf: Sie sind unentschieden, brauchen Zeit, um sich eine Meinung zu bilden und fragen viel. Sie wechseln auch öfter die Position, je nachdem, was Ihnen gerade überzeugend erscheint. Sie haben Angst vor Widerständen. Im Grunde suchen Sie nach jemandem, der Ihnen Sicherheit gibt.
- Dr. Rolf Schwarzer: Sie sind Abteilungsleiter und haben das „Agile" noch nicht wirklich verstanden, obwohl Sie viel davon sprechen. Aus alter Tradition bestehen Sie dennoch auf den Doktortitel, denn Sie sind der Meinung, dass es in der Wissensgesellschaft wichtig ist, Personen zu erkennen, die über notwendiges Wissen verfügen. Berger prescht Ihnen viel zu schnell vor. Sie möchten erst einmal ein Konzept für den Kulturwandel erstellen. Klara Sehrscharf nehmen Sie nicht ernst.
- Agile Coach Hans Uhler: Sie sind pragmatisch und verbinden unterschiedliche Positionen. Ihr Wunsch ist, dass alle erst einmal einen kleinen Schritt nach vorne gehen. Das sehen Sie als Herausforderung und dafür nutzen Sie Ihr ganzes Repertoire an Coachingerfahrungen.

In dem Rollenspiel ist – wie Sie sicher schon bemerkt haben – Hans derjenige, der das Überzeugen und Verbinden am meisten üben kann.

Nach einem solchen Rollenspiel geht es darum, Feedback zu geben und zu erhalten. Zunächst fragen Sie den Haupt-Rollenspieler, wie er sich gefühlt hat, dann die anderen Beteiligten. Alle sollten eine Kurve aufmalen, wie sich ihre innere Lage verändert hat. Das nennen wir Fühl-Feedbackkurve.

Dann gilt es, diese mit dem Geschehenen zu verbinden: An welcher Stelle hat sich jemand geöffnet? Wo zugemacht? Was ist da passiert oder gesagt worden?

Dieses erste Feedback wird aus der Rolle heraus gegeben.

Danach kann es ein zweites Feedback geben. Dazu tritt man aus der Rolle und symbolisch beispielsweise hinter den Stuhl.

Ideal ist, wenn es einen zusätzlichen Beobachter aus der dem Kreis der Lehrenden gibt, der genau auf Interaktionen und Körpersprache achtet. Man kann in größeren Gruppen auch je einen Beobachter für Inhalt, Körpersprache und Stimme nutzen.

Einige Organisationen nutzen für solche Rollenspiele Schauspieler. Das kann eine Lösung sein, wenn die Teammitglieder Person und Rolle schwerlich trennen können. Wenn aber jeder in der Lage ist, sich auf eine andere Rolle einzulassen, braucht man das nicht. Wichtig übrigens: Nicht nur der Haupt-Rollenspieler lernt, sondern auch die anderen. Ein Lerneffekt ist, dass es sich „echt" anfühlt und man Gedanken entwickelt, die auch die jeweilige Person in einer realen Situation haben könnte.

Lernspiele

Lernspiele bringen Menschen in Aktion. Sie machen etwas zusammen, wobei sie etwas über diese Zusammenarbeit erfahren – und über sich selbst im Kontext der anderen.

Baumeisterin- und Architektin-Lernspiel

Besonders gern wenden wir das Baumeisterin- und Architektin-Lernspiel an, da es sich so vielseitig in die Praxis der Teams einweben lässt.

Lernziele	1. Anschaulicher und aktivierender Einstieg ins Thema Teamkommunikation 2. Bewusstmachen der Bedeutung und Schwierigkeiten klarer und eindeutiger Kommunikation
Rollen	Pro Kleingruppe jeweils 1 × Architektin, 1 × Baumeisterin und 1 × Beobachterin
Zeitaufwand	Rund 45 Minuten bei einer Gruppengröße von 9–12 Personen
Materialien	LEGO-Steine, pro Station ein Bild mit der zu bauenden Figur

1. Architektin: Die Architektin erhält das Bild einer fertigen LEGO-Bauskulptur. Sie versucht, der Baumeisterin so gut wie möglich zu erläutern, was sie sieht, darf es aber nicht zeigen. Während des Spiels darf die Architektin auch nicht sehen, was die Baumeisterin macht. Sie sitzt mit dem Rücken zur Baumeisterin, darf nur reden, fragen und zuhören.
2. Baumeisterin: Sie setzt das um, was die Architektin ihr vermittelt. Sie darf reden, fragen und zuhören. Während des ganzen Spiels ist es nicht erlaubt, das Bild der Architektin einzusehen.
3. Beobachterin: Die Beobachterin beobachtet die Interaktion zwischen Architektin und Baumeisterin. Dabei achtet sie bewusst auf die Kommunikation und das Verhalten der beiden. Die Beobachterin darf während des Spiels nichts sagen und auch nicht in das Geschehen eingreifen. Ein Feedback darf sie erst am Ende des Spiels geben.

Beispielvorlage einer zu bauenden Skulptur:

Abbildung 16: Hier sehen Sie, was herauskommen kann, wenn man sich ganz auf die Anweisungen konzentriert.

Vorgehen:

1. Die Großgruppe wird durch drei geteilt, zum Beispiel durch Abzählen oder die Bitte, dass die Kleingruppen so gebildet werden sollen, dass die Personen im normalen Arbeitsumfeld nicht zusammenarbeiten.
2. Jedes Dreierteam erhält nun ein Päckchen mit LEGO-Steinen sowie das passende Bild mit der zu bauenden Figur.
3. Der Moderator gibt die Zeit frei:
   - Die Architektin darf sich eine Minute lang alleine das Bild mit der fertigen Bauskulptur ansehen.
   - Die Baumeisterin darf sich alleine eine Minute lang das Material ansehen.
4. Die Baumeisterin hat nun sechs Minuten, um die Skulptur mithilfe der Erklärungen zusammenzubauen.

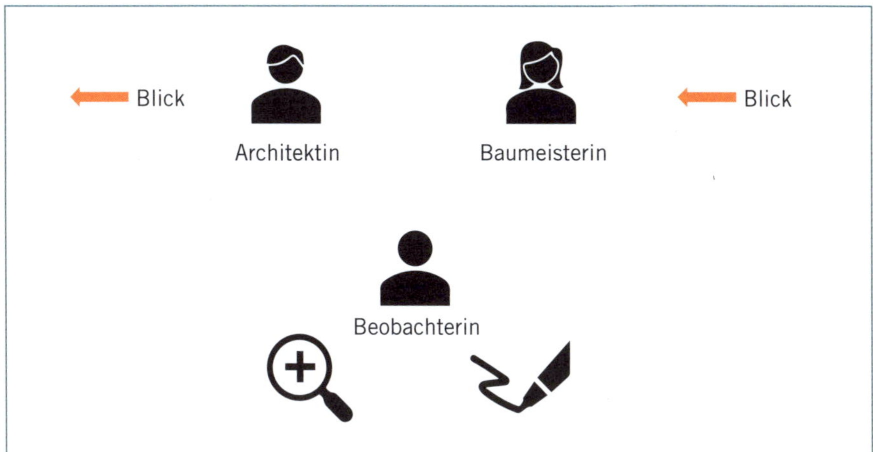

Abbildung 17: Die Grundstruktur des Settings

5. Anschließend startet eine zehnminütige Reflexionsrunde über die erlebte Zusammenarbeit und vor allem die Kommunikation.
   - Die Architektin und die Baumeisterin dürfen sich umdrehen.
   - Beide beschreiben, wie sie die jeweilige Bauphase wahrgenommen haben.
   - Die Beobachterin stellt ergänzende Fragen: Wie hat ihnen die Kommunikation des jeweils anderen gefallen? Was hat gefehlt?
   - Abschließend gibt der Beobachter sein Feedback. Es gibt ein kurzes Abschlussgespräch mit der Frage: „Was würden sie beim nächsten Mal anders machen?“ Die dann genannten Punkte werden auf Moderationskarten gesammelt.
6. Danach erfolgt ein Resümee im Plenum mit allen Kleingruppen.
   - Was ist uns aufgefallen? Was war überraschend?
   - Was nehmen wir mit in unseren Arbeitsalltag?
   - Es hilft, Learnings mit Post-its festzuhalten.

Tipp

Planen Sie lieber mehr Zeit ein als vorgesehen. Bei diesem vermeintlich leichten und spielerischen Einstieg können schnell Kommunikationskonflikte auftreten, beispielsweise Vorwürfe wie: „Genauso ist es auch in der Firma, immer verstehst du mich falsch. In der Realität arbeiten wir auch aneinander vorbei.“ Diese Sätze helfen, um über die eigentliche Zusammenarbeit zu sprechen und diese gemeinsam zu optimieren.

Spaghetti-Turm bauen

Dieses Spiel ist auch unter dem Namen „Marshmallow-Challenge“ bekannt. Sein Charme ist, dass sehr wenig Material notwendig ist. Es lässt sich auf unterschiedliche Weise auswerten, beispielsweise lassen sich die Rollen in einem Team damit besprechen.

Lernziele des Spiels	1. In einem begrenzten Zeitrahmen und mit begrenzten Mitteln (Spaghetti und Klebeband, Schnur und Schere) soll der höchstmögliche Turm gemeinsam gebaut werden. 2. Bewusstmachen unterschiedlicher Rollen
Teilnehmende	Pro Gruppe mindestens vier Personen sowie eine Beobachterin
Zeitaufwand	Ein Durchgang dauert rund 30 Minuten, inklusive Erläuterung der Aufgabe und Abschlussfeedback.
Materialien	20 Spaghetti, Klebeband, Bindfaden und ein leichter Gegenstand für die Turmspitze, LEGO-Blume, alternativ ein Marshmallow

Vorgehen:

1. Legen Sie die im Kasten beschriebenen Materialien auf einen Tisch und bedecken Sie sie beispielsweise mit Flipchart-Papier.
2. Schreiben Sie das Ziel dieses Spiels auf ein Chart, etwa: „Innerhalb von 18 Minuten soll der höchstmögliche Turm mit den vorhandenen Materialien gebaut werden."
3. Erläutern Sie nun verbal das Ziel und decken Sie die Materialien auf. Sie können auch etwas dazulegen, das gar nicht gebraucht wird, sondern vor allem Verwirrung stiftet.
4. Ab acht bis zehn Personen wird die Gruppe in Teilgruppen aufgeteilt. Teamarbeit ist nun gefordert.
5. Sie starten und stoppen die 18 Minuten der Arbeitsphase.
6. Als Moderatorin beobachten Sie den Arbeitsprozess und machen sich wortgetreue Notizen der Kommunikationen für das anschließende Feedback. Wortgetreu ist wichtig, denn Sie sollten jede Interpretation vermeiden.
7. Nach 18 Minuten ist das Spiel zu Ende. Schreiten Sie zur Siegerehrung.

Abschließend erfolgt eine Reflexionsrunde. Hierbei können sich die Teilnehmer gegenseitig Feedback geben und erhalten auch von Ihnen ein Feedback zum Prozess:

- Wie ist es gelaufen?
- Was war leicht?
- Was war das Erfolgsrezept der Gruppe?
- Wie sind Kommunikationsregeln entstanden?
- Wie wurden Entscheidungen getroffen?
- Welche Idee hat sich wie durchgesetzt?
- Wer hat welche Rolle innegehabt?

In einer unserer Teamentwicklungen, in der wir das Spiel verwendeten,war eine der Teilnehmerinnen sehr dominant und ließ die anderen Teammitglieder nicht zu Wort kommen.

Diese waren so paralysiert, dass sie auf die Anweisungen der Alpha-Frau warteten. Es gab keinerlei Absprachen untereinander. Später zeigte sich, dass dies auch in der „echten" Arbeitssituation ein Thema war, so aber nie kommuniziert worden ist.

Als Moderatorin schildern Sie solche Wahrnehmungen respektvoll und konkret anhand wortwörtlicher Zitate und genauer Beschreibungen dessen, was Sie beobachtet haben. Statt zu interpretieren, können Sie Hypothesen aufstellen, die Sie auch so formulieren: „Ich hätte die Hypothese, dass Sie nicht offen sagen, was sie denken."

So können Sie blinde Flecken der Teammitglieder aufzeigen und sorgen auch für den Transfer in den Arbeitsalltag: Was können wir von unserem Verhalten in den Spaghetti-Turm-Übungen für unsere Teamarbeit nutzen? Was nicht?

Tipp

Je nach Aufgabe können Sie neben der Höhe des Turms auch Kreativität und Design bewerten. Wir haben gute Erfahrungen gemacht, im Anschluss an die Turmbau-Übung das Rollenmodell von Belbin (siehe S. 213) und/oder die Phasen nach Tuckman (siehe S. 82) zu erläutern. Durch die gemeinsam gemachten Erfahrungen aus dem Turmbau können die Teilnehmenden analysieren, welche Rolle sie eingenommen haben, und dies auf ihren Arbeitsalltag reflektieren.

Papierflieger

Lernziele des Spiels	Es gilt, möglichst viele hochmoderne, über vier Meter weit fliegende Papierflieger zu bauen. Ziel ist das Bewusstmachen unterschiedlicher agiler Rollen, eventuell das Lernen von Frameworks wie Scrumban oder Kanban.
Teilnehmende	5–100 Personen (dann entsprechend viele Teams)
Zeitaufwand	60–90 Minuten, inklusive Erläuterung der Aufgabe und Abschlussfeedback
Materialien	Ausreichend Papier, Material zur Kennzeichnung der Flieger, zum Beispiel durch Klebepunkte, Stoppuhr, Flugbahn, auf der später ein Vergleich stattfinden soll

Regeln:

1. Jeder Papierlieger muss aus einem halben oder einem ganzen DIN-A4-Blatt gefaltet werden.
2. Jeder Flieger erhält eine Kennzeichnung, sodass er eindeutig identifizierbar ist, also „qualitätsgesichert".
3. Die Flieger müssen und dürfen nur einmal getestet werden.
4. Falls der Flieger weniger als vier Meter fliegt, wird er entsorgt.
5. Gewonnen hat das Team mit den meisten Papierfliegern, die mindestens vier Meter Flugbahn absolviert haben.
6. Es gibt vier Iterationen (Sprints) à 60 Sekunden, fünf Minuten Planung und im Anschluss eine Minute Review mit dem Kunden. Eventuell arbeitet das Team in den Scrum-Rollen mit Scrum Master, Product Owner und Development Team.

Vorgehen:

1. Bilden Sie Teams mit bis zu sieben Personen, beispielsweise durch Abzählen oder Losen.
2. Die Teams geben sich einen Namen und ein Motto.
3. Die Moderatorin erläutert die Aufgabe am Flipchart.

4. Die Teams schätzen, was sie schaffen werden und notieren die Schätzung.
5. Nach jeder der vier Runden zählen und notieren sie die Anzahl der Papierflieger, die über vier Meter geflogen sind, sowie die Anzahl der Papierflieger, die gefaltet wurden. Die letzte Zahl ist nicht entscheidend für das Gesamtergebnis, sondern soll Transparenz und Motivation erzeugen. Das Team soll auch über die Schätzung und die tatsächliche Leistung reflektieren.
6. Am Ende werden die Ergebnisse der vier Runden pro Team addiert und das Siegerteam gekürt.
7. Nun erfolgt eine Zehnminuten-Retrospektive, zum Beispiel nach der „Fünf-Finger-Methode“:
   - Daumen: Was war gut, was wollen wir loben?
   - Zeigefinger: Was war bemerkenswert?
   - Mittelfinger: Was war schwierig? Welche Befindlichkeiten gab es?
   - Ringfinger: Was machen wir beim nächsten Mal anders?
   - Kleiner Finger: Was kam zu kurz?

Tipp

Das Spiel gewinnt noch zusätzlich an Dynamik und Spannung, wenn zum Schluss der am weitesten geflogene Papierflieger zusätzlich prämiert wird, beispielsweise durch fünf Bonuspunkte. Es ist auch möglich, das Spiel auf Kreativität umzumünzen. Dann braucht es ein entsprechendes „Framing“, einen „besonders kreativen Flieger“. Hier lässt sich beobachten, dass in der Gruppe kreative Ideen unterdrückt werden, je nach Kollektivnorm. Ist das der Fall, lässt sich auch das thematisieren. Machen Sie aber nicht zu viel auf einmal. Nutzen Sie das Spiel für ein Thema und nicht für mehrere: Teamarbeit, Gruppendynamik, Kreativität oder agiles Arbeiten, nicht alles zusammen. Werten Sie es dahingehend konsequent aus.

Simulationen

Teamarbeit braucht aufmerksames Hinhören, genaue Abstimmung, konkrete Absprachen und echtes Miteinander. Bei gemeinsamen Teamübungen steht das im Mittelpunkt. Durch die Simulation einer Arbeitsaufgabe erzielen wir die Distanz. Es fällt dann leichter, offen zu sein, denn es ist ja nur eine Simulation. Das Erlebte, vor allem das Verhalten, reflektieren wir anschließend auf der Ich- und dann auf der Wir-Ebene.

Flugsimulator

Das wohl bekannteste Simulationsspiel ist der Flugsimulator. In der 3-D-Animation ist das Cockpit fest verankert. Es bewegt sich jedoch mit jeder Richtungsänderung. Die Pilotin und Co-Pilotin erhalten Instruktionen zur Nutzung der Grundfunktionen innerhalb des Cockpits und los geht's. Die Einrichtung und die Fluggeräusche lassen denken, dass das Flugzeug wirklich abgehoben hat. Auf dem Flug von München nach Hamburg kommen auf einmal ein heftiger Sturm und Gewitter auf. Eine Notlandung in Köln ist nun das kurzfristig geänderte Ziel. Wie reagieren Pilotin und Co-Pilotin? Wie stimmen sie sich ab in dieser Notsituation? Was macht der aufkommende Stress mit der Entscheidungsfindung und der Klarheit der Kommunikation? Ist das Vertrauen da?

Escape Room

In jeder Stadt gibt es die Escape Rooms. Hier geht es darum, innerhalb einer Stunde aus einem meist mit sehr viel Liebe zum Detail gestalteten Raum herauszukommen, durch das Lösen von Rätseln, Finden von Schlüsseln und durch gute Zusammenarbeit mit den vier bis zehn Teammitgliedern.

Wissenschaftler untersuchten dies in einer experimentellen Teamescape-Studie, in der sie verschiedene Teams aus einander bekannten und unbekannten Personen zusammenstellten, die an einem Teamescape-Event teilnahmen. Sie untersuchten Aspekte wie Kommunikation, gegenseitige Wahrnehmung und Konflikte. Sie fanden heraus, dass Teamescape vor allem die mündliche Kommunikation fordert und nonverbale Aspekte aufgrund der Dunkelheit der Räume keine Rolle spielen. Auch schriftliche Kommunikation ist kein Bestandteil. Zudem besteht die Gefahr, dass Introvertierte sich weniger einbringen. Es gibt auch Menschen, die mögen nicht eingesperrt sein – Svenja zum Beispiel mag die Räume nicht, die es neuerdings auch in virtueller Variante gibt.

Wenn Sie sich für eine Simulation entscheiden, wägen Sie hier ab. Escape Rooms sind eher Events. Wollen Sie Handfesteres mit klaren Lerneffekten, entwickeln Sie lieber eine Simulation, die zum Team und dem Kontext passt.

Diese lassen sich übrigens auch gut in den virtuellen Raum übertragen.

„Energizer“

Diese spielerischen Übungen sind gut geeignet, um dem allgemeinen „Abschlaffen“ entgegenzuwirken oder einfach Spaß zu haben. Sie sind auch gut, um die Atmosphäre zu lockern, damit es leichter fällt, kreativ zu sein. Für uns gibt es verschiedene Ebenen von Spielen, je nachdem, was man damit erreichen will.

Mütterchen – Tiger – Samurai

Folgende Übung konnten wir dagegen bisher noch nicht erfolgreich online übersetzen. Wir alle kennen aus unserer Jugend „Schere, Stein, Papier“ oder auch „Ching, Chang, Chong“. Es stehen sich nur nicht zwei Personen, sondern zwei Gruppen gegenüber.

Figuren	Bewegungen	Wer schlägt wen?
Das Mütterchen	Dreht sich trippelnd	Das Mütterlein schlägt den Samurai, denn Weisheit geht vor
Der Tiger	Fletscht grausam und brüllend die Zähne	Der Tiger frisst das Mütterlein
Der Samurai	Bewegt sich mit einer lauten Schwert-Angriffsbewegung nach vorne: „Uuuaah“	Der Samurai schlägt den Tiger, weil er ihn erledigt

Wie läuft es ab?

Die beiden Teilgruppen stellen sich im Kreis auf und beratschlagen, für welche Figur sie sich entscheiden. Dann stellen sie sich einander gegenüber auf. Die Moderatorin stellt sich wie ein Kampfrichter in die Mitte und posaunt laut „Ching, Chang, Chung". Nun nehmen alle Mitglieder ihre jeweilige Körperhaltung ein. Dazu gehört auch, entsprechende Geräusche zu machen, etwa wie ein Tiger zu brüllen.

Tipp

Nehmen Sie auch andere Figuren wie Prinzessin, Drache und verliebter Prinz – oder denken Sie sich eigene aus. Einmal haben wir das Spiel so gespielt: Hipster mit Bart, IT-Nerd, Kunde. Das Kreieren der Rollen und die Bewegungen mit Geräuschen haben großen Spaß gemacht. Also mutig sein und Ideen einbringen!

Remote-Spiele

Durch die Coronapandemie ist vieles anders geworden, so auch im Bereich Teamspiele. Die Menschen arbeiten verstärkt remote.

Auch „Energizer" lassen sich übersetzen. Die Bildschirme werden ausgestellt und dann verkleiden sich alle mit etwas, das sie gerade finden, Hut, Clownsnase, Perücke, alles ist erlaubt. Dann machen alle den Bildschirm gleichzeitig an und es gibt garantiert etwas zu lachen. Wir haben auch schon vor dem Bildschirm getanzt oder Yoga- und Streckübungen gemacht.

Dennoch: Papierflieger oder „Bauübungen" sind online anders, aber möglich. Statt mit LEGO kann man beispielsweise rosa Elefanten mit Post-its bauen.

Weitere Remote-Ideen sind:

Open-Schnick

Wir nutzen gern „Open-Schnick" aus den Känguru-Chroniken. Es passt gut zum spielerischen Kennenlernen. Hier beschließen zuerst Gruppen jeweils zu zweit oder dritt irgendetwas und entscheiden, welche Bewegung eine andere Bewegung oder etwas anderes schlägt. Beispielsweise macht einer Regen, der andere einen Regenschirm; Letzteres schlägt Ersteres. Danach treten die Sieger gegeneinander an.

Open Schnick ist super um die Stimmung anzuwärmen.

Foto Challenge

In der Videokonferenz sehen wir nur einen Teil des Körpers. Das lässt sich ändern. Alle erhalten vor dem Kick-off die Aufgabe, fünf Bilder auszuwählen: „Ich typisch ich – ganz privat." Sie präsentieren die Bilder dann bei der gemeinsamen Erstveranstaltung. Das erzeugt Beziehung, Schmunzler und Vertrauen. Die Aufgabe ist natürlich variierbar: „Ich typisch ich bei der Arbeit" oder „Ich typisch ich in meiner Heimatstadt".

Der Kreativität sind keine Grenzen gesetzt, die Frage sollte jedoch zur Kultur des Unternehmens passen und niemanden überfordern.

Die Challenge ist ideal für das Teambuilding.

Wappen zeichnen

In den meisten Videokonferenztools besteht die Möglichkeit, gemeinsam zu zeichnen oder ein Bild zu malen. Das bietet sich beispielsweise an, wenn sich ein Team selbst vorstellen möchte.

Die einzelnen Teams bekommen etwa die Aufgabe, gemeinsam am Bildschirm ein Wappen zu kreieren: Was ist unser Symbol? Was zeichnet uns aus? Was sind unsere Stärken? Was mögen wir gar nicht? Unsere Wünsche für die Zusammenarbeit! Die Teams bekommen rund 30 Minuten Zeit für die Diskussion und das kollaborative Zeichnen. Anschließend erfolgt die Präsentation der Wappen in der Großgruppe, also im Plenum der Videokonferenz mithilfe von Screensharing.

Diese Übung passt gut, wenn sich Teams kennenlernen, etwa die Teams verschiedener Filialen oder Abteilungen.

9 Ressourcen stärken und Ziele erreichen

In diesem Kapitel springen wir auf die andere Seite unseres Kreises im Teamentwicklungsmodell und widmen uns dem Teamcoaching. Das setzt an dem Punkt an, an dem das Team schon geformt und aufgestellt ist. Doch irgendetwas stimmt nicht (mehr), beispielsweise ist das Team weniger leistungsfähig als früher.

Ihnen sitzen acht Personen gegenüber. Jede hat ihre eigene Wahrnehmung, ihre eigenen Vorstellungen und anderen emotionalen Verarbeitungsmuster. Alle blicken Sie an. Die eine schaut vielleicht etwas miesepetrig, die andere freundlich erwartungsvoll. Einige Gesichter lassen sich gar nicht deuten. Acht Menschen, die völlig unterschiedlich ticken!

Aber: Sie haben eine gemeinsame Geschichte, zusammen schon etwas erlebt. Sie haben auch gemeinsame Eigenschaften entwickelt. Bestenfalls teilen sie Werte und haben gemeinsame Vorstellungen darüber, wie die Arbeit zu erledigen und die Leistung zu erbringen ist. Wenn diese Voraussetzungen da sind, können Sie tiefergehend mit diesen Menschen arbeiten und gemeinsame Ziele in den Mittelpunkt stellen. Sie beginnen dann in der zweiten Hälfte des Teamentwicklungskreises Abbildung 9. Ist das nicht der Fall, beginnen Sie am Anfang, mit Teambildung.

Teamcoaching ist in vielerlei Beziehung anders als Coaching von Einzelpersonen. Es gibt wenig Forschung dazu. Vorerst müssen wir deshalb davon ausgehen, dass für Teams Ähnliches gilt wie für Individuen.

Was ist wichtig beim Teamcoaching? Folgendes hat die Wirksamkeitsforschung zutage gebracht:

- **Qualität der Beziehung:** Der (Team-)Coach muss eine Beziehung aufbauen, die tragfähig und vertrauensvoll ist. Ist eine Person in der Gruppe, die den Teamcoach ablehnt, dürfte das schwierig werden. Deshalb müssen alle Teammitglieder mit einem Teamcoach einverstanden sein. Er darf nicht vorgesetzt werden.
- **Aktivierung von Ressourcen:** Der Teamcoach muss die Ressourcen des Teams aktivieren, dessen Selbstlösungskräfte ansprechen. Jeder Mensch hat alle Ressourcen, seine Probleme selbst zu lösen – auch jedes Team. Der Teamcoach darf nicht seine Lösungen einbringen oder mit Mustern, „Best Practices", arbeiten.
- **Fähigkeit zur Aktualisierung von Annahmen:** Dies beinhaltet die Möglichkeit, problematische oder schwierige Situationen neu zu deuten. Dabei werden Probleme versprachlicht, die vorher nicht benannt werden konnten. Das setzt eine emotionale Reife des Teams voraus. Es muss dafür offen über seine Gefühle sprechen können. Als Teamcoach sollten Sie diese Fähigkeit langsam und sensibel entwickeln und der Erfahrung der Gruppe anpassen.
- **Positive Bewältigungserfahrungen:** Veränderung wird möglich, wenn aus Erlebtem Konsequenzen abgeleitet werden, die zu neuen Erlebnissen führen. Über diese neuen Erlebnisse muss reflektiert werden, damit sie sich integrieren und bewerten lassen. Als Teamcoach sollten Sie die Erfahrungen des Teams in den Mittelpunkt stellen, also das, das ihm bereits in der Vergangenheit gelungen ist.

Mehr noch als bei der Teambildung entscheidet beim Teamcoaching die Haltung. Die Teamcoachin ist absichtslos in dem Sinn, als sie keine eigene Agenda hat oder sich selbst oder eigene Ambitionen verwirklichen möchte. Die Teamcoachin bietet Hilfe zur Selbsthilfe an und vertraut darauf, dass das Team alle Ressourcen hat, Ziele zu erreichen und Probleme zu bewältigen. Bisweilen greift sie auf Elemente aus dem Training zurück, beispielsweise wenn es darum geht, agile Werte zu vermitteln. Sie kann auch beratend agieren, wenn sie etwa verschiedene Optionen zur Lösung vorstellt und eine selbst empfiehlt. In diesen Nebenrollen sollte sie jedoch nie mehr als 10 Prozent der Gesamtzeit im Coachingprozess agieren.

Sie ist allparteilich. Das meint, dass sie keine Position und keine Person bevorzugt. Die Teamcoachin muss für jeden im Team gleichermaßen Partei ergreifen. Auf keinen Fall darf sie mit einer Position sympathisieren oder eine eigene Bewertung einbringen. All dies fällt externen Teamcoaches naturgemäß leichter als internen.

Die Aufgabe der Teamcoachin ist es, den Erkenntnisprozess des Teams zu fördern. Oft wird sie in Situationen geraten, die ihr eine eigene Haltung abverlangen, denn typischerweise sind Situationen in Unternehmen nicht eindeutig. So kann das Kollektiv Werte vertreten, die den Teamwerten zuwiderlaufen. Immer wieder gibt es auch Wertekonflikte zwischen den verschiedenen Kollektiven: der Organisation, den Bereichen, den Interessengruppen. Eine Aufgabe des Teamcoachings kann sein, sich dessen bewusst zu werden – auch, dass es natürlich ist und diese Widersprüche nie eliminiert werden können. Das Team kann jedoch entscheiden, worauf es sich beispielsweise konzentrieren möchte.

> Die Aufgabe der Teamcoachin ist, den Erkenntnisprozess des Teams zu fördern.

In unserer Rollenmatrix (Abb. 12) bewegt sich die Teamcoachin zwischen Moderation und Coaching.

Erste Schritte

Bevor es losgeht, fassen wir hier noch einmal die Schritte zusammen, die wir zur Vorbereitung empfehlen. Vieles haben Sie bereits in den vergangenen Kapiteln kennengelernt, sodass dieser Ablaufplan eine Orientierung und Wiederholung ist.

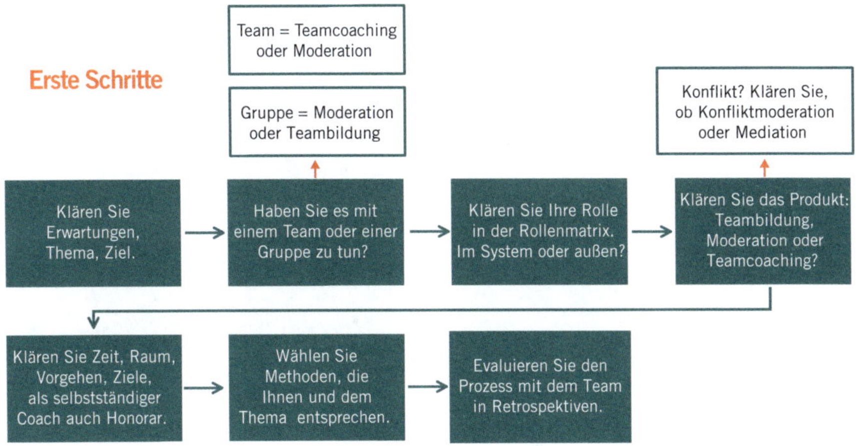

Abbildung 18: Sinnvolle erste Schritte, wenn Sie für einen Teamcoachingprozess angefragt werden.

Psychologische Sicherheit

Psychologische Sicherheit ist die Basis, damit sich ein Team entwickeln kann. Amy Edmondson, Professorin für Führung und Management an der Harvard Business School, führte intensive vergleichende Untersuchungen zu verschiedenen Teams und deren Zusammenarbeit durch. Ihre Daten schienen zu zeigen, dass bessere Teams mehr Fehler machten. Anfangs irritierte sie das, später kam sie jedoch zu dem Schluss, dass diese Teams nicht wirklich mehr Fehler machten. Sie dokumentierten diese nur ehrlicher und kommunizierten offener darüber, wie sie entstanden waren. Nachdem sie das erkannt hatte, prägte sie den Begriff „psychologische Sicherheit". Dies bedeutet keineswegs, eine reine Wohlfühlatmosphäre zu schaffen. Hier zeigt sich vielmehr ein klarer Leistungsbezug. Es geht darum, Risiken einzugehen, indem wir Dinge hierarchieunabhängig ansprechen – und die bedingungslose Bereitschaft zeigen, aus Fehlern zu lernen. Es fordert also Empirie.

Psychologische Sicherheit ist die Basis, damit sich ein Team entwickeln kann.

Leider wird das Modell in letzter Zeit in Unternehmen „ausgerollt", die nicht verstanden haben, dass psychologische Sicherheit ein Prozess ist, an dem wir laufend arbeiten müssen. Und dass dieses Modell auch verlangt, sich darüber klar zu werden, was Fehler im eigenen Kontext sind – und welche Fehlerarten es gibt.

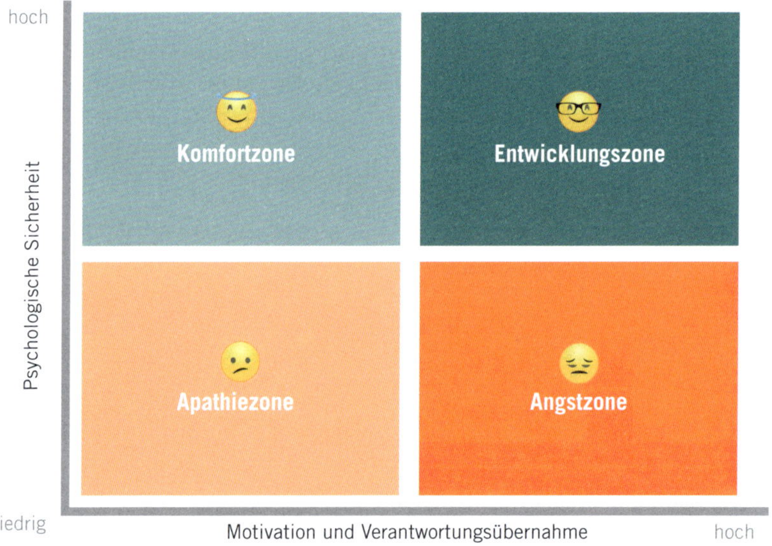

Abbildung 19: Psychologische Sicherheit: Lassen Sie je zwei Personen im Tandem oder das gesamte Team über das Modell sprechen, das Sie im virtuellen Raum oder am Flipchart zeigen. Dann sollen die Teammitglieder einzeichnen und begründen, wo sie das Team sehen. Danach besprechen Sie, was das bedeutet – auch für den Teamcoachingprozess.

Eine Unterscheidung, die zu selten gemacht wird, ist auch die zwischen Fehler und Irrtum. Beim Fehler gibt es objektivierbare Kriterien, beim Irrtum nicht. Ich weiß vorher nicht, was herauskommt. Ein Irrtum ist typisch für Komplexität.

Psychologische Sicherheit sorgt dafür, dass Teammitglieder sich ermutigt fühlen, Ideen, Fragen, Sorgen oder Fehler zu äußern. Sie sind sich sicher, dass sie dafür nicht bestraft, erniedrigt oder karrieretechnisch benachteiligt werden.

Psychologische Sicherheit sorgt dafür, dass Teammitglieder sich ermutigt fühlen, Ideen, Fragen, Sorgen oder Fehler zu äußern.

Wenn Sie mit einem Teamcoaching beginnen, kann es sinnvoll sein, die psychologische Sicherheit durch Beispielfragen zu ergründen:

- Schildern Sie doch jeder einmal eine Situation, in der ein Fehler passiert ist.
- Wie sind Sie vorgegangen?
- Was ist dann passiert?
- Wie haben die anderen reagiert?
- Wie hat die Organisation reagiert?
- Was ist nicht passiert?

Stellen Sie fest, dass es diese Sicherheit nicht gibt, so ist dies ein Thema, das Sie unbedingt mit der Führung besprechen sollten, wenn Sie nicht selbst diese Position innehaben. Verdeutlichen Sie die Bedeutung psychologischer Sicherheit. Ermitteln Sie in einem Workshop beispielsweise den Standort und arbeiten Sie heraus, wo die Hebel sind, um den Status zu verbessern, sollte es an Sicherheit fehlen.

Praxis

Ein Team möchte die agilen Meetings abschaffen. Der agile Teamcoach ist aber auch deshalb eingestellt worden, um die agilen Werte vorzuleben. Nun gilt es für den Coach selbst, eine Position zu finden: Ist das verhandelbar oder nicht? In welcher Rolle kann er das Team dazu anhalten, die Entscheidung nicht so zu treffen? Bei solchen Fragen hilft unsere Rollenmatrix. Sie macht Ihnen bewusst, dass jeder auch im agilen Kontext tätige Teamcoach immer wieder in unterschiedlichen Rollen unterwegs ist. Das Heimatfeld liegt aber zwischen Coaching und Moderation. Bisweilen jedoch sind Ausflüge in eine beratende Rolle hilfreich, etwa wenn es darum geht zu erklären, warum agile Werte sinnvoll sind. Mitunter ist auch eine trainierende Rolle hilfreich, etwa wenn im Rollenspiel etwas geübt und ausgewertet oder ein theoretischer Impuls gegeben wird.

Moderiere ich noch oder coache ich schon?

Wir haben Ihnen den Unterschied zwischen den vier Ebenen des Teamgestalters in der Rollenmatrix vermittelt (Abbildung 12). An dieser Stelle möchten wir noch einmal Moderation und Coaching voneinander abgrenzen. Unserer Erfahrung nach ist das nicht immer klar. Natürlich gibt es Formen der Moderation, etwa die Prozessmoderation, die sehr nah am Coaching sind. Überlappungen sind eindeutig da. Dennoch ist es wichtig, eine innere Grenzlinie zu ziehen, denn das sind Unterschiede, die wichtig für ein Lehrbuch sind, aber nicht in ein Auftragsgespräch gehören. Einer der wesentlichen Unterschiede: Während Moderation vor allem Hilfe zur Klärung ist, ist Coaching Hilfe zur Selbsthilfe. Je mehr sie ins Coaching gehen, desto anspruchsvoller sind typischerweise die Themen, da immer auch die individuelle Ebene dazukommt.

Praxis

Der eine Teil des Teams arbeitet in Berlin, der andere in Augsburg. Es gibt immer wieder Konflikte. Außerdem haben sich In-Gruppen gebildet. Das Team in Berlin hält sich für cool und das in Augsburg für uncool. Das Team in Augsburg betrachtet sich als loyal und hält die Berliner für arrogant. Darüber wird nicht gesprochen. Nun will man mehr zusammenwachsen. Zunächst ist die Teamgestalterin als Moderatorin unterwegs. Dann merkt sie jedoch, dass zu viel unausgesprochen ist. Sie lässt die beiden Teil-Teams sich im Raum aufstellen und die „geheimen Gedanken“ über das jeweils andere Team verkörpern. So trauen sich einige auszusprechen, was alle denken. Es kommt ein ungewöhnliches Gespräch zustande. Zuvor stellt die Teamgestalterin, die jetzt mehr als Coachin agiert, Fragen. Dann interveniert sie, indem sie beide aufeinander zugehen lässt, und zwar in ganz kleinen Schritten. Dabei unterstützt sie durch ihre Fragen, dass die Gedanken sichtbar werden.

Der Teamcoach öffnet Räume, muss aber auch in der Lage sein, auffangen zu können, was dann passiert. Somit ist Moderation immer die Basis, die Haupttätigkeit. Ab und zu gehen Sie jedoch in eine coachende Rolle, sofern Sie sich damit wohlfühlen. Diese ist spontaner, verlangt also intuitives Vorgehen. Typischerweise erfordert es mehr Erfahrung und entwickelt sich durch die Arbeit mit Gruppen. Unsere Übersicht versucht, die Themen zuzuordnen, die wir eher der Moderation oder eher dem Coaching zuschreiben.

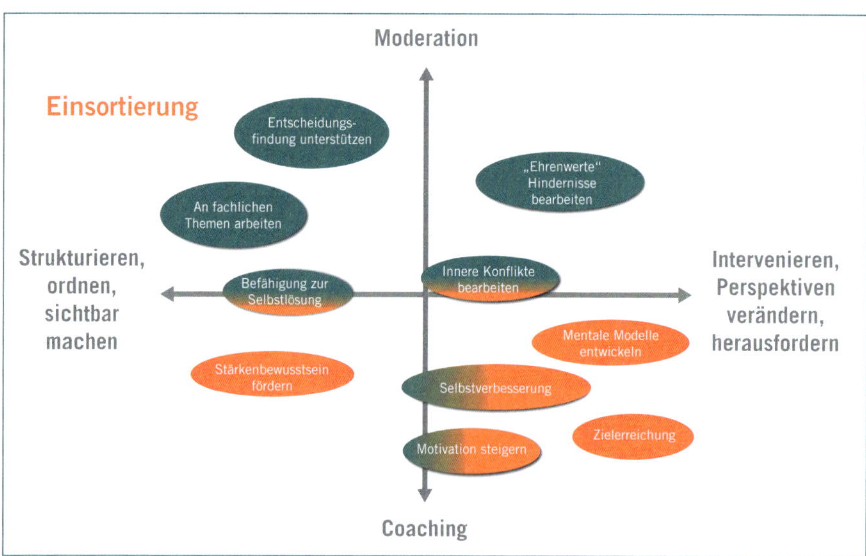

Abbildung 20: Einsortieren von Moderation und Coaching

Die drei Fokusthemen im Teamcoaching

Teamcoaching setzt da an, wo eine Teambildung stattgefunden hat und weitgehende psychologische Sicherheit herrscht. Teamcoaching in der Angstzone ist undenkbar, in der Komfortzone möglich und in der Entwicklungszone ideal.

Teamcoaching in der Angstzone ist undenkbar, in der Komfortzone möglich und in der Entwicklungszone ideal.

Im weiteren Verlauf gibt es drei wesentliche Fokuspunkte, die sich in der zweiten Hälfte des Kreises zeigen (Abbildung 9):

- **Geteilte mentale Modelle** beschreiben, inwieweit ein Team dasselbe Verständnis für die Erledigung seiner Arbeit und den Weg der Zielerreichung entwickelt hat. Mentale Modelle sind fundierte Abbilder der Wirklichkeit. Sie zeigen etwa, wie Zusammenarbeit erfolgt, damit sie fruchtbar ist. Sie dürfen sich verändern.
  - Übrigens gilt das auch für die Anwendung agiler Frameworks und Methoden sowie die Interpretation agiler Werte. Mentale Modelle beantworten die Frage, wie etwas erledigt und bewertet wird.
  - Beispiel: Wenn zwei Teammitglieder nach stetiger Optimierung streben, drei aber mit dem Ist-Zustand zufrieden sind, stehen unterschiedliche mentale Modelle in einem Konflikt und behindern die Zusammenarbeit.
- **Motivation** sagt aus, wie groß der Antrieb eines Teams ist, sich selbst immer wieder zu verbessern. Sie ist beispielsweise daran zu erkennen, ob das Team sich in der Entwicklungszone befindet.
  - Motivation ist direkt mit den mentalen Modellen verbunden, denn es kann sein, dass es gar kein gemeinsames Verständnis für Themen wie Selbstverbesserung und Entwicklung gibt.
  - Wenn ein Teil des Teams mit dem Ist-Zustand zufrieden ist, ein anderer aber nicht, liegt dem oft eine unterschiedliche Leistungsmotivation zugrunde. Möglicherweise fehlt es an gegenseitiger Selbstverpflichtung oder der Output wird unterschiedlich bewertet. Möglich ist auch, dass die Teammitglieder davon ausgehen, dass jeder gleich leistungsfähig ist. All das können Themen im Teamcoaching sein.
- **Erfolg** bezieht sich darauf, inwieweit das Ziel erreicht und übertroffen, neu definiert und skaliert wird.
  - Oft bestehen unterschiedliche Zielverständnisse. Erfolgsverwöhntheit kann eintreten, ebenso das Gefühl, nie erfolgreich zu sein oder gegenüber anderen nicht bestehen zu können. Es gibt Angst vor dem Erfolg und natürlich auch schwelende Konflikte durch Konkurrenz, Neid oder verletzten Stolz.

Methoden im Teamcoaching

Während Teambildung meist tageweise stattfindet, ist Teamcoaching typischerweise auf zwei bis vier Stunden, kürzere Abstände und über einen längeren Zeitraum angelegt. Die Methodik kann dabei weitgehend offen sein – abhängig davon, was das

Team als Themen einbringt und wo es steht. Immer hilfreich sind Visualisierungen und Fragen. Der Redeanteil von Ihnen sollte 10 Prozent nicht überschreiten.

Folgende Tabelle fasst beispielhaft einige Methoden für die drei Fokuspunkte zusammen. Natürlich gibt es noch viel mehr. Wenn Sie neu im Teamcoaching sind, empfehlen wir Ihnen mit etwas sehr Einfachem anzufangen, etwa Skalierungen.

Die folgende Tabelle fasst einige mögliche Methoden im Teamcoaching zusammen.

Fokuspunkte	Methoden	Vorgehen/Beispiel	Schwierigkeitsgrad
Mentale Modelle	Aufstellungen	Auch im Team lassen sich Situationen aufstellen, mit Holzfiguren oder Playmobil. Lassen Sie das im Team durch Leitfragen wie: „Was macht eure derzeitige Situation aus?", jeden einzeln oder im Tandem tun. Danach besprechen Sie die Ergebnisse. Nach dem Standort kann ein Zielbild folgen.	****
	Dilemmata	Lassen Sie zwei Kleingruppen jeweils ein typisches Dilemma beschreiben. Nun tauschen Sie das Dilemma und die andere Gruppe soll mindestens drei Lösungsansätze finden.	****
	Pfirsichmodell Teamworks	Welche Grundannahmen habe ich? Welche Prinzipien leite ich ab? Was davon ist für uns als Team relevant?	***
	Fühlanker	Woran erkennt ihr, dass ihr X erreicht habt? An welchem Verhalten? Wie fühlt es sich an? Was sieht/hört man?	**
	Geschafft-Skala	Wo steht ihr, wenn 0 bedeutet, es wurde noch nichts erreicht, und 10, alles ist geschafft? Was wurde auf dem Weg von 0 bis X erreicht?	**
	Größter Hebel	Welche fünf Aspekte haben bisher am meisten zu (gewünschter Zustand) beigetragen? Skaliere mit 0–10. Konzentriert euch dann auf den Hebel mit der größten Wirkung.	*
	Tetralemma	Mit dieser logischen Figur lässt sich ein bestimmtes Thema systematisch erfassen: das eine – das andere, weder – noch, sowohl – als auch und das Neue (andere). Die Figur kann als Aufstellung am Boden oder auf dem Whiteboard gemacht werden. Am Boden zum Beispiel, indem sich das Team auf die Aspekte verteilt und aus der jeweiligen Position für etwas spricht.	**
	Wie-Frage	Welche Vorstellungen haben wir vom „Wie" (Wie macht man X?)? Was hat das mit eigenen Bewertungen zu tun? Können wir auch zulassen, dass Dinge anders gemacht werden und zum gleichen Ergebnis führen?	**
	Wertepaare	Wertepaare: zwei Skalen, die Werte gegenüberstellen, etwa Offenheit und Tradition; einordnen, 1) wo man steht und 2) stehen will. Was bedeutet das konkret für das Verhalten?	**

Fokuspunkte	Methoden	Vorgehen/Beispiel	Schwierigkeitsgrad
Motivation	Affektbilanz	Affekte sind Vorläufer von Emotionen. Sie sind positiv oder negativ. Mit der Affektbilanz erhebt man, wie stark positive und negative Affekte sind. Wichtig ist, beide Skalen nebeneinanderzustellen und von gefühlten Werten zu sprechen.	*
	Babystep	Welchen kleinen Schritt will jeder zum Fortschritt beitragen? Jeder überlegt für sich und die anderen. Am Ende werden die Ideen, die im Selbst- und Fremdbild entstanden sind, miteinander abgeglichen. Einfachere Variante: nur das Selbstbild.	***
	Da geht was	Sprechen Sie mit dem Team 30 Minuten nur darüber, was funktioniert. Einer achtet darauf, dass Problembetrachtungen keinen Platz haben.	*
	(agile) Wertepaare	Wertepaare: zwei Skalen, die Werte gegenüberstellen, etwa Offenheit und Tradition; man kann auch das agile Manifest mit seinen vier Paradigmen nutzen; einordnen, 1) wo man steht und 2) stehen will. Was bedeutet das konkret für das Verhalten?	**
	Timeline	Was ist bereits erreicht, was war gut und was war schlecht? Wie geht die Timeline in der Zukunft weiter?	**
	Skalenkreuz	Machen Sie ein Kreuz am Boden oder auf dem Whiteboard. Wie wichtig ist X (Thema, Ziel) für dich persönlich? Wie weit seid ihr derzeit auf dem Weg zum Ziel?	*
	Solution Talk	Das Team unterhält sich so, als wäre das Ziel bereits erreicht, und darüber, was dazu geschehen ist.	*
	SCARF	Fragen Sie danach, wie Status (Status), Sicherheit (Safety), Autonomie (Autonomy), Beziehung (Relatedness) und Fairness (Fairness) gelebt werden. Fragen Sie dann, wie SCARF sich erhöhen lässt.	**
Erfolg	Double und Triple Loop	Die meisten Fragen werden mit Blick auf das Ziel formuliert: Was muss das Team tun, um es zu erreichen (Single Loop)? Es kann jedoch auch sinnvoll sein, das Ziel selbst zu hinterfragen und damit die abgeleiteten Handlungsweisen (Double Loop) oder sogar sich zu fragen, woran man ein richtiges Ziel erkennt (Triple Loop).	****
	Feed Forward	Formuliert eine offene Frage, die ihr Menschen stellt, die eine völlig andere Sichtweise einbringen. Notiert die Antworten unkommentiert.	*
	Fortschrittstreppe	Was ist bereits geschafft und was ist der nächste Schritt?	**

Fokuspunkte	Methoden	Vorgehen/Beispiel	Schwierig-keitsgrad
	GROW	Nutzen Sie das GROW-Framework: G für Goal, R für Ressourcen, O für Optionen (Möglichkeiten) und W für Wunsch (Wish). Lassen Sie in der Gruppe zuerst jeden Einzelnen nachdenken, dann bilden Sie Tandems. Teilen Sie die Ergebnisse in der Gruppe. Erkennen Sie die Schnittmenge und fokussieren Sie das Gemeinsame.	**
	Inner Game Coaching	Erläutern Sie das Inner-Game-Modell, indem Sie immer zwischen dem Angepassten Ich und dem Freien Ich wechseln. Aus welcher Haltung machen wir die Dinge? Wie würden wir handeln, wenn wir aus der Anpassung gehen? Wo ergeben sich auch Unterschiede im Team?	****
	Provokantes Coaching	Das Team und seine Erfolge werden auf charmante und überzogene Art und Weise kleingeredet. Dabei kann mit der Metapher des Sonnenbalkons gearbeitet werden. Man sieht nur das, was schön angestrahlt wird, aber was ist unten im Keller?	***
	Retrospektiven	Was ist dir gestern gut gelungen? Worauf bist du stolz? Was von dem was du gestern getan hast, hat dem Team geholfen? Was würdest du rückblickend anders machen?	**
	Schritte der Wahrnehmung	Fragen: Was war dein erstes Gefühl? Was war dein erster Gedanke? Was wäre dein Bedürfnis gewesen? Was hast du dann getan? Was hättest du noch tun können? Das geht nur zu zweit. Schicken Sie Tandems los mit dieser Übung, bezogen auf die Frage, warum etwas nicht umgesetzt wurde. Dabei muss sich derjenige, der Coachee ist, konkret in die Situation versetzen.	***
	Think new	Sprechen Sie mit dem Team darüber, was es anders als bisher machen kann. Fokussieren Sie vor allem das, was nicht gesehen wird.	**

Lösungspyramide

Die Lösungspyramide mixt unterschiedliche Ansätze, unter anderem aus dem lösungsorientierten Kurzzeitcoaching, und gibt Ihnen eine Struktur, an der Sie gemeinsam lernen können. Sie ist kein fixes System, das immer genauso aussehen muss, aber sie ist ein „Frame“, der die ersten Schritte erleichtert.

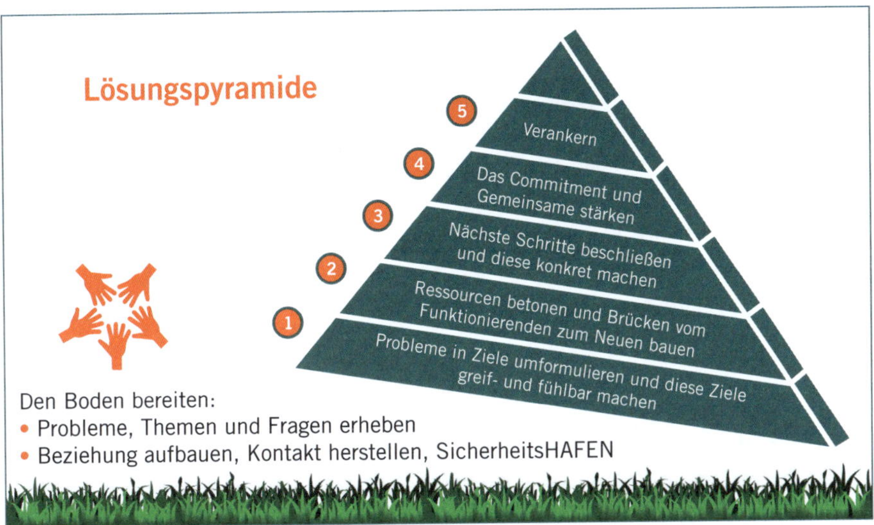

Abbildung 21: Die Lösungspyramide führt Sie Schritt für Schritt durch den Coachingprozess

Start bei null: den Boden bereiten

Hier geht es um Auftragsklärung und Beziehungsaufbau.

Was tun?

- Sicherheit geben und Rahmen abstecken (siehe „SicherheitsHAFEN", Abbildung 11)
- Probleme und Themen erheben.

Auf dem Boden finden sich jene Probleme oder Fragen, aus denen heraus das Team Bedarf an einem Coaching signalisiert hat. Einige haben Sie vor dem Teamcoaching womöglich im Rahmen der Auftragsklärung gesammelt. Im Termin gilt es aber natürlich, diese zu überprüfen und zu aktualisieren.

Nach der Kontaktphase und dem so wichtigen Beziehungsaufbau, muss diese Sammlung priorisiert werden. In Folgesitzungen steht dann die Aktualisierung im Vordergrund. Das nennen wir, „den Boden bereiten".

Die zentralen Fragen lauten:

- Wo stehen wir?
- Warum empfinden wir einen Handlungsdruck?
- Was sind Probleme, Fragen, Themen, die wir alle haben?

Formulieren Sie Ziele für die weitere lösungsorientierte Arbeit. Sie können dabei mit agilen Werten arbeiten, beispielsweise mit dem Fokus. Fokus bedeutet, sich auf das zu konzentrieren, auf das wir uns geeinigt haben. Die agilen Werte lauten Commitment, Mut, Offenheit, Fokus, Respekt, Feedback, Kommunikation und Einfachheit.

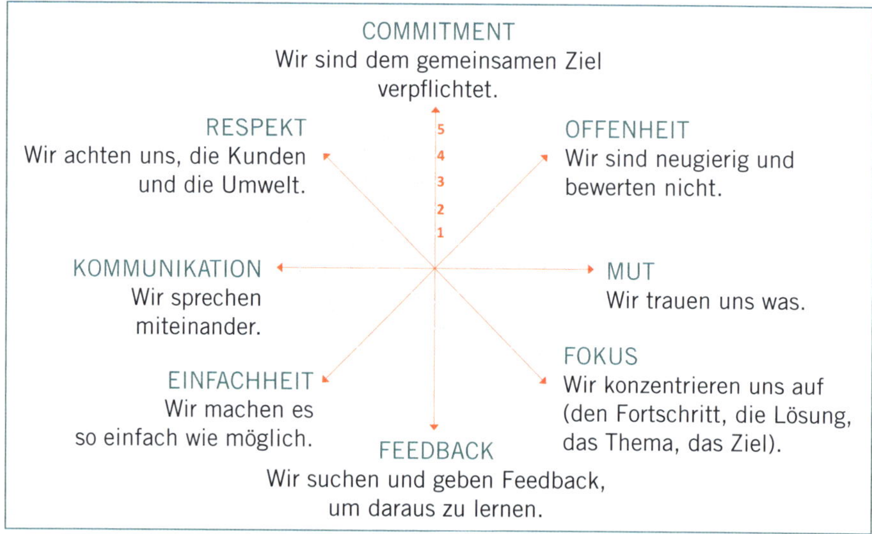

Abbildung 22: Agile oder andere funktionale Werte, gekoppelt mit einem Verhaltensanker können helfen, dem Teamcoaching einen Rahmen zu geben, an dem sich alle orientieren

Zum Bodenbereiten gehört auch der „SicherheitsHAFEN“ (Abbildung 11), da man dort immer wieder ankern und an Land gehen kann. Von hier lässt sich die Reise betrachten und auf den Verlauf schauen: Sind wir noch auf Kurs? Wenn wir uns diese Frage stellen, können wir immer wieder neue Verabredungen treffen – und den Kurs korrigieren.

Erster Coachingabschnitt: Ziele

Was tun?

- Probleme in Ziele verwandeln.
- Ziele priorisieren.
- Sich für ein Ziel entscheiden.
- Ein genaues Bild für das (übergeordnete) Ziel entwickeln.
- Gegebenenfalls darüber hinaus ein Bild für das Sitzungsziel entwickeln.

Unterscheiden Sie hierbei die Ziele für die jeweilige Coachingsitzung und diejenigen für den gesamten Coachingprozess. Im ersten Coachingabschnitt formulieren Sie die Ziele für den Coachingprozess (beim Start) oder die Coachingsession (bei Folgeterminen).

Um die Ziele für den Coachingprozess geht es, wenn dieser startet, um die Ziele für die Coachingsitzung, wenn es um einen Folgetermin geht. In jedem Folgetermin sollte das Team sich aber noch einmal das eigentliche Prozessziel vergegenwärtigen und dieses eventuell den aktuellen Entwicklungen anpassen.

Trennen Sie dabei Ziel und Ergebnis:

- Ziel ist das, was Sie alle erreichen möchten.
- Ergebnis ist das, was dabei herauskommt, also was man sehen und mitnehmen kann.

Das Ziel ist eine Neuordnung der Prozesse, das Ergebnis ein übersichtliches Flow-Chart.

Wenn Sie geholt worden sind, weil das Team nicht gut zusammenarbeitet, ist das gemeinsame, übergeordnete Ziel vielleicht: „Wir wollen effizienter zusammenarbeiten." In der Session könnte das Ziel lauten: „Wir entwickeln Verhaltensanker für das, was wir unter Effizienz verstehen."

Gibt es mehrere Ziele, entscheiden Sie gemeinsam, welches für den ersten Coachingblock das wichtigste ist beziehungsweise welches die größte Hebelwirkung hat.

Die zentralen Fragen im ersten Abschnitt lauten:

- Wie lassen sich aus Themen und Problemen Ziele formulieren?
- Wie können wir diese verschiedenen Ziele priorisieren?
- Woran wollen wir zunächst/zuerst arbeiten?
- Wie sieht die Zielsituation konkret aus?
- Wie fühlt sie sich an?
- Was wollen wir heute erreichen?
- Woran erkennen wir, dass wir unser Ziel erreicht haben?

Nachfragen:

- Ist das unser Ziel, so wie es dort formuliert ist? (Abgleich)
- Wollen wir das alles gleichermaßen? Hier kann eine Zustimmungsabfrage, die Affektbilanz oder eine Skalenaufstellung helfen (siehe die Übersicht mit den Methoden im Teamcoaching auf S. 142).
- Ist das Ziel klein genug oder eventuell zu groß?

Zuletzt emotionalisieren Sie die Ziele, indem Sie das Team unterstützen, einfache Bilder zu entwickeln:

- Welches Bild entsteht bei Ihnen, wenn Sie an das Ziel denken?
- Was werden Sie gewonnen haben?

Sie können auch einen Zeitslot einbauen, in dem das Ziel konkretisiert wird.

Bleiben wir beim Beispiel mit den Verhaltensankern, so könnte ein mögliches Bild für das übergeordnete Ziel ein Zahnrad, das für die Coachingsitzung ein Kompass sein. Bilder haben den Vorteil, dass Sie viel einprägsamer sind und die Dinge fassbarer machen. Sie müssen jedoch nicht sklavisch und jedes Mal alles in Bilder übersetzen!

Zweiter Coachingabschnitt: Ressourcen

Was tun?

- Nach Ressourcen fahnden.
- Eventuell gezielte Ressourcenarbeit (etwa mit Stärken).
- Nach Brücken suchen, die von der Ressource zum Ziel führen.

Im zweiten Coachingabschnitt lenken Sie den Blick auf das, was funktioniert. Machen Sie die Ressourcen bewusst, damit Motivation fürs Handeln entsteht. Viele überspringen diesen Punkt vor lauter Ziel- und Lösungsorientiertheit, aber er ist sehr wichtig, um alle mitzunehmen.

Ressourcen sind alles, was Kraft gibt und dabei hilft, Ziele zu verfolgen. Das können sachliche Ressourcen sein wie Zeit, Geld und Raum – deren Klärung unglaublich wichtig ist, wenn diese bis hier nicht erfolgt ist.

Es kann aber auch etwas Emotionales sein, wie eine frühere Erfahrung.

Ressourcen stärken von innen:

- Gemeinsame Erlebnisse
- Gemeinsame Erfolge
- Gemeinsame Stärken
- Erfahrung von Wirksamkeit
- Erfahrung von Gelingen

Wenn ein Team sieht, dass es bereits etwas erreicht hat, wird es den nächsten Schritt motivierter angehen, als wenn der Blick nur auf das gerichtet bleibt, das im Argen zu liegen scheint.

In dieser Phase geht es auch darum, ein positives „Framing“ zu schaffen und den Blick auf das zu lenken, das Kraft gibt.

Unterstützen Sie durch Fragen dabei, sich Ressourcen und frühere Erfolge bewusst zu machen.

Unterstützen Sie durch Fragen dabei, sich Ressourcen und frühere Erfolge bewusst zu machen. Lassen Sie das Team gemeinsam danach fahnden. Geben Sie nur eine Regel aus: auf das Gelingen blicken! Wichtig ist der Blick auf das Gemeinsame. Ein Radfahrerteam sollte sich nicht auf die Leistungen des besten Radfahrers fokussieren, sondern das betrachten, das jeder bisher zum Teamerfolg beigetragen hat.

Das, das funktioniert, bietet meist eine Brücke zu Neuem an. Wenn ein Team in der Vergangenheit immer sehr kreative Ideen hatte, so könnte genau dies die Brücke zum jetzt gewünschten Ziel sein.

Die zentralen zu Ressourcen lauten:

- Was ist euch schon einmal gut gelungen?
- Worauf könnt ihr euch immer wieder verlassen?
- Was ist eure Stärke als Team?
- Was kann keiner so gut wie ihr?
- Wie könnte X euch helfen?
- Was würde X helfen?
- Wie kann X euch helfen von A nach B zu kommen?
- Was würde sich leicht zu X gesellen?
- Wenn X über Nacht mutieren würde und diese Mutation bei der Zielerreichung hilft, was wäre passiert?

(X ist die zuvor ausgearbeitet Stärke.)

Auch wenn sich die Lösungspyramide in jeder Coachingsession ganz oder in Teilen wiederholt: Machen Sie dem Team dennoch die Ressourcen immer wieder bewusst. Wandeln Sie die Übung ab, verbreitern Sie die Wahrnehmung für das Stärkende.

Menschen treiben bestimmte Motive. Deshalb kann es gut sein, dem Team diese bewusst zu machen, vor allem, wenn es die Dinge zu negativ sieht. Dabei kann das SCARF-Modell helfen:

- Status/Status (Ansehen): Wodurch seid ihr zu Status gekommen? Wie fühlt er sich an?
- Certainty/Sicherheit: Was hat euch Sicherheit gegeben?
- Autonomy/Autonomie: Wodurch konntet ihr eure Autonomie sicherstellen?
- Relatedness/Beziehung: Auf welche Beziehungen konntet ihr immer bauen?
- Fairness/Gerechtigkeit: Wie habt ihr Fairness gelebt?

Dritter Coachingabschnitt: nächste Schritte

Was tun?

- Beiträge und Schritte zum Ziel besprechen.
- Durch Experimente konkretisieren.
- Jede Teilnehmerin ihren Beitrag nennen lassen.

Im dritten Coachingabschnitt geht es um die nächsten Schritte. Die können viel kleiner sein, als viele meinen. Wichtig ist, dass sie umsetzbar sind und den Erfolg schnell zum Greifen nahe bringt.

Eine immer wieder bewährte Möglichkeit ist, gerade in diesem Slot der Pyramide, auf den Wert „Einfachheit“ zu verweisen. Vergessen Sie auch den „Mut“ nicht. Wenn Sie mit Werte-Rollenkarten arbeiten (also Karten, mit denen Rollen im Team verteilt werden, siehe Abbildung 23), fordern Sie immer wieder dazu auf, diese auch zu nutzen, etwa so: „Aus der Perspektive des Muts, was nimmst du wahr, wenn du das hörst.“

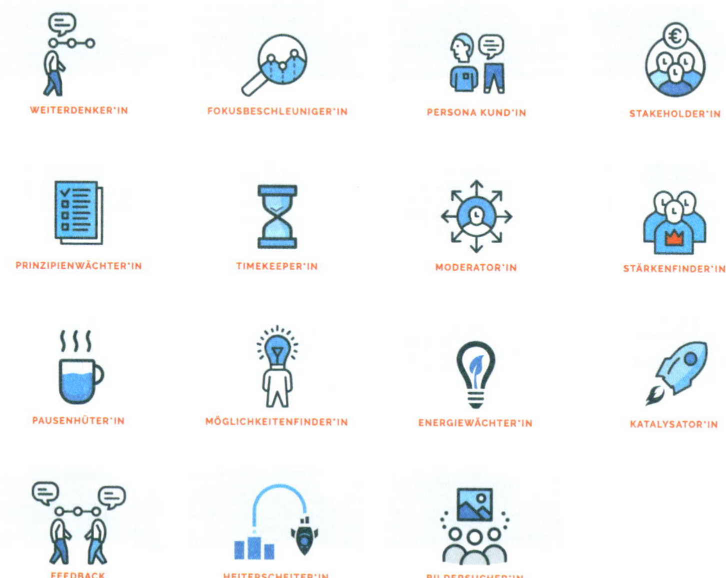

Abbildung 23: Mikro-Rollenkarten leiten sich aus den agilen Werten ab. Im Teamcoaching achten die Teilnehmerinnen die vereinbarten Werte und die in einem Workshop erarbeiteten Verhaltensanker.

Das Team vereinbart am Ende dieses Abschnitts bis zu drei konkrete erste Veränderungsschritte.

Die zentralen Fragen in diesem Abschnitt lauten:

- Woran erkennt ihr, dass ihr weitergekommen seid?
- Stellt euch vor, das Ziel ist erreicht. Was ist passiert, was hat stattgefunden, damit das passieren konnte?
- Was wäre ein erster Schritt zum Ziel, auch wenn er noch so klein ist?
- In der Mitte dieses virtuellen Raums steht ein Korb, in den ihr euren Beitrag legt. Schreibt diesen Beitrag auf und legt ihn hinein.
- Wie realistisch ist, dass ihr X tut?
- Was könntet ihr ganz konkret ausprobieren?
- Was könnte jeder von euch beitragen – vor allem, wenn wir davon ausgehen, dass es etwas Mut braucht? (Mut können Sie durch einen anderen passenden Wert ersetzen.)
- Was wäre ein Schritt, der schwerfällt, aber nicht so schwer, dass er bremst?

Nächste Schritte können konkrete Taten oder Experimente sein:

- Beobachtungsexperimente: Das Team beobachtet seine eigenen Interaktionen.
- Handlungsexperimente: Das Team versucht eine andere Art von Struktur.
- Ritualexperimente: Das Team führt etwas Neues ein, beispielsweise fünf Minuten Achtsamkeitsübungen jeden Morgen.

Vierter Coachingabschnitt: Commitment

Was tun?

- Sicherstellen, dass auch alle mitziehen wollen.
- Das Gemeinsame betonen.
- Eventuelle Unklarheiten klären.

Im vierten Coachingabschnitt geht es darum, eine möglichst konkrete Handlungsabsicht zu verinnerlichen. Es ist also ein kurzer Abschnitt, in dem es zugleich darum geht, das vorher Ausgesprochene im Fühlen zu verankern. Wollen wir das wirklich? Committen wir uns mit dem ganzen Körper dazu? Wie reagiert der Körper auf das, was ich eben, in Schritt drei, zugesagt habe? Was macht die Teamerfahrung mit mir?

Das beinhaltet beispielsweise folgende Schritte:

- Commitmentabfrage mit Skala.
- Widerstandsabfrage: „Wenn ihr jetzt in euch hineinhört, spürt jemand einen Widerstand?"
- Affektbilanz (Abfrage von positiven und negativen Affekten, zunächst einzeln, dann zu zweit, schließlich im Team zusammentragen und ggf. Unterschiede besprechen).
- Frage nach den Gefühlen, die jetzt im Raum sind: „Wenn ihr das so beschließt, wie geht es euch damit?"
- Emotionalisieren der Handlungen: „Wenn ihr das geschafft habt, wie fühlt sich das an?"
- Würdigung des Muts auf der Ebene des Teams und jedes Einzelnen.

Es darf durchaus ein Gruppen-Zugzwang entstehen. Je mehr jedes Teammitglied den Eindruck hat, dass die anderen es ernst meinen, desto mehr zieht der Einzelne mit. Es gilt also ein Klima zu erzeugen, in dem positive Motivation entsteht, aber kein unangenehmer Gruppendruck.

Fünfter Coachingabschnitt: Verankern

Was tun?

- Individuelle Anker setzen.
- Den eigenen Anteil herausarbeiten.
- Veränderungsabsicht verkörperlichen.

Auch der fünfte Coachingabschnitt ist kurz, aber wichtig! Es geht darum, den nächsten Schritt zu verankern, beispielsweise durch Metaphern, Bilder also, oder indem man seinen Beitrag aufschreibt und/oder visualisiert. Anders als im ersten Schritt steht nun der individuelle Anker im Vordergrund, der sich auf die Umsetzung des eigenen Parts bis zum nächsten Mal bezieht. Die Frage ist also: „Was mache ich konkret und wie kann ich es verinnerlichen?" Das kann man beispielsweise zuerst in einer Einzel- und dann in einer Kleingruppenarbeit ausarbeiten.

In diesem Schritt lässt sich mit Bildkarten arbeiten, die jeder Einzelne auswählt, die sich aber auch zu einer Collage verbinden lassen. Eine weitere Möglichkeit ist, dass das Team ein gemeinsames Bild entwickelt, zu dem jeder etwa beiträgt, oder dass sich das Bild auf das ursprüngliche Ziel bezieht und dieses konkretisiert. Denken Sie nur an Haus, Garten, Hafen, Meer, Insel, Wald, Wiese … Es gibt viele Bilder, die Raum für einen allgemeinen und einen individuellen Anteil lassen.

Die zentralen Fragen lauten:

- Was gibt dir einen Anker für das, was du dir vorgenommen hast?
- Welches persönliche Bild kannst du mit deinem Vorhaben verbinden?
- Angenommen, ihr schafft ein gemeinsames Bild für den nächsten Schritt? Wie sieht es aus? Was ist genau der Teil, den du beisteuerst?
- Wie könnte ein gemeinsames Bild für euren nächsten Schritt aussehen, in dem jeder einzelne Beitrag abgebildet ist?
- Wie sähe der nächste Schritt aus, wenn es nur ein Symbol dafür gäbe?
- Welches Bild könnte dich positiv auf den nächsten Schritt einstimmen?

Natürlich lassen sich auch weitere Sinne ansprechen:

- Was würde dir einen angenehmen Rückenwind geben?
- Was fühlst du in deinem Körper, wenn du an deinen Beitrag bis zum nächsten Mal denkst?

Praxis

Das Vertriebsteam hat sich auf das Ziel verständigt, die Prozesse transparent für alle zu machen. Das ist ein großer Schritt! Die Metapher für das Ziel ist eine durchsichtige Zauberkugel im Wohnzimmer der Kunden, in die jeder Kunde, aber auch jedes Teammitglied immer wieder hineinschauen kann. Dort zeigt sich eine stets andere Farbe, ein immer neues Bild, das jeder sehen und für sich anpassen darf.

Am Ende der ersten Coachingsession vereinbart das Team als Zwischenschritt die Einführung eines Kanban-Boards. Peter will das Board bauen, Luisa das erste Meeting moderieren, Olaf einen Workshop „Kanban“ abhalten. Jede Aufgabe erscheint für jeden anders als Bild in der Zauberkugel, etwa so: „Ich sehe mich vor dem Team stehen.“

Agile Rollen und Rollenkonflikte

Teamcoaching ist vor allem im Zusammenhang mit Agilität relevant geworden. Mit der agilen „Welle“ sind aber auch einige Missverständnisse aufgekommen. So beobachten wir, dass Scrum Master oft zu gehobenen Assistenzen werden oder „Organisationsknechten“, die coachen sollen, es aus dieser Zuschreibung aber schwerlich können. Ihnen fehlt schlicht die Autorität, sie sind zu nahe dran.

Teamcoaching ist vor allem im Zusammenhang mit Agilität relevant geworden.

In vielen Büchern und Blogartikeln werden dem Scrum Master zu viele Aufgaben zugeschrieben. Dies ist sicherlich dadurch zu erklären, dass die Ursprünge dieser Modelle aus der IT kommen. Es wird teilweise etwas technisch gesehen und der Blick für das Psychologische fehlt.

Dem Team ist mit einer „eierlegenden Wollmilchsau" nicht geholfen, es schafft sich damit nur ein Teammitglied für bestimmte Aufgaben. Wenn Sie selbst Scrum Master oder Agile Coach sind: Machen Sie sich klar, dass es um Hilfe zur Selbsthilfe geht. Nehmen Sie die Rollenklärung ernst. Sie sind da kaum anders positioniert als ein Teamleiter im traditionellen Kontext, nur dass dort die Rollenkonflikte in der Leitungsfunktion liegen, aus der heraus Coaching schwierig ist. Menschen können schwer umschalten, wenn sie Coach und dann Vorgesetzter sind.

Es kommt vor, dass aus Teamcoaches „Scrum Mums" werden. Auch das passiert im traditionellen Umfeld, wenn die Teamleiterin allzu mütterlich daherkommt und alle Verantwortung an sich zieht.

Ihre Aufgabe als Coach ist es, Fragen zu stellen und den Prozess zu leiten. Sie können gern etwas visualisieren, sollten aber nie zum Schreib- oder Zeichenknecht verkommen. Wenn das geschieht, nimmt man sie in den Coachingprozessen nicht mehr ernst. Denken Sie an die gruppendynamischen Pole: Ein wenig Distanz erhöht die Nähe, sie hilft der Beziehung. Deshalb sagen wir immer, dass der Coach nicht Teil des Teams ist, andernfalls sollte er überwiegend in der Moderationsrolle verbleiben.

Im virtuellen Raum brauchen Sie Unterstützung durch jemand, der mitschreibt oder visualisiert. Das kann jemand aus dem Team sein oder eine Assistenz. Binden Sie alle Teammitglieder ein. Das ganze Team muss Verantwortung übernehmen, auch für das, was es aufschreibt und illustriert. Die Teamcoachin hat die Aufgabe zu ermuntern, gegebenenfalls zu hinterfragen oder auf vereinbarte Regeln hinzuweisen.

Wenn das Team Vereinbarungen nicht umsetzt

Die fünf Coachingabschnitte können Sie in jeder Sitzung durchlaufen, wobei unterschiedliche Methoden zum Einsatz kommen können. Das auf den ersten Termin folgende Teamcoaching sollte auf jeden Fall mit einer Retrospektive starten, in deren Mittelpunkt die Vereinbarung vom letzten Termin steht. Sie haben das Fünf-Finger-Feedback bereits kennengelernt. Es geht auch viel einfacher:

- Was ist seit dem letzten Termin mit Blick auf das Ziel passiert?
- Was war gut und stärkend?
- Was war nicht so gut? Wo ist vielleicht ein „ehrenwertes" Hindernis?

Danach beginnen Sie wieder bei den Zielen, klären aber auch, ob das ursprüngliche Ziel noch aktuell ist.

Sind vereinbarte Schritte nicht gegangen worden, kann es sein, dass auf dem Boden ein neues Problem entstanden ist, woraus wieder neue Ziele formuliert werden können. Gut möglich, dass jetzt auch eine erneute Priorisierung ansteht. Nicht selten setzen sich Menschen und Teams zunächst zu ehrgeizige Ziele. Erst die Praxis zeigt dann, dass es doch schwerer ist, diese umzusetzen, als zunächst gedacht. Dann wird man bescheidener. Gut so!

Stellt sich im Prozess heraus, dass die Nichtumsetzung von Schritten System hat, sammeln Sie Gründe, warum es sich lohnt, beim Alten zu bleiben. Danach können Sie „drastifizieren“, wie die Situation in ein, zwei, drei Jahren aussieht, wenn alles so bleibt, wie es ist.

Mit einem Skalenkreuz auf dem Boden könnten Sie ermitteln, wie die einzelnen Teammitglieder sich zum Ziel stellen. Arbeiten Sie virtuell, dann lassen Sie die Teammitglieder das Kreuz nachbauen. Es ist wirksamer, sich in etwas einzufühlen, als es auf einem Whiteboard einzutragen. Das kann dann der zweite Schritt sein.

Teamcoaching profitiert davon, dass Sie immer wieder neue Kleingruppen zusammenstellen, auch und gerade im virtuellen Raum. In Zweier- oder Dreiergruppen lassen sich Fragen diskutieren und Themen vordenken.

Das gilt ganz besonders, wenn das Team mehr als fünf oder sechs Personen umfasst. Dafür brauchen die Teammitglieder ihrerseits eine gewisse Coachingkompetenz. Sie sollten aktiv zuhören können und sich der Wirkung von Fragen bewusst sein. Es kann deshalb ein wichtiger Teil der Teamentwicklung sein, Coachingtechniken zu vermitteln.

Gute Fragen

Beziehen Sie Fragen auf Interaktionen, Kontext, Situationen und Perspektiven von Personen. Eine der wichtigsten Kompetenzen des Teamcoachs ist die Fähigkeit, zuzuhören. Das bedeutet zugleich auch, ganz bei den anderen zu sein. Schulen Sie das Zuhören, indem Sie die Worte und Betonungen Ihrer Gesprächspartner nutzen und kein eigenes Vokabular.

Wichtigste Intervention sind Fragen, allen voran die systemischen:

- Was müsste passieren, wenn des Nachts eine Fee käme und das Problem wäre am nächsten Morgen weggezaubert?
  Stellt man Teams diese Frage, sollte jedes Teammitglied die Antwort aufschreiben. Alternativ wird sie in Zweiergruppen besprochen und dann erst eingebracht.
- Mit welchen Begriffen würde Team X euch beschreiben?
- Was wäre, wenn …?
- Auf einer Skala von 1 bis 10, wie sehr …?
- Was muss passieren, damit ihr noch weniger zusammenarbeitet?

Einbeziehen des Körpers

Wenn es persönlicher wird, bedeutet das immer auch, dass Sie den Körper einbeziehen sollten.

Das kann durch Aufstellungen geschehen. Dabei stellt jeder getrennt oder in Zweiergruppen die Teamsituation für sich auf. Anschließend werden die Szenen miteinander verglichen und diskutiert. Hier kann man mit einem Aufstellungsbrett, aber auch Schleichfiguren oder LEGO-Steinen, arbeiten.

Aufstellungen im Raum sind viel emotionaler als Besprechungen. Einige sind in unserer Tabelle aufgeführt, etwa das Tetralemma. Eine Variante ist auch die „Glaubenspolaritätenaufstellung“ nach Varga von Kibéd, die in Svenjas Buch „Agiles Mindset“ beschrieben ist (siehe Literatur).

Arbeiten Sie nur mit solchen Ansätzen, wenn Sie dafür ausgebildet sind und das auffangen können und wollen, das daraus entsteht. Das sind nicht nur Tränen, das kann auch eine tiefe Irritation sein mit weitreichenden Folgen wie Kündigung.

Zu unseren Grundannahmen gehört, dass Entwicklung immer emotionale Einbindung braucht. Das basiert auf psychologischem Grundwissen: In dem Moment, in dem ein Mensch über seine Gefühle sprechen kann, hat er auch eine Handhabe – und kann sein Verhalten eher regulieren. Mehr Möglichkeiten entstehen und damit weniger innere Abhängigkeiten. Mancher Job ist aber auf Abhängigkeit begründet. Man hält aufgrund alter Muster daran fest. Moderne Führungskräfte freuen sich über Entwicklungssprünge, es gibt aber auch zahlreiche andere. Mit diesen Themen müssen Sie rechnen, dazu brauchen Sie eine Haltung.

Tiefere Emotionsarbeit empfiehlt sich ohnehin nur in kleineren und reifen Gruppen. Entwicklung ist oft ein schmerzhafter und persönlicher Prozess. An mancher Stelle kann es stark, vielleicht zu stark, ins Einzelcoaching gehen. Da ziehen Sie sich besser heraus.

Zudem sollten Sie immer auf den Teamaspekt schauen: Wieso traut sich ein Team nicht, zur eigenen Position zu stehen? Was ist die Erklärung dafür, dass ein Team immer still wird, sobald der Vorstand eintritt und den Sprint stört?

Das sind Themen, die alle gemeinsam betreffen, die also in ein Teamcoaching gehören. Individuelles Verhalten darf Raum bekommen, aber eben nur bis zu dem Grad, zu dem es relevant für das Team ist. Andernfalls verabreden Sie Einzelcoaching. Beispielsweise lassen sich pro Teamcoachingprozess auch zwei Doppelstunden Einzelcoaching verabreden.

Dabei sollten Sie, sofern Sie selbst Einzelcoaching anbieten, darauf achten, die Beziehung zum Team im Auge zu behalten – und nicht zu Einzelpersonen. Bei schwierigen Themen ist es deshalb sinnvoll, dass das Einzelcoaching ein anderer übernimmt.

Einbeziehen von Emotionen

Beim lösungsorientierten Ansatz wird nach vorne geschaut. Das ist hilfreich bei eher einfachen und klaren Themen. Doch tiefe Lernerfahrungen brauchen auch den Rückblick und die Analyse: Welche Muster liegen zugrunde?

Unser Verhalten ist durch emotionale Markierungen in unserem Körper gespeichert. Die Erfahrung der Vergangenheit wirkt auf das Verhalten von heute. Emotionale Überlebensstrategien haben uns früh geprägt. Manche entstanden vielleicht sogar, bevor wir Worte dafür hatten. Diese emotionalen Überlebensstrategien prägen auch die Interaktionsmuster Erwachsener.

Sie können sich jedoch irgendwann als störend oder wenig hilfreich zeigen. Dann muss man die damit verbundenen emotionalen Muster erkennen.

Wirksames Coaching braucht deshalb die Einbeziehung von Emotionen. Da, wo etwas schwierig zu bewältigen ist, geht es oft ums „Eingemachte". Dann kann sich das Teamcoaching nicht immer und ausschließlich nur auf den beruflichen Bereich beziehen. Die Ursache heutigen Arbeitsverhaltens liegt oft in Kindheits- und Jugenderfahrungen.

Es ist normalerweise nicht üblich, das in einer Organisation zu besprechen. Allerdings kann es in fortgeschrittenen Teams sinnvoll sein. Der Wunsch muss aber vom Team kommen, dazu darf niemand gezwungen werden.

Die Einbeziehung von Emotionen führt fast automatisch dahin:

- Wo spürst du das genau?
- Wie fühlt sich das an?
- Wo ist dieser Druck?

Je feiner die Wahrnehmung ist, desto eher lassen sich Muster aufdecken und neu definieren. Beispielsweise ist die erste Emotion in einer Situation Wut und die zweite Trauer oder Schuld. Die zweite Emotion führt zum Impuls, sich zurückzuziehen. Die Folge kann sein, dass etwas hinuntergeschluckt wird und sich „staut".

Situation	**Kollege entscheidet eigenmächtig über die Teambelange**
Primäre (gefühlte) Emotion	Hilflosigkeit
Primärer Impuls	Weglaufen
Sekundäre Emotion	Scham, nicht gut genug zu sein
Sekundärer Impuls	Verstecken, Schweigen
Symptome	Stocken, Zugeschnürt sein
Konsequenzen	Ich sage nichts, der Kollege hat den Eindruck, dass es für mich okay ist.

Die Verhaltensmuster für das definierte „Teamproblem" können bei jedem Teammitglied anders sein. Sie werden erleben, dass Sie gar nicht auf die Kindheit verweisen müssen – die Teammitglieder werden von selbst darauf kommen. Hier ist es wichtig, dass Sie klarmachen, ob dafür Raum sein soll oder nicht. Sie müssen das entsprechend „framen", etwa so: „Lasst uns bitte auf das schauen, das wir gemeinsam erreichen wollen. Die Vergangenheit hat uns geprägt, aber nun wollen wir ja in die Zukunft."

Die Verhaltensmuster für das definierte „Teamproblem" können bei jedem Teammitglied anders sein.

Gleichzeitig müssen Sie es auch ernst nehmen, wenn etwas aufbricht. Suchen Sie ein vertrauliches Gespräch, bieten Sie individuelle Hilfe an, wenn etwas zu emotional wird.

10 Konflikte im Team erkennen und lösen

In diesem Kapitel wollen wir weiter dafür sensibilisieren, wie wichtig es ist, sich als Teamgestalterin der eigenen Rolle bewusst zu sein – und auch die eigenen Grenzen als Konfliktmoderatorin oder Mediatorin zu spüren. Schließlich darf die praktische Umsetzung für Sie als Teamgestalterin auch hier nicht fehlen. Sie finden dafür einen Leitfaden am Ende des Kapitels.

Gerade im Teamcoaching bekommen Sie immer wieder Konflikte zu spüren. Im letzten Kapitel ging es um Coaching und Zielerreichung. Konflikte können sich darin zeigen, dass sich ein Team im Kreis dreht, aber sie können überall sein: Dort, wo Menschen zusammen an Inhalten, Projekten und Zielen arbeiten, treffen auch unterschiedliche Interessen, Meinungen und Bedürfnisse aufeinander. Dabei prallen manchmal intensivere Emotionen zusammen. Verhindern lässt sich das nicht, es ist sogar zentral für das Weiterkommen, Konflikte zuzulassen. Viel wichtiger ist es also, den Umgang damit zu stärken: persönlich und auf Teamebene.

In unserem Teamentwicklungsmodell sehen wir die Arbeit mit Konflikten stärken auf der Teamcoachingseite, wohlwissend, dass Konflikte natürlich schon in der Phase der Teambildung („Storming") auftreten können. Meist sind sie da aber noch frisch und lassen sich viel schneller lösen.

Konfliktmoderation oder Mediation: Wann was?

Im Training oder im Workshop wird uns oft die Frage nach dem Unterschied zwischen Moderation und Mediation gestellt. Bei Führungskräften steht hinter dieser Frage meist noch eine andere: „Kann ich als Führungskraft auch Mediatorin sein?" „Es kommt darauf an", lautet unsere Antwort.

Im Kapitel „Ein Blick auf Sie" haben wir die Relevanz von Rollenbewusstsein und Rollenflexibilität hervorgehoben. Sie tauchen hier wieder auf. Unsere Rollenmatrix mit den Polen „Beratung und Coaching" sowie „Training und Moderation" ist bei der Antwort, „Es kommt darauf an", gedanklich im Hintergrund.

Für uns ist Konfliktmoderation die Begleitung von Konfliktlösungen. Dabei möchten wir die Arbeitsfähigkeit der Konfliktparteien unterstützen, damit sie für sich die bestmögliche Lösung aus Sicht der Organisation finden. Nach unserem Führungsverständnis „Das Intervenieren in kritischen Momenten" kann Moderation auch eine Führungstätigkeit sein, sprich: Die Moderationsrolle kann auch von der Leitung übernommen werden.

> Die Durchführung einer Konfliktmoderation durch eine Führungskraft birgt potenzielle Interessenkonflikte.

Die Durchführung einer Konfliktmoderation durch eine Führungskraft birgt jedoch potenzielle Interessenkonflikte: Gibt es besonderes Interesse an einer der Konfliktbeteiligten? Welche übergeordneten Interessen verfolgt das Unternehmen? Welche Eigeninteressen verfolge ich als Führungskraft? Hinzu kommt noch die Frage nach der Konfliktintensität, auf die wir später anhand des Stufenmodells von Friedrich Glasl eingehen werden. Wie neutral können Sie im spezifischen Konfliktkontext wirklich sein?

Manchmal ist es hilfreich, die Moderation mit zwei Personen durchzuführen. Bei einer Konfliktmoderation in einem Team gilt das auf jeden Fall. So kann der eine auf die Technik und der andere auf die Beziehung achten. Das ist allerdings nicht immer möglich, schon allein aus Kostengründen.

Die Mediation ist ein strukturiertes Verfahren zur Vermittlung zwischen Konfliktparteien, soweit also ähnlich der Konfliktmoderation. Als Mediatorin und neutrale Dritte ohne Entscheidungskompetenz unterstützen Sie Konfliktparteien darin, Lösungen zu (er-)finden, die deren Bedürfnisse und Interessen berücksichtigen. In diesem Satz liegt der große Unterschied, die sogenannte „Allparteilichkeit" der Mediatorin. Die Mediatorin nimmt die Interessen aller Konfliktpartner gleichermaßen wahr. Sie steht den Beteiligten neutral zur Seite.

Ein weiterer Unterschied ist die Freiwilligkeit: Die Beteiligten entschließen sich freiwillig zur Teilnahme. Jeder der Beteiligten kann die Mediation ohne Begründung zu jedem Zeitpunkt abbrechen.

Für Sie als Teamgestalterin, mit oder ohne Führungsverantwortung, stellt sich Frage, ob Sie in die Rolle des Mediators schlüpfen können und wollen. Seien Sie bei der Antwort ehrlich zu sich selbst. Sind Sie bei der Übernahme der Konfliktmoderation in der Lage, die Konflikte objektiv zu betrachten? Gibt es wirklich keine Interessenkonflikte, die Ihnen eventuell im Wege stehen könnten?

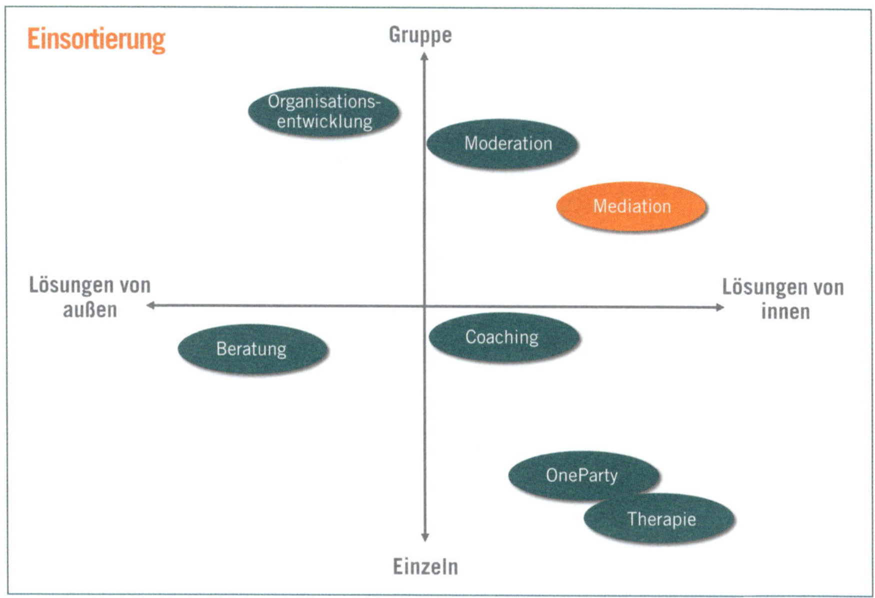

Abbildung 24: Die Grafik visualisiert die unterschiedlichen Professionen und Rollen als Teamgestalterin im Kontext der Lösungsgenerierung und der Anzahl der teilnehmenden Personen. Als Mediatorin sind Sie allen Beteiligten gleichermaßen zugewandt und unterstützen die Konfliktparteien darin, eigene Lösungen zu kreieren.

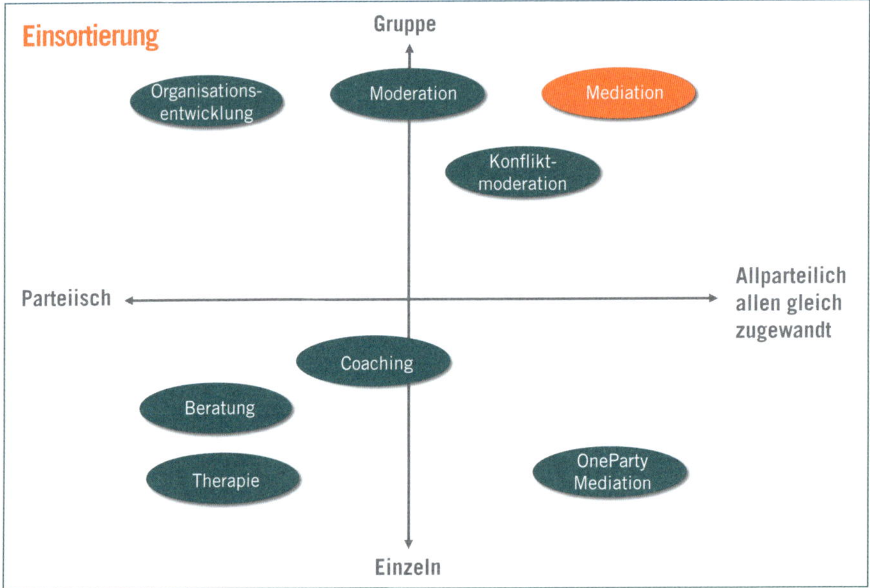

Abbildung 25: Die mit der Mediation verbundene Allparteilichkeit und die Zurückhaltung bei der Lösungsgenerierung können für Teamgestalter äußerst herausfordernd sein. Eine hohe Rollensensibilität hilft dabei ungemein.

Konfliktintensität

Bei der Antwort auf die Frage, ob Sie einen Konflikt moderieren oder gar eine Mediation durchführen wollen und können – beziehungsweise es nicht machen –, hilft Rollenklarheit, Allparteilichkeit und damit auch Abstand zum Konflikt. Wir empfehlen auf die Konflikt- und Emotionsintensität zu blicken.

Das wohl bekannteste Modell dafür sind die Phasen der Konflikteskalation nach Friedrich Glasl, dem österreichischen Ökonomen, Organisationsberater und Konfliktforscher. Sie beschreiben die Interaktionen zwischen Konfliktparteien, bei denen es Unvereinbarkeiten gibt, die als (emotionale) Beeinträchtigung erlebt werden. Diese Unvereinbarkeiten beziehen sich auf das Denken, Fühlen, Wollen, Handeln von Menschen oder Gruppen.

Obwohl das Modell bereits 1980 entwickelt worden ist, ist es für die Antwort auf die von der Band „Fettes Brot" gesungenen Frage „Soll ich's wirklich machen oder lass ich's lieber sein?" eine hilfreiche Unterstützung.

Ebene I (Win-win)
Stufe 1 – Verschlimmerung & Verhärtung
Sie kennen es bestimmt oder haben es schon einmal beobachtet: Ein Konflikt startet mit leichten Spannungen, zum Beispiel beim Aufeinanderprallen unterschiedlicher

Meinungen. Zuerst ärgern Sie sich nur über die andere Person, behalten die Gründe jedoch höflich für sich. Mit der Zeit verhärtet sich Ihr Standpunkt und auch der der anderen Seite. Die Schuldzuweisungen nehmen zu, Teammeetings gestalten sich immer anstrengender und die Zusammenarbeit funktioniert immer schlechter.

Stufe 2 – Polarisierung & Debatte
Sie fangen an, Strategien und Argumente zu entwickeln, um die andere Konfliktpartei zu überzeugen, zuerst in Gedanken, dann mit Stichworten für das Teammeeting. Die unterschiedlichen Interessen und Meinungen führen schließlich zum Streit vor versammelter Mannschaft. Die Diskussionen werden immer emotionaler, Ironie und Zynismus machen sich breit. Sie wollen die andere Konfliktpartei unter Druck setzen. In Ihrem Kopf verhärtet sich Poldenken, sprich: Sie denken in Schwarz/Weiß- und Gut/Schlecht-Kategorien. Sie können den Ärger nicht länger hinunterschlucken.

Stufe 3 – Taten statt Worte
Sie und die andere Konfliktpartei erhöhen verbal den Druck, um sich oder die eigene Meinung durchzusetzen. „Das geht so nicht!“, „Ich fordere von Ihnen ...“. Gespräche werden aus der inneren Überzeugung abgebrochen, dass Reden nichts ändern wird. Schließlich wird nicht mehr verbal kommuniziert und der Konflikt verschärft sich. Die Empathie für den „anderen“ verschwindet. Die Konfliktparteien arbeiten nicht mehr miteinander, Teamsitzungen kosten nur noch Kraft und es herrscht Dienst nach Vorschrift.

Ebene II (Win-lose)
Stufe 4 – Sorge & Ansehen
Der Konflikt verschlimmert sich immer mehr. Sie, aber auch die andere Partei, suchen Verbündete und Sympathisanten für die eigene Sache. Es bilden sich Gruppen, die sich voneinander abgrenzen. Sie besprechen sich mit Außenstehenden und Dritten. Da Sie vom eigenen Recht überzeugt sind, wird der Gegner denunziert. Es geht Ihnen nun gar nicht mehr um die Sache, sondern darum, den Konflikt zu gewinnen, damit der andere verliert.

Stufe 5 – Gesichtsverlust
In Ihrem Kopf gibt es nur ein Ziel: Die gegnerische Partei soll in ihrer Identität vernichtet werden, durch Unterstellungen oder andere Lügen. Der „Tritt unter die Gürtellinie“ ist dabei kein Tabu mehr. Es gibt keinerlei Vertrauen mehr zwischen Ihnen und der anderen Partei. Sie drohen sich gegenseitig mit rechtlichen Schritten. Das Misstrauen gegenüber Vorgesetzten und Kollegen ist allgegenwärtig. Unterredungen erfolgen im stillen Kämmerlein. Die Angst vor dem eigenen Gesichts- und Glaubwürdigkeitsverlust steigt.

Stufe 6 – Drohstrategie
Der Ton wird noch härter. Durch offene Einschüchterung möchten Sie die Situation kontrollieren. Die andere Konfliktpartei droht mit Sanktionen sowie anderen Konsequenzen, um das eigene Machtgebaren zu demonstrieren. Es werden sogar Aufgaben umverteilt, eine Abmahnung erteilt und mit Kündigung gedroht.

Ebene III (Lose-lose)

Stufe 7 – begrenzte Vernichtungsschläge

Hier wollen Sie dem Gegner mit allen Mitteln empfindlich schaden. Er soll bloßgestellt und verletzt werden. Die andere Konfliktpartei sieht Sie nicht mehr als Mensch an. Über allem steht: „Die mach ich fertig!" Akten verschwinden plötzlich, E-Mails und andere Daten werden gelöscht. Ab hier gilt die Maxime, dass ein begrenzter eigener Schaden schon ein Gewinn ist, Hauptsache der des Gegners ist größer.

Stufe 8 – Zersplitterung

Nun wollen Sie und der Gegner sich mit gezielten Vernichtungsaktionen zerstören. Jedes Mittel zur Erreichung dieses Ziels erscheint aus der eigenen Perspektive legitim dafür.

Stufe 9 – gemeinsam in den Abgrund

In der letzten Stufe kalkulieren Sie und der Gegner die eigene Vernichtung ein. Es geht nur noch darum, den anderen zu besiegen. „Dafür gibt es keinen Weg mehr zurück!"

Wie fühlt es sich an, wenn Sie die Beschreibung der neun Stufen lesen, die in Anredeform, sprich fiktive Beteiligte, geschrieben ist? Auf welcher Stufe würden Sie eine interne oder externe Moderationsunterstützung hinzuziehen?

Eskalationsstufen von Konflikten (nach Friedrich Glasl)

Konfliktstufen	Phasen	Beschreibung
1. Verschlimmerung & Verhärtung	Win-win	In dieser Phase geht es noch um das Wohlbefinden aller Beteiligten. Die Überzeugung herrscht vor, dass beide Gegner als Sieger aus dem Konflikt hervorgehen können.
2. Polarisierung & Debatte		
3. Taten statt Worte		
4. Sorge & Ansehen	Win-lose	Die Überzeugung ändert sich. Die Idee, dass nur noch einer gewinnen kann, tritt in den Vordergrund. Alle Bemühungen konzentrieren sich auf den Sieg.
5. Gesichtsverlust		
6. Drohstrategie		
7. begrenzte Vernichtungsschläge	Lose-lose	In dieser Phase ist bekannt, dass keiner gewinnen kann. Es geht jetzt nur noch darum zu schauen, dass dem Gegner der größere Schaden als einem selbst zugefügt wird.
8. Zersplitterung		
9. gemeinsam in den Abgrund		

Abbildung 26: Die neun Eskalationsstufen teilen sich in drei Ebenen: Auf der ersten Ebene können beide Konfliktparteien noch gewinnen (Win-win). Auf der zweiten Ebene verliert eine Partei, während die andere gewinnt (Win-lose). Und auf der dritten Ebene verlieren beide Parteien (Lose-lose).

Auf welcher Stufe nehmen Sie als Teamgestalterin den Moderationsauftrag an? Wann lassen Sie es sein? Wann holen Sie sich auch hier Unterstützung? Natürlich ist Ihre Antwort individuell und vom spezifischen Kontext abhängig. In jedem Fall hat Ihre Antwort auch etwas mit Ihrer inneren Haltung zu tun, so meinen wir. Tragen Sie Grundannahmen wie „Ich stehe immer für meine Teamkollegen ein, egal, was kommt" oder „Das Wichtigste in der Zusammenarbeit ist, dass wir uns alle wohlfühlen" in sich, wird es für Sie als Teamgestalter in emotionalen Konfliktsituationen möglicherweise schwierig. Gehen Ihre Grundannahmen in die Richtung wie „Beim Aushandeln im Umgang mit Konflikten entstehen neue Ideen“ oder „Die Vielfalt an Meinungen und Interessen, inklusive der Auseinandersetzung damit, überwiegt die negativen Aspekte“, wird es wohlmöglich leichter für Sie, auch emotional intensive Konfliktsituationen professionell zu begleiten.

Tipp

Wir raten bei den Antworten auf die Fragen, auf sich zu achten. Ein ehrliches „Nein“ kann Sie und alle anderen mehr unterstützen als ein erzwungenes „Ja“. Holen Sie sich gegebenenfalls interne oder externe Moderations- oder Mediationsunterstützung.

Überprüfen und formulieren Sie im Kapitel „Der Blick auf Sie“ Ihre Grundannahmen, Prinzipien und Rollen gesondert für den Bereich Konflikte. Unser „lilalö“-(lindern-lassen-lösen-)Prinzip hilft uns zum Beispiel sehr, neben einer Prise Humor und Selbstironie.

Was ist ein Konflikt?

Für den Einstieg in dieses Kapitel haben wir den Blick auf Sie als Teamgestalterin gewählt. Doch was ist eigentlich ein Konflikt? Wie unterscheidet sich ein Problem von einem Konflikt?

„Wir haben Probleme im Team. Wir wollen demnächst einen Workshop machen und suchen dafür eine Moderatorin.“ Bei dieser Art von Einstiegssätzen werde ich, Thorsten, neugierig und setze mir gedanklich meinen Sherlock-Holmes-Hut auf. Sind es wirklich Probleme oder ist es mehr? Wie klein oder groß ist das Problem, der Streit, der Konflikt oder ist es gar eine Katastrophe?

In der Teamarbeit werden Tag für Tag Aufgaben allein und gemeinsam erfolgreich bewältigt. Läuft es gerade nicht so rund, liegt ein Hindernis im Weg und kann die Aufgabe nicht erledigt werden, ist es zuerst einmal ein Problem, beispielsweise eine technische Frage oder ein Ressourcenproblem. In der Regel finden die Beteiligten eine Lösung, um die Hürde zu überwinden. Am Ende ist das Problem gelöst und das Team ist schnell wieder arbeits-/handlungsfähig.

Manchmal rumpelt es bei der Problemlösungsfindung zwischen den Beteiligten. Wir kennen das wahrscheinlich alle. Es wird emotional, lauter, die Worte fliegen hitzig hin und her. Ein kurzer Streit kann zur Lösungsfindung beitragen. Er ist wie ein reinigendes Gewitter, wenn die Sommerluft uns zu erdrücken scheint. Nach dem Wortgefecht ist alles wieder gut, das Team ist wieder arbeits- und handlungsfähig.

> Hier kehrt das Problem immer wieder zurück. Die Menschen, die miteinander arbeiten, können ihre unterschiedlichen Sichtweisen, Interessen, Bedürfnisse nicht vereinbaren.

Anders ist es bei einem Konflikt. Hier kehrt das Problem immer wieder zurück. Die Menschen, die miteinander arbeiten, können ihre unterschiedlichen Sichtweisen, Interessen, Bedürfnisse nicht vereinbaren. Mindestens eine Konfliktpartei fühlt sich beeinträchtigt oder sogar bedroht. Die eigene Position soll ja nicht verändert werden. Die Kommunikation ist von Vorwürfen, unerfüllten Erwartungen und Schuldzuweisungen gekennzeichnet. Die Arbeits- und Handlungsfähigkeit ist nur eingeschränkt vorhanden.

Von einer Katastrophe spricht man, wenn die Schadensauswirkung eines unglücklichen Ereignisses sehr hoch ist. In einer solchen Eskalation haben die Beteiligten verstärkt das Gefühl, dass die Situation und die Konflikte ihnen über den Kopf wachsen. Emotionen können in eine Dynamikspirale geraten und die Beteiligten überwältigen. In unserer Arbeit haben wir solche Situationen erlebt, wenn Unternehmen pleitegegangen sind oder Abteilungen und Bereiche geschlossen wurden. Die Arbeits- und Handlungsfähigkeit ist dann nur sehr eingeschränkt vorhanden.

Problem, Streit, Konflikt und Katastrophe

Problem
- Die Sache steht im Vordergrund.
- Die Arbeitsbeziehung ist wohlwollend. Es wird sich an formelle und informelle Regeln gehalten.
- Die Handlungsfähigkeit des Teams ist nur leicht beeinträchtigt.

Streit
- Formelle und informelle Regeln bilden noch immer eine solide Basis.
- Die Beziehungsebene ist stark genug für die kurzeitige Auseinandersetzung.
- Das Team ist nach einem bereinigten Gewitter wieder handlungsfähig.

Konflikt
- Emotionen stehen im Vordergrund.
- Die Arbeitsbeziehung ist von unbewussten Kränkungen, unerfüllten Erwartungen, Enttäuschungen, Reizrektionen, nicht zuhören und ausreden lassen gekennzeichnet
- Die Handlungsfähigkeit des Teams ist beeinträchtigt.

Katastrophe
- Die Basisemotionen Angst, Verachtung, Trauer und Wut stehen im Vordergrund.
- Die Arbeitsbeziehung ist von Misstrauen, Kränkungen und Kontrollverlust gekennzeichnet.
- Die Handlungsfähigkeit des Teams ist stark beeinträchtigt/nicht vorhanden.

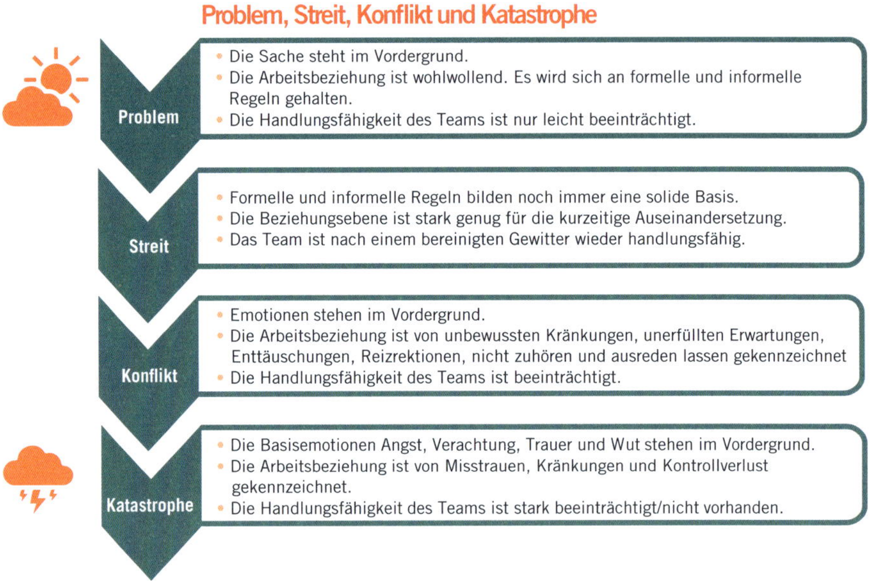

Abbildung 27: Die Grafik veranschaulicht die wesentlichen Unterschiede zwischen Problem, Streit, Konflikt und Katastrophe

Tipp

Für die eigene Orientierung stellt sich Thorsten gerne Fragen wie: Wie schätzen Sie die Arbeitsbeziehung auf einer Skala von 1 bis 10 ein (10 = wohlwollende Teamarbeit; 1 = jeder macht sein eigenes Ding)? Halten sich die Menschen an die formellen und informellen Regeln (10 = voll und ganz; 1 = willkürliches Verhalten)? Wie reagieren sie in der Kommunikation untereinander (10 = der Situation voll angemessen; 1 = völlig überzogen)?

Konfliktarten

Ein Konflikt hat meist etwas mit uns selbst zu tun. Wenn ich einen hohen Anspruch in mir trage, ist das per se nichts Schlimmes. Wenn ich allerdings in der Zusammenarbeit mit anderen ständig mit dem Finger auf Teamkollegen zeige, ihnen Vorwürfe wegen ihres Arbeitstempos mache und diese sich durch das ständige Piksen beleidigt fühlen, führt das mit Sicherheit zu Konflikten innerhalb des Teams.

Von interpersonalen oder auch sozialen Konflikten sprechen wir, wenn Konflikte zwischen Personen entstanden sind. Sie haben ihre Ursache oft da, wo die Konfliktbeteiligten voneinander abhängig sind und eine Partei ihre Handlungsvorstellung durchsetzen will. In unserem Anspruchsbeispiel geht es auf der Sachebene um das Einfordern von Deadlines, Zeitspannen und Pünktlichkeit. Auf der Beziehungsebene aber dreht es sich um Vorurteile, Meinungen, Bewertungen und Animositäten.

Allerdings kann es sich auch um einen intrapersonalen Konflikt handeln, also einen Konflikt, der im Inneren einer Person entsteht. Er kann Ursache, aber auch Folge von sozialen Konflikten sein.

Bezogen auf das Anspruchsdenken könnte es im Inneren so aussehen: Der innere Anteil des Perfektionisten, der Angst vorm Scheitern hat, steht dem Erschöpften gegenüber, der durch die permanenten 110 Prozent Leistung körperlich und psychisch angeschlagen ist und dieses verdrängt, da er die Aufgaben ja ansonsten nicht perfekt erledigen würde.

Sie merken, wie hilfreich es ist, eine eigene Hypothese zu den Konfliktarten zu entwickeln, um Sicherheit für das weitere Vorgehen zu erlangen.

Interpersonale Konflikte

Häufig auftretende interpersonale Konflikte fasst unsere Tabelle zusammen:

Konfliktart	Beschreibung	Beispiel
Verteilungskonflikt	Es geht ums Gewinnen und Verlieren, beispielsweise von Budget, Posten, Personalressourcen. Der Verlust der einen Seite ist der Gewinn der anderen.	Zwei Führungskräfte konkurrieren um eine interessante Projektstelle im Ausland. Nur eine Person kann die Stelle erhalten.
Beziehungskonflikt	Es stehen Eigenschaften und Verhaltensweisen der Konfliktparteien im Mittelpunkt, beispielsweise zu lautes Sprechen im Großraumbüro, Vielredner in der Teamrunde. Eigene Ziele stehen vor gemeinsamen Zielen.	Herr Gonzales kommt in der Mittagspause nie mit in die Kantine. Das ist vielen der Kolleginnen ein Dorn im Auge. Sie sticheln immer wieder deswegen und versuchen ihn auch in der Teamrunde bloßzustellen.

Konfliktart	Beschreibung	Beispiel
Zielkonflikt	Es liegen unterschiedliche Bewertungen bezüglich der Interessen und Absichten vor.	Das Unternehmen möchte liquide, innovativ und rentabel agieren. Innerhalb der Führungsetage werden die Ziele jedoch unterschiedlich gewichtet und stehen sich gegenüber.
Beurteilungskonflikt	Unterschiedliche Einschätzungen einer bestimmten Situation stehen sich gegenüber.	Sowohl die Abteilungsleiterin als auch der Teamleiter möchten den Konflikt zwischen den beiden Mitarbeiterinnen lösen. Sie ist der Meinung, dass die Parteien durch ein moderiertes Gespräch zu einer konstruktiven Lösung kommen werden. Er möchte den Projektvertrag der Mitarbeiterin nicht verlängern, da sie aus seiner Sicht einen großen Fehler gemacht hat.
Wertekonflikt	Gegensätzliche Wertvorstellungen (Normen, Werte, Anschauungen) können zu erheblichen Konflikten führen.	Die Personalchefin hält die junge Kandidatin, die sich als einzige Frau auf die intern ausgeschriebene Teamleitungsposition beworben hat, für geeignet. Sie möchte diese gemäß dem Unternehmensziel „Mehr Frauen in Führungspositionen bringen" fördern. Der Bereichsleiter hält hingegen einen der Kandidaten für den qualifizierteren, erfahreneren und insgesamt besseren Bewerber für seine Abteilung.

Intrapersonale Konflikte

Häufige intrapersonale Konflikte, die im Inneren einer Person entstehen, zeigt diese Tabelle:

Konfliktart	Beschreibung	Beispiel
Annäherungs-Annäherungs-Konflikt	Eine Person steht zwischen zwei Zielen, die sie für gleich wertvoll hält, aber nicht gleichzeitig anstreben kann. Sie hat zwei positive Alternativen; indem sie eine wählt, muss sie auf die andere verzichten.	Eine junge Mitarbeiterin hat sehr gute Karriereaussichten in ihrem Unternehmen. Über einen Headhunter erhält sie von der Konkurrenz ein attraktives Angebot.
Vermeidungs-Vermeidungs-Konflikt	Eine Person muss sich zwischen zwei Alternativen entscheiden, die sie beide für negativ ansieht, eine unvermeidbare Situation, ein Dilemma für die Entscheiderin.	Eine sozial eingestellte Unternehmerin muss sich während einer schwierigen wirtschaftlichen Phase entscheiden, ob sie einen Teil ihrer Mitarbeiterinnen entlässt oder die Produktion nach Asien verlegt.

Konfliktart	Beschreibung	Beispiel
Annäherungs-Vermeidungs-Konflikt	Eine Person steht vor einer Entscheidung, die ihr sowohl Wertvolles wie auch Unangenehmes bringt. Manchmal kann es auch passieren, dass man zwei Alternativen zur Auswahl hat, die beide positive wie negative Aspekte haben.	Ein Abteilungsleiter erhält das Angebot, ein zusätzliches Aufgabengebiet zu übernehmen. Verlockend sind für ihn die Entwicklungschancen auf der Karriereleiter, die damit verbundene Anerkennung und das höhere Gehalt. Äußerst ungünstig ist die zu erwartende Mehrarbeit. Weiterhin plagen ihn innerliche Zweifel, ob er den neuen Anforderungen wirklich gerecht werden kann, und die wahrscheinlichen Auswirkungen auf sein Familienleben.

Rollenkonflikte

Über Rollenkonflikte als Teamgestalter haben wir bereits gesprochen. Treten sie in einem selbst auf, handelt es sich um einen intrapersonalen Konflikt. Wenn Sie einerseits Führungskraft sind und andererseits als Coach agieren wollen, dies aber nicht in sich vereinbaren können, haben wir es mit einem solchen Konflikt zu tun. Er kann auch nach außen hin auftreten, beispielsweise wenn ein Teammitglied in unterschiedlichen Rollen handelt und das Verhalten anders interpretiert wird, als es gemeint war. Schließlich sind wir allen unterschiedlichen Erwartungen ausgesetzt, die gleichzeitig wirksam sind.

Unterschiedliche Erwartungen von verschiedenen Personen

Stellen Sie sich vor, Sie begrüßen die Teilnehmenden des Workshops „Veränderung jetzt" und stellen sich in der Rolle des neutralen Moderators vor. Bei der anschließenden Einstiegsrunde merken Sie, dass bei den Teilnehmenden eine hohe Erwartungshaltung vorherrscht, dass Sie von Ihren Erfahrungen berichten und dem Team sagen sollen, was zu tun ist. Sie werden also als eine Art „Experte" wahrgenommen, eine Rolle, in der Sie gar nicht sein wollten. Nun ist es sinnvoll, genau das zu thematisieren „ich sehe, Sie erwarten …". Setzen Sie Grenzen, wenn Sie sich damit wohler fühlen. Sie sorgen auf jeden Fall für mehr Klarheit.

Als Teamgestalterin in einer IT-Führungsposition erwarten Ihre Mitarbeiter schnelle Hilfe bei der Lösung schwieriger Computerfragen. Parallel dazu fordert Ihre Vorgesetzte, dass Sie sich ganz und gar auf ein wichtiges Projekt konzentrieren und mehr delegieren. Wie agieren Sie?

Widersprüchliche Erwartungen von einer Person

Als interne Teamgestalterin übernehmen Sie die Rolle der Konfliktmoderatorin. Ihnen ist klar, dass Sie die Inhalte und Ergebnisse des Workshops vertraulich behandeln werden. Die Geschäftsführung bittet Sie per E-Mail darum, nach dem Workshop auf einen Kaffee vorbeizukommen, um Ihre Einschätzung zum Team zu erhalten. Auch hier helfen eine eigene Rollenklärung und Prinzipien. Was lassen Sie zu und was geht zu weit?

Praxis

Ihre Führungskraft erwartet von Ihnen, dass Sie noch selbstständiger entscheiden und handeln. Gleichzeitig betont sie in den Teammeetings immer wieder, dass auf gar keinen Fall Fehler gemacht werden dürfen. Wie wirken sich diese doppeldeutigen Botschaften auf Ihre innere Stabilität aus?

Verschiedene Erwartungen aus unterschiedlichen Lebensbereichen

Die Arbeit als Teamgestalterin erfordert teilweise verstärkte Reisetätigkeiten. Ihre Partnerin ist auch berufstätig und Ihre Kinder gehen in die 4. und 5. Klasse. Der Druck aus der Familie steigt.

Oder: Ihr Unternehmen erwartet von Ihnen, wenn es sein muss, auch am Wochenende zu arbeiten. Nicht nur Ihr Partner klagt über zu wenig gemeinsame Zeit. Auch Freunde sind enttäuscht, weil man sich kaum noch sieht. Was ändern Sie in Ihrem Verhalten, was nicht?

Erwartungs-Wertkonflikte

In der Auftragsklärung äußern Ihre Gesprächspartnerinnen, dass Sie nach dem Workshop zu jedem Teammitglied ein persönliches Feedback abgeben sollen. Sie wissen, dass die Abteilung umstrukturiert wird, die jährliche Prämienausschüttung vor der Tür steht und die Führungskraft in diesem Jahr krankheitsbedingt einige Monate anwesend war. Werden Sie Grenzen aufzeigen?

Praxis

Es gibt drastische Kosteneinsparungen im Unternehmen. Sie als Führungskraft und Teamgestalterin sollen ihrem jüngsten Mitarbeiter kündigen. Ihrem sozialen Gewissen geht es gar nicht gut, denn Sie kennen den Mitarbeiter auch privat und wissen, dass drei Kinder versorgt werden müssen ...

Strukturelle Konflikte

Strukturelle Konflikte sind durch den Aufbau und die Abläufe einer Organisation verursacht und werden deshalb auch als organisationsbedingte Konflikte bezeichnet. Es sind Konflikte, die sich höchstwahrscheinlich nicht so ohne Weiteres aus dem Weg räumen lassen. Für Sie als Teamgestalterin ist wichtig, eine klare Position zu beziehen: Da sind Dinge, die lassen sich beeinflussen, und dort solche, die den Rahmen vorgeben, auch wenn er uns nicht gefällt.

Wie erkenne ich einen Konflikt?

Wenn Sie mit Ihrer Konflikt-Brille durch die Gegend gehen, erkennen Sie bestimmte Konflikte sofort und manche erst später oder gar nicht. Um als Teamgestalter Konflikten adäquat zu begegnen, ist es wichtig, die Konfliktsymptome rechtzeitig wahrzunehmen.

Manche der Symptome erzeugen wiederum eine Reaktion bei uns und es kann zu eigener Unsicherheit kommen. Reflektieren Sie sich und Ihr Verhalten und machen Sie sich die eigenen Gedanken bewusst.

Für den Umgang damit bieten wir in der dritten Spalte hilfreiche Betrachtungsweisen an.

Konflikt-symptom	Beschreibung	Hilfreiche Denkweisen
Widerstand	„Das sehe ich anders." Schwierigkeiten und Differenzen statt Chancen und Gemeinsamkeiten werden hervorgehoben, oftmals mit einem schnippischen Ton oder mit einer mürrischen Gestik. Das berühmte „Ja, aber", eine andere Formulierung für „Nein", hat Hochkonjunktur. Noch taktischer wird es, wenn durch langes Reden Entscheidungen hinausgezögert werden oder es zum bewussten Auflaufen oder Querschießen kommt.	• Konflikte gehören zum Leben dazu. • Jeder Widerstand ist eine auf dem Kopf gestellte Frage. • In jedem Widerstand liegt auch ein Ja zu einer anderen Frage.
(Passive) Aggressivität	Typische Kennzeichen sind eine intensive Fehlersuche, um diese gezielt einzusetzen, bis hin zum Denunzieren. Positive Leistungen werden bewusst unter den Teppich gekehrt. Der Ton ist meist ironisch, sarkastisch und umfasst verletzende und herabsetzende Bemerkungen, inklusive der dazugehörenden Mimik und Gestik wie „rollende Augen, böse Blicke, Stirnrunzeln". Wenn das alleine nicht reicht, hilft der „Flurfunk" und es werden gezielt Gerüchte gestreut und Giftpfeile abgeschossen, um das Feuer zu schüren.	• Ohne Emotionen kann sich nichts bewegen. • Da es der Person so wichtig ist, zeigt sie nun ihre Leidenschaft dafür. • Dieser Konflikt ist wie ein Parasit, der sich bereits hineingefressen hat.
Beharren	Die Konfliktbeteiligten halten an ihrem eigenen Standpunkt und bisherigen Vorgehen fest. Ansonsten würden sie eine gefühlte Niederlage erleben. Das rechthaberische Verhalten ist durch ein pedantisches Einhalten von Vorschriften und Sätzen wie diesen gekennzeichnet: „Das haben wir schon immer so gemacht", „Das lohnt den Aufwand nicht", „Das geht aufgrund der Unternehmensleitlinien nicht", „Das Risiko ist zu hoch", „Hör doch auf damit", „Lass uns uns lieber auf das Kerngeschäft konzentrieren".	• Trotz aller Unterschiede gibt es auch Gemeinsamkeiten, die jedoch nicht offensichtlich sind. • „Es gibt meist viele Gründe alles beim Alten zu lassen und nur einen oder wenige, etwas zu ändern." Arist von Schlippe • „Es ist biologisch (durch unsere Gehirne) nicht möglich, sich zu verstehen. Es gibt nur Annäherungen." Humberto Maturana

Konflikt-symptom	Beschreibung	Hilfreiche Denkweisen
Vermeiden	Das tief in uns verwurzelte Verhalten der Vermeidung, also der mehr oder weniger offenen Flucht, zeigt sich in der Arbeitswelt durch das Umgehen oder gar Absagen von Terminen, das Nicht-ans-Telefon-Gehen, bis hin zum Wunsch nach einer Versetzung in einen anderen Bereich oder sogar der Kündigung. Messen kann man diese Symptome gut anhand bestehender Fehlzeiten, Krankheitstage und Fluktuation.	• „lilalö“: Manche Konflikte lassen sich lindern, von manchen lasse ich die Finger und für einige Konflikte finden sich auch Lösungen. • Die besten Lösungen kommen von Innen und benötigen manchmal Zeit. • „Ich kann niemand anderen ändern außer mich selbst und das ist schon schwer genug.“ Arist von Schlippe
Überanpassen	Gute Vorschläge und Verbesserungen hält das Team absichtlich zurück. Rückmeldungen interpretiert man leicht als Kritik. In den Teamrunden erfolgt ein Pseudo-Ja, außerhalb und hinter dem Rücken reden die Teammitglieder jedoch weiter, überwiegend negativ. Alle Tätigkeiten werden zu 150 Prozent korrekt ausgeübt, Führungskräften nach dem Mund geredet. Auch ein übertriebener Formalismus fällt hier hinein.	• Unter dem Eisberg gibt es viele Dinge, die wir nicht sehen. • Es gibt für alles einen persönlichen Gewinn, den es zu bergen gilt. • „Die Menschen sind oftmals in ihren Erwartungen gefesselt und können sich dadurch nicht bewegen.“ Arist von Schlippe
Desinteresse	Die Beteiligten tun nur das Notwendigste. In den Teamrunden erfolgen keine Wortbeiträge außer der Begrüßung. Manche Teammitglieder kommen immer wieder zu spät. Die Unzufriedenheit und die negative Stimmung sind allgegenwärtig. Niemand trifft Entscheidungen.	• Es gibt Dinge, für die gibt es keine Lösung. • Ich mache Angebote, biete aber keine Lösungen an. • „Frustration ist der Humus, aus dem Ideen entstehen.“ Anita von Hertel

Leitfragen zur Konfliktanalyse

Stellen Sie sich vor, das Telefon klingelt. Sie werden als interne oder externe Teamgestalterin angefragt oder Sie haben ein persönliches Kennlerngespräch für eine anstehende Konfliktmoderation. Welche Fragen stellen Sie? Wie machen Sie sich ein erstes Bild von dem Konflikt?

Je erfahrener Sie sind, desto freier werden Ihre Fragen sein. Anfangs hilft vielleicht etwas Struktur in Form von Leitfragen zur Orientierung.

Der Rundumblick:

- Worum geht es in dem Konflikt wirklich?
- Welche konkreten Auswirkungen hat der Konflikt?
- Wie wirkt sich der Konflikt auf die Arbeitsfähigkeit des Teams/der Parteien aus (Skala 1 bis 10; 1 = gar nicht; 10 = sehr stark)?
- Wie lässt sich der emotionale Anteil an den Auswirkungen beschreiben?

- Welche subjektiven Befindlichkeiten gibt es bei den Beteiligten?
- Welche sozialen und kulturellen Werte und Normen werden von dem Konflikt tangiert?
- Welche informellen Rollen werden wie gelebt?
- Welche Interessen vertreten die Personen aufgrund von Habitus, Status, Prestige, Zugehörigkeit?
- Was wird und wurde gesagt, das relevant für die Entwicklung des Konflikts ist?
- Was wird und wurde dabei gemeint?
- Was kommt und kam beim Empfänger an?
- Welche Relevanz haben die vorhandenen Strukturen?
- Welche Erwartungen haben andere an die Konfliktparteien?

Der Fokus auf die Sachebene:

- Handelt es sich bei dem Konflikt um etwas, das logisch lösbar ist?
- Ist es ein Mangel, der beseitigt, repariert oder ausgebessert werden könnte?
- Handelt es sich um gegensätzliche Ansichten, wo ein jeder in gewisser Weise „recht hat"?
- Welche Wünsche und Erwartungen haben die Parteien an sich und die andere Partei?
- Welche Bedürfnisse werden von der einen und von der anderen Seite vertreten?
- Welche Interessen stehen dahinter?

Rückblick auf die Historie:

- Welche Konflikte werden von diesem Konflikt direkt oder indirekt tangiert?
- Gab es in der jüngeren oder fernen Vergangenheit ähnliche Konflikte?
- Wie zeigen sich diese Konflikte heute noch?
- Stellen Sie sich vor, der Konflikt wäre eine Landschaft. Wie sieht diese aus? Beschreiben Sie diese oder zeichnen Sie die Konfliktlandschaft auch gerne auf.
- Welche Entscheidungen gingen der konfliktären Situation voraus?
- Welche kulturellen oder sozialen Muster weist der Konflikt auf?
- Gibt es alte Demütigungen, für die sich jemand revanchieren möchte?
- Worüber wird extra nicht geredet?
- Was gilt in der Organisation als unerwünscht, misslich oder gar Tabuthema?
- Wer sind die Gewinner des Konflikts?
- Wer sind die Verlierer?

Konflikte im Change

Konflikte sind immer auch Geburt. Jede Veränderung geht durch einen Konflikt. Das Neue wird neu begrüßt und es wird anfangs immer negiert.

Wir leben in einer Zeit des Umbruchs. Immer mehr Unternehmen bauen Hierarchien ab, möchten dezentraler agieren. Wir haben uns die Frage gestellt, ob sich der agile Kontext auf die Entstehung und den Umgang mit Konflikten auswirkt. Was denken Sie? Halten Sie kurz inne und gehen Sie der Frage nach, bevor Sie weiterlesen.

In unterschiedlichen Projekten in verschiedensten Unternehmen haben wir beobachtet, dass die „neue“ Dualität von „Action“ und „Reflection“ für erhebliche Reibungen sorgt und Konflikte entstehen. Auf der einen Seite der Agilitätsstraße wird von den Menschen immer mehr Flexibilität, Schnelligkeit und Anpassungsfähigkeit eingefordert – Veränderungen bezüglich neuer IT-Systeme, wechselnde Arbeitsgebiete, Formen der Zusammenarbeit, Social-Media-Kompetenzen bis hin zur Transformation des gesamten Unternehmens, bei der kein Stein auf dem alten bleiben soll.

Auf der anderen Straßenseite wird dafür geworben innezuhalten, tiefergehend zu reflektieren, um die eigene Weiterentwicklung voranzubringen. Dadurch entstehen zahlreiche neue Widersprüche, denn Reflexion, sofern sie ernst gemeint und offen ist, führt eben auch unweigerlich dazu, dass Menschen Dinge hinterfragen und selbstbewusster werden. Bisher zugedeckte Konflikte brechen dadurch immer öfter auf. Vielen fällt es aber schwer, diese ganz normale Begleiterscheinung auch als Wachstumschance zu begreifen.

Idealerweise ergänzen sich die beiden Seiten und in der Mitte „fahren“ Mensch und Technik geschmeidig auf der Agilitätsautobahn. In der Praxis ist die Autobahn jedoch oftmals eine Holperstraße oder es kommt zum Stillstand beim Zusammenbringen der beiden Seiten.

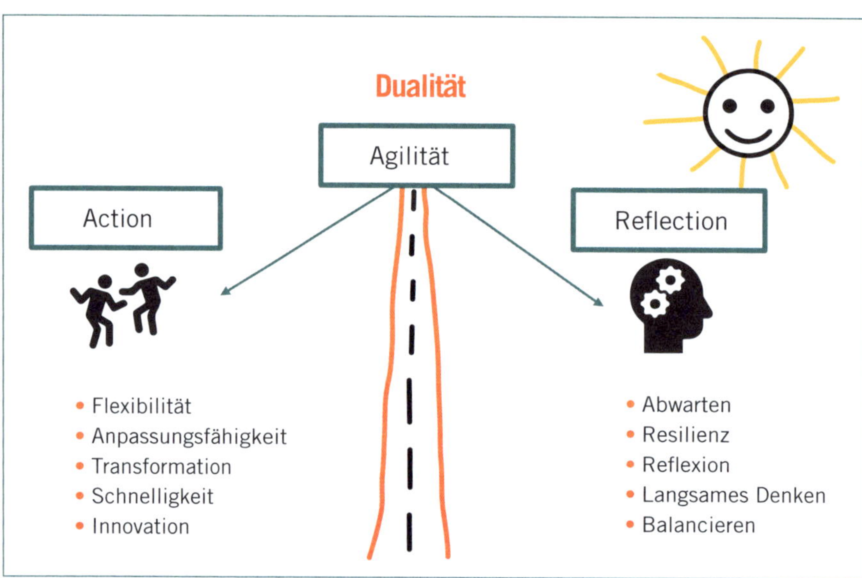

Abbildung 28: Die Agilitätsstraße mit den beiden Seiten „Action“ und „Reflection“. Beide Seiten sind gleichermaßen bedeutsam im Umgang mit den Herausforderungen der neuen Arbeitswelt. Sie verdeutlichen aber auch die Unterschiede und Konfliktpotenziale bei ständigem Ausbalancieren.

Neben der Dualität beobachten wir noch weitere Phänomene, die für Sand im Getriebe der Teamzusammenarbeit sorgen:

- Es werden Offenheit und Mut eingefordert: Diese agilen Werte sollen die Zusammenarbeit und Produktivität fördern, beispielsweise mit dem Ziel, Fehler weniger unter den Teppich zu kehren und Dinge nicht mit sich herumzutragen. Doch das zuerst ungewohnte Offenlegen vermeidlicher Schwächen und das Auseinandersetzen damit kosten viele Beteiligte viel Kraft. Mitunter erzeugt das eine genau entgegengesetzte Bewegung.
- Richtige (selbstreflexionsbezogene) Retrospektiven erzeugen Tiefgang: Mit diesem Deep-Dive verbunden ist, dass möglicherweise emotionale Themen geborgen werden, die eine Sinnkrise auslösen oder sogar zu einer Kündigung führen können.
- Selbstorganisation wird mit Selbstbestimmung verwechselt: Letzteres bedeutet, dass die Person unabhängig von anderen ist und macht, was sie machen möchte. Das ist jedoch nicht mit Selbstorganisation im Sinne der Agilität gemeint. Hier geht es darum, den Kunden im Fokus zu haben und im Sinne der Kundenzufriedenheit beweglicher zu sein. Dafür können Führungsaufgaben von Mitarbeiterinnen übernommen und sollen deren eigenverantwortliches Denken und Handeln (Selbstorganisation) gestärkt werden.
- Eine starke Beziehungsebene bringt fast zwangsläufig Konfliktvermeidungsstrategien mit sich: In vielen agilen Unternehmen wird das soziale Miteinander gefördert und glorifiziert. Es wird gemeinsam in den Pausen gekickert, mittags ins Szenerestaurant um die Ecke gegangen, abends noch durch den Park gejoggt und sogar am Wochenende trifft man sich privat und feiert zusammen. All das erzeugt Nähe, teilweise so viel Nähe, dass das Ansprechen von Problemen und Konflikten nicht stattfindet, um die Harmonie nicht zu trüben.
- Unterschiedliche Erwartungen hinsichtlich Agilität bezüglich Ablauf- und Aufbauorganisation: Was verbirgt sich genau hinter der Rolle des Agility Master und was nicht? Wer räumt die Hindernisse aus dem Weg und wie? Wer nicht?
- Verstärktes crossfunktionales Arbeiten: Für die Entwickler steht die Funktionsfähigkeit des Produkts im Vordergrund, für die Designer der anmutende Anblick und für das Marketing die Einzigartigkeit des Produkts. Die unterschiedlichen Perspektiven, Prioritäten und Denkweisen in der Zusammenarbeit, ohne die die Bewältigung komplexer Herausforderungen nicht gelingt, erzeugen Reibungen.
- Verteilte Führung: Die unterschiedlichen Definitionen und Arbeitsweisen in den Unternehmen der noch jungen Disziplinen von Scrum Master, Product Owner und auch Agile Coach erzeugen als Rollen oftmals Störungen und Konflikte. Weiterhin steigt der Kommunikationsaufwand, mit unter erheblich. Das wird fast immer unterschätzt.

Teilen Sie unsere Beobachtungen? Falls ja, fragen Sie sich jetzt bestimmt, was Sie als Teamgestalterin mit diesen Beobachtungen anfangen können. Unser Fazit ist einmal mehr, dass Konflikte zum Arbeitsleben dazugehören wie der Käse auf der Pizza oder Salz auf den Pommes, einmal mehr in den aktuellen Zeiten von New Work und agilen Arbeitsweisen. Für den Umgang damit braucht es eine starke innere Haltung und die Bereitschaft, all diese Widersprüche zu begrüßen. Sie sind da. Sie können Sie nicht auflösen. Sie können Menschen aber verdeutlichen, dass sie dazugehören. Eine Arbeitswelt in der Veränderung braucht eine Konfliktkultur.

Ein systemischer Blick kann ebenso helfen: So sind in den Logiken der Systeme und Subsysteme Konflikte ganz natürlich angelegt. So geht es in Teams immer um Beziehungen, während die Organisation überleben will – im Zweifel auch auf Kosten guter Beziehungen.

Unter Konfliktkultur verstehen wir die Summe der Wahrnehmungen und Bewertungen von Konflikten sowie die Bereitschaft zum Umgang mit Konflikten innerhalb eines Teams, Unternehmens oder einer Organisation. Dies schließt den kontinuierlichen Diskurs und das Aushandeln der bestmöglichen Lösung oder Entscheidung ein. Die Konfliktkultur wird vor allem durch die informellen Werte und Normen einer Organisation geprägt.

Kulturen entstehen und prägen langfristig. Was können Sie kurzfristig machen, welche ersten Schritte können Sie gehen?

Das zeigt die nächste Tabelle:

Beobachtung	Konfliktarten, die sich daraus ergeben	Umgang damit
Dualität von „Action" und „Reflection"	• Wertekonflikt: gegensätzliche Vorstellungen • Zielkonflikt: Was hat Priorität, was nicht?	• Mehr Schattierungen, Poldenken (Was ist auf der einen, was auf der anderen Seite – und wann braucht man was?) • Weniger Schwarz-Weiß-Denken, sondern Grautöne entstehen lassen, aufzeigen • Gleichwohl auch die Erkenntnis, dass es manchmal Klarheit und Eindeutigkeit braucht. Unternehmerische Entscheidungen sind Schwarz *oder* Weiß. Man erkennt sie am Widerstand – er ist natürlich
Einfordern von Offenheit und Mut	• Wertekonflikte: Agile und gelebte Werte des Führungsverständnisses klaffen auseinander • Beurteilungskonflikt: Auswirkungen von Fehlern	• Mehr Fehlerlernkultur, weniger Angst davor, Fehler zu machen und anzusprechen • Den Begriff thematisieren und ihn vom Team in die Praxis übersetzen lassen
Selbstreflexionsbezogene Retrospektiven	• Intrapersonelle Konflikte werden angestoßen • Wertekonflikt: Wie viel Emotionen lassen wir zu?	• Mehr Emotionsarbeit, weniger Fachwissen • Den Umgang und die Arbeit mit Emotionen erlernen/verstärken; Fachwissen ist natürlich wichtig
Selbstorganisation ist nicht gleich Selbstbestimmung	• Soziale Konflikte: Das Team hat keine Reife zur Selbstorganisation, Dynamik in den Teams • Wertekonflikte: basisdemokratisch versus hierarchisch	• Mehr Kundenperspektive, weniger Selbstverwirklichung • Die sieben Delegationsstufen mit dem Team durchgehen und Entscheidungskompetenzen definieren

Beobachtung	Konfliktarten, die sich daraus ergeben	Umgang damit
Eine starke Beziehungsebene bringt Konfliktvermeidungs-Strategien mit sich.	• Beziehungskonflikte: Feedback wird zurückgehalten, keine ausreichende Konfliktkommunikation • Wertekonflikte: Umgang mit Emotionen	• Mehr Haltung, mehr ansprechen, weniger mit sich herumschleppen und vertuschen • Sinn und Zweck von Feedback verdeutlichen, WWW-Regel (Wahrnehmung, Wirkung, Wunsch) und im Tandem sowie im Team üben
Unterschiedliche Erwartungen hinsichtlich Agilität bezüglich Ablauf- und Aufbauorganisation	• Beurteilungskonflikt • Zielkonflikt	• Mehr fragen und zuhören, weniger schnell bewerten und lang beharren • Einen moderierten Austausch zu den eigenen, den gegenseitigen und externen Erwartungen ermöglichen
Verstärktes cross-funktionales Arbeiten	• Schnittstellenkonflikte: Widersprüche bei Entscheidungen, Verantwortungen, Meetingkultur • Verteilungskonflikte: Wer erhält welche Ressourcen und Entscheidungskompetenzen? • Kompetenzrangeleien	• Mehr Teamarbeit, weniger Egodenken • Mit einer guten inneren Haltung den Prozess in der Moderationsrolle des Teamgestalters begleiten
Verteilte Führung	• Rollenkonflikte: Muss der Scrum Master Konflikte lösen oder nicht? • Identitätskonflikte für Führungskräfte: weniger formale Macht bei Entscheidungen	• Mehr Open Mindset, weniger Closed Mindset • Raum für neue Perspektiven und Ideen erzeugen

Umgang mit Konflikten

Ziel der Konfliktmoderation ist, mehr Klarheit für alle Beteiligten zu erlangen, die Zusammenarbeit zu stärken und für mehr Effizienz und Effektivität zu sorgen. Um die Konfliktmoderation erfolgreich durchzuführen, ist es wichtig, Vertrauen zu erwerben. Das hilft Ihnen dabei:

Ziel der Konfliktmoderation ist, mehr Klarheit für alle Beteiligten zu erlangen.

- Seien Sie empathisch: ein wohlwollendes, verständnisvolles Einfühlen in „die Schuhe des Gegenübers", dessen Gedankenwelt und Gefühle. Das bedeutet nicht, diese gutzuheißen, sondern sie nachvollziehen zu können.
- Bewerten Sie nicht: Gefühle und Gedanken von anderen sind wie sie sind. Versuchen Sie keine moralischen Bewertungen und Schuldzuweisungen. Hoffen Sie nicht auf andere Gedanken bei anderen. Ordnen Sie nicht in Schubladen.
- Glauben Sie ihrem Gesprächspartner: Trauen Sie grundsätzlich erst einmal den Aussagen und versuchen Sie „seine Wahrheit" zu verstehen.

- Nehmen Sie Widerstände ernst: Argumentieren Sie nicht dagegen, sondern akzeptieren und berücksichtigen Sie den vorhandenen Widerstand. Das kann diesen schon verringern.
- Nehmen Sie Gefühle ernst: Spiegeln Sie beim aktiven Zuhören nicht nur das Verbale, sondern auch das Nonverbale wider.
  - „Bei mir kommt das Gefühl eines inneren Widerstands an."
  - „Ich nehme eine sehr starke Emotion bei Ihnen wahr."
  - „Können Sie damit etwas anfangen?"
  - „Was denken Sie?"
- Reagieren Sie nicht gereizt, wenn es emotional wird. Nehmen Sie die Gefühle wahr, akzeptieren Sie sie und gehen Sie konstruktiv darauf ein.
- Trennen Sie sich von liebgewonnenen Hypothesen: Manchmal hat man sich in die eigene Hypothese verguckt und es fällt schwer, sich von ihr zu verabschieden.
- Achten Sie auf Sekundärmotivation: Was ist das Positive, wenn die Person nicht mit dem Rauchen aufhört? Was ist der versteckte Gewinn, auch wenn er noch so schwer zu erkennen ist?

Worauf Sie bei der Moderation achten sollten

Als Teamgestalterin sind Sie dafür verantwortlich, dass das Gespräch in Gang kommt und sich auf optimale Weise entfalten kann. Hierzu setzen Sie von Anfang an klare Strukturen und Grenzen. Sorgen Sie dafür, dass Grundgesprächsregeln eingehalten werden und ein geordnetes Gespräch überhaupt möglich ist.

Lassen Sie kontaktstiftende Dialoge laufen. Unterbrechen Sie Wortwechsel, die in eine Sackgasse führen, beziehungsweise ergänzen, vertiefen und/oder konkretisieren Sie diese. Die Gestaltung des äußeren Rahmens und des Ablaufs liegen in Ihrer Hand. Achten Sie darauf, dass Ihnen diese Aufgabe nicht aus der Hand genommen wird und entgleitet. Das bedeutet jedoch nicht, dass Sie die Vorschläge und Wünsche der Teilnehmenden übergehen. Ihre Interventionen führen Sie freundlich, aber bestimmt durch. Versehen Sie diese mit einer Begründung, einem inneren und/oder sichtbaren Lächeln von Herz zu Herz.

Achten Sie besonders darauf, dass die Gesprächspartner …

- … einander ausreden lassen (notieren Sie sich zeitliche Redeanteile),
- … Ich-Botschaften benutzen („ich sehe das so …"),
- … Deutungen und Wertungen vermeiden („das ist doch so, weil …"),
- … Verallgemeinerungen unterlassen („immer, nie …"),
- … nicht zu unkonkret in Metaphern reden („wie eine Biene in der Sonne …"),
- … sich nicht rechthaberisch an Schilderungen „wie es war" festbeißen,
- … Widerstände und Störungen nicht übergehen (diese haben Vorrang) und
- … an kritischen Stellen gegenseitig paraphrasieren.

ALHPA – fünf Schritte zur Konfliktlösung

Es gibt viele Möglichkeiten, einen Konflikt zu moderieren. Wir möchten an dieser Stelle die fünf Phasen der Mediation nach Anita von Hertel empfehlen, mit denen wir sehr gute Ergebnisse erzielt haben. Die ALPHA-Struktur bietet ein gutes Gerüst auch für die Konfliktmoderation.

- **A** Auftragsklärung
- **L** Liste der Themen bearbeiten
- **P** Positionen auf dahinter liegende Interessen untersuchen
- **H** Heureka
- **A** Abschlussvereinbarung

Auftragsklärung – was soll genau geklärt werden?
Im Rahmen der Auftragsklärung beschreiben alle Beteiligten ihre Themen. Diese werden eingrenzt, um das Klärungsziel bestmöglich zu definieren, indem alle ihre Erwartungen an den Inhalt und die Ziele äußern. Des Weiteren wird der organisatorische Rahmen festgelegt, unter anderem die Rolle des Mediators, Vertraulichkeit, Allparteilichkeit, Ort, Umfang und Kosten.

Hilfreiche Werkzeuge:

- Wasserfall: Sie lassen den Gesprächspartner reden, schreiben dabei mit und unterbrechen ihn nicht. „Sie erzählen jetzt und ich bin ruhig. Damit ich Sie möglichst genau verstehe, schreibe ich Stichworte mit. Wundern Sie sich also nicht."
- Strukturiertes Spiegeln: Der Gesprächspartner sieht sich und andere durch das Spiegeln in einer neuen Perspektive: „Was ich verstehe …", „Ich formuliere es einmal mit meinen Worten …".
- „Getting to Yes": Dies ist wie das Spiel „Tit for Tat". Ohne ein wirkliches „Ja" gibt es keinen Fortschritt. Es geht darum, ein einheitliches Tempo zu erlangen. Ansonsten geht es Ihnen wie einem Reiseleiter, der seine Tour herunterbetet und bemerkt, dass er einen der Teilnehmenden bei der ersten Station vergessen und dieser alle weiteren Informationen nicht mitbekommen hat. Fragen Sie immer nur nach einer Sache, ruhig und langsam in einem Satz. Gehen Sie ins Detail:
  - „Es gibt da das IT-Team?" Pause – „ja".
  - „Viele Teammitglieder haben unterschiedliche Zielvorstellungen." Pause – „ja".
  - „Dem einen ist das eine wichtig, dem anderen nicht. Können Sie sich das vorstellen?" Pause – „ja".
- ALPHA-Struktur rückwärts:
  - Abschlussvereinbarung: Sie wollen, dass das Miteinander besser wird als es aktuell ist? Ja! Sie möchten, dass es dafür Regeln gibt, denen sich alle verpflichten? Ja!
  - Heureka: Sie benötigen Ideen für Regeln und generell zur Verbesserung der Zusammenarbeit? Ja!
  - Positionen & Interessen: Deshalb wollen Sie vorher miteinander sprechen und die Sichtweisen der Einzelnen kennenlernen? Ja!
  - Deshalb ist es wichtig, sich vorher auf das zu einigen, das Sie in der gegebenen Zeit besprechen wollen? Ja!

- Auftragsklärung: Davor sollte der Rahmen stehen, damit Sie sich auf das alles einlassen können? Ja!

Rahmenbedingungen klären:

- Wann soll alles fertig beziehungsweise wann soll das Problem gelöst sein (Karotte)?
- Wann kann/soll es losgehen (Zeitpunkt)?
- Wer ist bei der Mediation/Moderation dabei (Personen)?
- Wann wäre die Situation entschärft/gelöst (Zielformulierung)?
- Woran könnten wir erkennen, dass das Ziel erreicht ist (Ergebnis-Check)?
- Wie realistisch ist es, dass wir das Ziel erreichen (Realitäts-Check)?
- Welche Erfolgswahrscheinlichkeit sehen Sie (Erfolgs-Check)?
- Nehmen wir einmal an, es klappt nicht. Was machen Sie dann (Alternativen-Check)?
- Wie hoch ist das Honorar (Kostenrahmen)?
- Welche Aufgaben gibt es vorher noch zu erledigen (To-dos)?

Erhebung:

- Direkte Befragung Einzelner (Interviews)
- Telefonat

Liste der Themen bearbeiten – verstehen und verstanden werden!
In dieser Phase werden die zuvor erarbeiteten Konfliktthemen besprochen. Jeder hat die Gelegenheit, das anzusprechen, das ihm wichtig ist und bearbeitet werden soll: Inhaltliches, Fachliches, Emotionales oder Sonstiges. Für Sie als Teamgestalterin gilt hier vor allem, aufmerksam zuzuhören, damit erste Verständnisbrücken entstehen.

Achten Sie darauf:

- Begrüßung und Ankommen wertschätzend zu gestalten.
- Die Moderatorenrolle zu klären.
- Das Vorgehen der Mediation zu erläutern.
- Möglicherweise Spielregeln/Gesprächsregeln zu vereinbaren.
- Absprachen zu Vertraulichkeit und Verantwortung zu treffen.
- Ein kurze Vorstellungsrunde durchzuführen.
- Transparenz über den bisherigen Kontaktverlauf Moderator – Auftraggeber zu bieten.
- Die Ziele und Erwartungen zu verdeutlichen.
- Das gemeinsame Einverständnis zum Start in die Konfliktklärung zu geben.
- Das erhoffte Ergebnis zu formulieren: Wann wäre die Situation verbessert/gelöst? Woran könnten Sie erkennen, dass die Ziele erreicht sind?
- Den Anlass und das zeitliche Auftreten des Konflikts transparent zu machen (nacheinander).
- Situationsbeschreibungen aus der jeweils subjektiven Sicht nacheinander einzuholen.
- Die Vereinbarung zu treffen, dass alle anderen zuhören, gegebenenfalls sich Stichworte machen können und die Rednerin nicht unterbrechen.
- Die abschließenden Beschreibungen mit der Zielformulierung abzugleichen.

Hilfreiche Werkzeuge:

- Wasserfall: Sie lassen die Person erst aussprechen, auch wenn es länger dauert.
- Strukturiertes Spiegeln: Sie betrachten einen Aspekt nach dem anderen und holen dazwischen immer ein „Getting to Yes" ein.
- „Gruppen-Getting-to-Yes": Sie holen ein wirkliches „Ja" von der gesamten Gruppe ein. Alternativ fordern Sie die Zustimmung mit dem Daumen ein.
- Simultane Visualisierung: Sie fassen die Worte parallel auf dem Flipchart oder auf Post-its in einem Bild zusammen.

Priorisierung:

- Themenliste diskutieren lassen
- Einigung über Reihenfolge

Positionen auf dahinter liegende Interessen untersuchen – was steckt wirklich dahinter?

Worum geht es eigentlich? Dies ist einer der relevantesten Schritte innerhalb der fünf Phasen. Es geht darum, hinter dem Gesagten, den Positionen und Forderungen der Beteiligten die persönlichen Werte, Bedürfnisse und Interessen zu erkennen und zu ihnen zu gelangen:

Achten Sie darauf:

- Die Gründe für die Sichtweisen anderer zu erkennen und zu spiegeln.
- Im Gespräch Hintergründe zu erfragen (W-Fragen: Wer, wie, was, wann, wo?).
- Das Gesagte zusammenzufassen oder zusammenfassen zu lassen (Was habe ich verstanden?).
- Die unterschiedlichen Standpunkte durch den Moderator zu würdigen.

Hilfreiche Werkzeuge:

- Unterschied Positionen und Interessen: Erforschen Sie, was wird gesagt, was liegt beim Eisberg an der Oberfläche (Positionen) und was schwimmt unterhalb der Wasseroberfläche an Bedürfnissen und Interessen.
- Doppeln: Stellen Sie sich bei dieser Übersetzungsmethode neben den Protagonisten, fragen Sie, ob Sie für ihn etwas sagen können, und schauen Sie, wie dies wirkt. Die Person stimmt ihren Worten zu oder gibt es (noch besser) in ihren Worten wieder. So entsteht ein Dialog, der zuvor nicht entstehen konnte.
- Brücke der Verständigung: Fragen Sie immer wieder, was die andere Person denkt, meint, fühlt, wenn der Protagonist die Worte dieser anderen Person hört, und werfen Sie den Ball danach auf die andere Seite der Brücke.
- Metaphern nutzen: So entstehen gemeinsame Bilder und eine gemeinsame Sprache, die wichtig für den Annährungsprozess der unterschiedlichen Sichtweisen sind.
- Aporien aufzeigen: Eine Aporie ist die philosophische Unmöglichkeit, auf eine Frage eine Antwort ohne Widerspruch zu erlangen. Was war zuerst da, die Henne oder das Ei? Struktur versus Freiheit.

Heureka – Ideen entwickeln!
Heureka kommt aus dem Griechischen und ist der Ausruf für neue Ideen. Wenn die Interessen transparent sind und gegenseitiges Verständnis vorliegt, dann läuft es oftmals ganz von alleine. Natürlich ist in dieser Phase auch die Unterstützung von Kreativitätstechniken erlaubt, um neue Ideen und Lösungen für den Konflikt entstehen zu lassen:

Achten Sie darauf:

- Lösungen mithilfe unterschiedlicher Methoden zu suchen.
- Die Vorschläge ohne Bewertung zu betrachten.
- Unter Umständen die Moderation durch Teilnehmende durchführen zu lassen.
- Die Ideen auf Stärken und Schwächen zu überprüfen.
- Bei der Auswahl der Lösungsmöglichkeit zu unterstützen.
- Die finale(n) Lösung(en) genau zu formulieren.

Hilfreiche Werkzeuge:

- „Brainwriting“: Jede Person schreibt ihre Ideen zuerst auf Karten auf und stellt diese dann vor. Das verhindert, im Vergleich zum Brainstorming, dass sich die Teilnehmenden zurückziehen (Lazy Co-Workers) oder sofort der Ranghöchsten zustimmen (Authority Bias).
- 6-3-5-Methode: Diese Gruppenkreativtechnik eignet sich für die Ideenfindung bei konkreten Fragen. Dabei schreiben sechs Teilnehmer auf je ein Blatt je drei Ideen auf und reichen dann das Blatt insgesamt fünfmal an ihre Nachbarn weiter.

Abschlussvereinbarung – wer macht was, wann, wo und wie genau?
In dem finalen Schritt suchen die Beteiligten aus den zuvor generierten Lösungsmöglichkeiten, die passendste(n) Lösung(en) für sich aus. Hierbei ist es wichtig, die erzielten Vereinbarungen und Regelungen schriftlich genau zu fixieren, damit die erzielten Ergebnisse sich im Arbeitsalltag nicht in Luft auflösen.

Achten Sie darauf:

- Eine abschließende Zustimmung der Konfliktpartner zur Lösung einzuholen (ein lautes „Ja“ oder eine Zustimmung mit dem Daumen).
- Die erarbeiteten Maßnahmen zur Umsetzung, inklusive des zeitlichen Vorgehens, zu planen und dokumentieren (Wer hat was und bis wann zu tun?).
- Das Protokoll anzufertigen.
- Ein Abschlussritual durchzuführen.
- Rechtliche Aspekte zu beachten.
- Einen Hinweis auf ein Follow-up in zwei bis drei Monaten zu geben.

Konfliktmoderation am konkreten Beispiel

Um die Konfliktmoderation für das praktische Vorgehen noch besser zu verdeutlichen, schildert Thorsten hier ein ausführliches Beispiel:

Das Telefon klingelte: Herr Darms, Geschäftsführer eines Trägers für Erwachsenenbildung, war am Apparat. Wir kannten uns bereits aus anderen Zusammenhängen. Am Telefon schilderte er von einem seiner Projektteams, das vor gut einem Jahr neu zusammengestellt worden war. In einem Pitch hatte der gemeinnützige Verein ein neues Projekt akquiriert, in dem es darum ging, Arbeitslosengeld-II-Bezieherinnen, die über 50 Jahre alt waren, fit für die Digitalisierung zu machen.

Das Besondere an dem sechsköpfigen verantwortlichen Projektteam war die interdisziplinäre Ausrichtung und Zusammenstellung. Neben Sozialpädagogik, Psychologie und Informationstechnik war auch eine betriebswirtschaftliche Ausbildung vorhanden, um die Zielgruppe mit ihren vielschichtigen biografischen Hintergründen, Vorkenntnissen, Einstellungen und Verhaltensweisen dem ersten Arbeitsmarkt wieder näherzubringen.

Entsprechend unterschiedlich waren die Betrachtungsbrillen der sechs Teammitglieder, ihre Denkansätze und Meinungen zu den Inhalten und dem Vorgehen innerhalb des Projekts. Wo unterschiedliche Sicht- und Vorgehensweisen aufeinanderprallen, entstehen Konflikte. Die Konfliktsymptome waren vielfältig und die Situation voll mit gegenseitigen Vorwürfen beladen.

Die Teamleiterin schaffte es in den letzten Monaten nicht, die Zusammenarbeit zu optimieren. Ganz im Gegenteil: Die Teilnehmenden der Maßnahme kamen immer weniger ins Projektbüro, zu den Seminaren und Einzelcoachings, denn die Stimmung war alles andere als einladend.

Nach vielen Fragen meinerseits und Antworten seinerseits, entstand ein erstes Bild vor meinen Augen. Auf die Frage nach einem Vorschlag für das weitere Vorgehen, skizzierte ich folgenden Rahmen:

Vorgehen

Die einzelnen Schritte in der Übersicht:

Beteiligte	• 1 × Geschäftsführer • 6 × Mitarbeitende, davon 1 × Teamleiterin, 1 × Psychologin, 2 × Pädagoge und 1 × Datentechnik
Vorabinterviews	• 7 × Interviews à 60–90 Minuten mit der Geschäftsführung und allen Teammitgliedern • Ort: neutraler Raum
Mediation	• Tag 1: 09.00–17.00 Uhr, eventuell auch länger • Tag 2: 08.30–14.00 Uhr
Evaluation	• Follow-up 0,5 Tage, 2–3 Monate nach der Mediation
Ort	• Neutrale Räumlichkeiten außerhalb

Vorabinterviews

Die Vorabinterviews haben mehrere Ziele:

Für die Teilnehmenden geht es darum,

- sich vorzustellen,
- die individuelle Sicht auf den Konflikt zu schildern,
- Fragen zu stellen, die bislang ein richtiges Einlassen auf den Prozess verhindern,
- sich selbst und die eigenen Themen für den Workshop zu sortieren sowie
- die innerliche Anspannung zu reduzieren.

Für die Teamgestalterin geht es darum,

- sich vorzustellen,
- den Rahmen des Workshops, inklusive Zielen und Vorgehen, zu skizzieren,
- Raum für Fragen zu ermöglichen,
- gut zuzuhören und das Gehörte widerzuspiegeln,
- den Teilnehmenden mehr Sicherheit zu vermitteln,
- einzelne Puzzlestücke für das Gesamtbild kennenzulernen und
- anschließend in der Lage zu sein, Arbeitshypothesen zu formulieren.

„Es ist biologisch (durch unsere Gehirne) nicht möglich, sich zu verstehen. Es gibt nur Annäherungen." Dieses Zitat des chilenischen Biologen und Philosophen Humberto Maturana, ist, so finden wir, eine Unterstützung für die eigene Haltung in den Interviews. Es vermittelt Wohlwollen, Neutralität und Forschersinn, die Sie für die Gespräche benötigen.

Ein einheitlicher Einstieg und ein gleiches Vorgehen bei jedem Interview helfen. Allerdings raten wir nicht zu einem standardisierten Interviewleitfaden, sondern dazu, sich nach der Einleitung auf die Antworten der Gesprächspartnerin einzulassen und die weiteren Fragen danach auszurichten.

Folgende Sätze und Fragen sollen Sie unterstützen:

- „Guten Tag und hallo! Wir sitzen hier zusammen, weil es in Ihrem Team Konflikte in der Zusammenarbeit gibt."
- „Mein Name ist Thea Teamgestalterin. Als neutrale Dritte ohne Entscheidungskompetenz unterstützte ich Konfliktparteien darin, Lösungen zu (er)finden, die deren Bedürfnisse und Interessen berücksichtigen."
- „Das geschieht durch ein strukturiertes Verfahren, das heute mit den Einzelinterviews beginnt. Wir haben hier die Gelegenheit für ein erstes Kennenlernen. Sie erzählen, was für Sie wichtig ist, damit ich die Gesamtsituation und Sie bestmöglich verstehe. Darüber hinaus können Sie mir gerne auch Fragen stellen."
- „Das heute Gesagte bleibt vertraulich unter uns beiden und das, was im Workshop gesprochen wird, bleibt innerhalb der Gruppe und mir. Die Gruppe entscheidet am Ende gemeinsam, was sie von den erzielten Ergebnissen nach außen tragen möchte."
- „Sie entscheiden, was Sie mir in den nächsten 60 bis 90 Minuten erzählen und was nicht. Sie formulieren ihre Themen. Im nächsten Schritt treffen wir uns dann alle gemeinsam. Dabei ist sichergestellt, dass nichts passiert, was Sie nicht wollen."

- Metapher „Marktplatz“ nach Anita von Hertel: „Heute teilen Sie mir mit, welche Inhalte Sie auf Ihren individuellen Einkaufzettel schreiben möchten. Am ersten gemeinsamen Tag geht es dann im ersten Schritt darum, eine gemeinsame Einkaufsliste für alle zu erstellen. Erst am zweiten Tag gehen wir zum Markt. Dort gehen wir von Marktstand zu Marktstand und kaufen die Dinge ein, die auf den Einkaufslisten stehen, beziehungsweise besprechen die einzelnen Themen und Ziele.“
- Wie schätzen Sie die aktuelle Zusammenarbeit auf einer Skala von 1 bis 10 ein? Dabei ist 10 der positivste und 1 der negativste Wert.
- Glauben Sie, dass die anderen Teammitglieder den Konflikt genauso bewerten?
- Woran erkennen Außenstehende, dass der Konflikt die genannte Zahl auf der Skala hat?
- Was würde den Konflikt verschlimmern?
- Was würde den Konflikt reduzieren?
- Was ist das Positive an dem Konflikt?
- Woran würden Sie und andere merken, dass der Konflikt gelöst worden ist?
- Was wurde bereits unternommen, um den Konflikt zu lösen?
- Was davon war hilfreich, was nicht?
- Welche Frage habe ich vergessen, Ihnen zu stellen, um den Konflikt verstehen zu können?

Jeder Mensch hat das Bedürfnis, verstanden zu werden. Nachdem die Interviewpartnerin das Problem aus ihrer Sicht geschildert hat, ist es deshalb wichtig, dass Sie das Gesagte wiedergeben:

- Damit unser Interview sinnvoll ist, fasse ich einmal zusammen, was ich gehört habe. Ist das okay für Sie?
- Es gibt Sie und fünf weitere Teammitglieder? („Ja“, langsames „Getting to Yes“.)
- Die Situation innerhalb des Teams ist wie im Boxring, nur dass sie nicht mit Fäusten, sondern mit Worten, Mimik und Gestik kämpfen (in Bildern und Metaphern sprechen).
- Max hält seine Verabredungen nicht ein? (Thema für Thema, nicht mehrere Themen mischen.)
- ALPHA rückwärts: Sie möchten wieder besser zusammenarbeiten? „Ja!“ Sie möchten, dass Sie sich im Team dafür auf konkrete Ergebnisse einigen und daran halten? „Ja!“ Dafür benötigen Sie eine oder mehrere Ideen? „Ja!“ Dafür sollten Sie vorher miteinander reden und die Perspektiven der anderen nachvollziehen? „Ja!“
- Bis wann sollte das erreicht sein? Wie ist Ihre Einschätzung?
- Was müsste passieren, damit alle den erarbeiteten Ideen zustimmen (lösungsorientierte Fragen)?
- Welche Dinge sollten wir noch bedenken?

Tipp

Gerade bei den ersten Sätzen ist das Zuhören ohne Unterbrechung besonders wichtig (Wasserfall). Ein Redebeitrag kann minutenlang ohne Punkt und Komma gehen, da die Rednerin so viel innerlichen Druck spürt und das Reden als Ventil empfindet. Hilfreich ist es, reichlich Papier und Stifte dabeizuhaben, durch Mimik und Gestik das aktive Zuhören zu signalisieren und die wichtigsten Schlüsselworte zu unterstreichen.

Auswertung der Vorabinterviews

Bei den Interviews können schon einige Seiten Papier zusammenkommen. Meine Auswertungsmethode, besteht aus vier Schritten:

1. Alle Interviews in konzentrierter Ruhe durchlesen und dabei die Schlüsselworte und andere für das eigene Empfinden wichtigen Worte mit Textmarker markieren.
2. Den Durchschnittswert der Skalenfrage(n) errechnen und auf einem Flipchart, einschließlich der Abweichungen, visualisieren: Wie schätzen Sie das aktuelle Miteinander, die Kommunikation, Stimmung auf einer Skala von 1 bis 10 ein?
   Visualisieren Sie dies auf einer Flipchart-Seite. Das kann auch eine Metapher sein. Wichtig ist dabei, dass eine externe Außensicht als vereinfachende Betrachtungsweise und als neuer, gemeinsamer Blickwinkel angeboten wird. Dieses Bild zeige ich nicht immer im Workshop, aber es ist gut, es dabeizuhaben, vor allem, wenn es stockt.
3. Formulieren von Arbeitshypothesen:
   a) „Das Team befindet sich in der Trauerphase aufgrund des Weggangs eines wichtigen Teammitglieds und versucht, diese Emotionen zu unterdrücken."
   b) „Die unterschiedlichen Disziplinen können sich aufgrund der unterschiedlichen Bedeutungen von Begriffen nicht verstehen."
   c) Hier gilt das Gleiche wie beim Bild. Es ist sehr wichtig, die Arbeitshypothesen für sich formuliert zu haben, ich präsentiere sie nicht unbedingt im Workshop.

Konfliktmoderation

Das wichtigste in der Konfliktmoderation ist die eigene Haltung. Mit welcher Einstellung, welchen Gedanken, Gefühlen und Erwartungen gehen Sie in die Konfliktmoderation hinein?

Wie ist der Raum beschaffen? Wir empfehlen einen Stuhlkreis mit passendem Abstand, Post-its, ein Flipchart und reichlich Stifte als Ausstattung.

Phase: Auftragsklärung – der Einstieg
Bezogen auf unser Fallbeispiel sollen die nun folgenden Sätze und Fragen Ihnen Orientierung geben:

- „Guten Tag und hallo! Wir sitzen hier zusammen, weil es in Ihrem Team Konflikte in der Zusammenarbeit gibt."
- „Mein Name ist immer noch Thea Teamgestalterin. Wir haben uns am Montag bei den Einzelinterviews kennengerlernt."
- „Mir ist es wichtig, nochmals zu wiederholen, was ich allen bereits im Einzelgespräch gesagt habe: Ich unterstützte in meiner Arbeit Konfliktparteien darin, Lösungen zu (er)finden, die deren Bedürfnisse und Interessen berücksichtigen. Meine Rolle ist die einer neutralen dritten Person ohne Entscheidungskompetenz."
- „Das geschieht durch ein strukturiertes Verfahren, das mit den Einzelinterviews bereits begonnen hat. Sie haben mir berichtet, welche Themen Ihnen wichtig sind."
- „Heute geht es im ersten Schritt darum, einen gemeinsamen Plan/Markteinkaufszettel zu erstellen, bevor wir morgen oder bereits heute zum Markt gehen und dort die einzelnen Themen an den einzelnen Marktständen besprechen."

- „Das, was hier heute und morgen besprochen wird, bleibt in diesem Raum. Mit der Geschäftsführung ist abgesprochen, dass ich über die Inhalte und Ergebnisse nicht berichten werde. Was und was nicht aus diesem Workshop transportiert wird, entscheiden Sie alleine am Ende des Workshops. Haben Sie dazu noch Fragen?"
- „Nun geht es los. Jede(r) darf sich in der Einstiegsrunde äußern: Was wäre gut zu besprechen, was soll in den beiden Tagen thematisiert werden?"
- „Manche gestalten dies so, dass sie nach der Hierarchie vorgehen, andere danach, wer am längsten im Unternehmen ist. Es kann auch das Küken, also das jüngste Teammitglied nach Zugehörigkeit, anfangen. Die Reihenfolge legen Sie fest."
- „Bestimmt möchten Sie zu den Inhalten Ihrer Kollegen später etwas sagen. Nehmen Sie sich deshalb Stift und Papier und machen Sie sich Notizen."

Das hilft während der Einstiegsrunde:

- Wenn festgelegt worden ist, wer starten soll, schauen Sie die Person an, wie sie reagiert.
- Schreiben Sie mit und unterstreichen Sie die Schlüsselworte.
- Schreiben Sie die Themenwünsche jeweils auf gelbe Post-its.
- Nachdem alle geredet haben, spiegeln Sie die einzelnen Wortbeiträge und holen Sie für die Themenwünsche ein „Getting to Yes" für jedes gelbe Post-it von der Themengeberin in der offenen Runde ein.

Phase: Auftragsklärung – Themensammlung

- Nachdem von jedem Einzelnen das „Getting to Yes" für das eigene Thema abgeholt worden ist, erhält die Gruppe nun die Aufgabe, alle gelben Post-its zu sortieren.
- Die Teilnehmenden erhalten jede(r) einen Stapel gelber Post-its. Bitten Sie darum, diese an der Wand zu clustern.
- Dabei ist es wichtig, sich als Teamgestalter herauszuhalten, damit die Teilnehmenden ins Gespräch kommen und (erste) Verantwortung übernehmen.
- Nachdem alle Post-its geclustert worden sind, fragen Sie nach passenden Überschriften für die Cluster und schreiben dafür einen andersfarbigen, größeren Post-it.
- Blicken Sie abschließend mit allen Teilnehmenden auf das gemeinsame Bild und fragen Sie, ob sich alle wiederfinden oder es Impulse zur Veränderung (Umformulierung) gibt.

Phase: Auftragsklärung – zeitliche Eingrenzung

- Nun geht es darum, allen eine zeitliche Vorstellung für Klärung aller an der Wand klebenden Themen zu geben, Prioritäten zu erkennen und die intrinsische Motivation für den nächsten Schritt zu unterstützen.
- „Wir wollen nun eine zeitliche Vorstellung für das Bearbeiten der Themen entwickeln. Mit Blick auf das erste Thema (von links nach rechts). Wie viele Minuten möchten Sie selbst etwas dazu sagen (Timeboxing)?"
- „Bitte heben Sie Ihre Finger in die Höhe. Ein Finger ist gleich eine Minute (orange Post-its für Timebox zu den Themenüberschriften)."
- „Knapp drei Stunden reine Redezeit ohne Kommentare und Vereinbarungen. Meinen Sie das geht?"

- „Wir müssten uns heute schon überlegen, was das Ziel hinter dem Ziel ist. Wofür ist das sinnvoll (aufmalen/aufschreiben)? Antwort: Der Ablauf ist rund und belastet uns weniger."

Phase: Auftragsklärung – Widerstände und Hindernisse frühzeitig erkennen

- „Bevor es losgeht mit dem ersten Thema, habe ich noch zwei Fragen: „Wie ist die aktuelle Teamstimmungstemperatur (0 = grauenvoll; 100 alles ist super)? Bitte schreiben Sie die Zahl auf einen Zettel."
- Sie als Teamgestalterin notieren die Prozentzahlen sichtbar auf einem Flipchart neben dem jeweiligen Namen.
- „Jetzt kommt die zweite Frage: Wie hoch ist die Chance, dass Sie Ihre Themen bis morgen klären (0 = niemals; 100 auf jeden Fall)?"
- Machen Sie den Widerstand sichtbar und schreiben Sie die Zahlen rechts neben die genannten Erfolgschancen, zum Beispiel 20 Prozent und 40 Prozent.
- Wenn die Zahl unter 50 Prozent liegt, bedeutet dies, dass der Widerstand höher ist als der eigentliche Glaube, eine Lösung für den Konflikt zu erarbeiten. Ein Anfangen ist so nicht sinnvoll. Spiegeln Sie dieses! Seien Sie provokant mit einer guten Beziehung zu den Teilnehmenden. „Ich verstehe, Sie finden, dass wir zu wenig Zeit für die Themen haben. Bedeutet das, dass es sich nicht lohnt anzufangen und ich jetzt gehen kann? Ich brauche ein wirkliches ‚Ja' von Ihnen, dass Sie sich bei den gegebenen Rahmenbedingungen darauf einlassen wollen oder nicht."
- Nun geht es um ressourcenorientierte Fragen: „Was ist nötig, um von 20 Prozent auf über 50 Prozent zu gelangen?"
- Spiegeln Sie die Hauptwiderstände in unserem Fallbeispiel: 1) Fehlender Mut: Niemand möchte den anderen verletzen und auch nicht von anderen verletzt werden. 2) Die Zeit ist zu knapp.
- „Was braucht es dazu, dass Sie mutiger werden? Nicht, um wie Superman oder Superwoman durch die Luft zu fliegen, sondern um über die Ihnen wichtigen Themen mutig zu sprechen?"
- „Was braucht es dafür, dass Sie glauben, dass Sie in der gegebenen Zeit gemeinsame Lösungen finden werden?"
- Die Antworten auf die Fragen schreiben Sie nun auf ein weiteres Flipchart-Papier, so entstehen gemeinsame Regeln für die Konfliktmoderation. „Nur in der Ich-Form und anhand konkreter Beispiele Kritik äußern und dabei die WWW-Regel berücksichtigen: So … nehme ich es wahr, auf mich hat es die Wirkung … und mein Wunsch für die Zukunft ist … Die Ergebnisse werden nur bei 100-prozentiger Zustimmung von allen an die Geschäftsführung anonym kommuniziert."
- Erfragen Sie nun nochmals die individuelle Prozentzahl für die Erfolgsaussichten und das Commitment zum Einhalten der selbst aufgestellten Regeln.

Ist / Soll

	IST	Chancen	Chancen nach Regeln
Name 1	70%	60%	70%
Name 2	49%	51%	51%
Name 3	65%	55%	65%
Name 4	50%	40%	80%
Name 5	60%	60%	75%
Name 6	85%	20%	70%

Abbildung 29: Das Vorgehen vom Abfragen der Teamstimmung, über die Einschätzung der Erfolgsaussichten bis hin zur Veränderung der Einschätzung nach dem Sichtbarmachen und Thematisieren der Widerstände vor der Bearbeitung der Themenliste

Phase: Liste der Themen bearbeiten – der Start

Nun geht es endlich los, mögen manche denken. In der Tat kann sich die Auftragsphase lange hinziehen. Sie fühlen sich wie ein Rennpferd, dass Hufe scharrend in der Startbox steht. Doch wer am Anfang langsam geht beziehungsweise ruhig und sauber arbeitet, wird sich über das Ergebnis später freuen. Teilweise dauert die Auftragsphase länger als alle anderen Phasen zusammen.

Oben haben wir bereits die fünf Phasen der Mediation erläutert. An dieser Stelle möchten wir auf das Zusammenspiel der Phasen L, P und H hinweisen. Während die erste Phase, die Auftragsklärung (A), als separate Phase „abgearbeitet" werden kann, sind diese drei Phasen als miteinander verwobene Perlenketten zu betrachten. Die Menschen hören zu, verstehen nun, worum es wirklich geht, und auf einmal entsteht ein Geistesblitz (Heureka) als Idee zu einem anderen Thema, als man ursprünglich gestartet ist. Es ist also wichtig, alle Phasen parallel im Auge zu behalten.

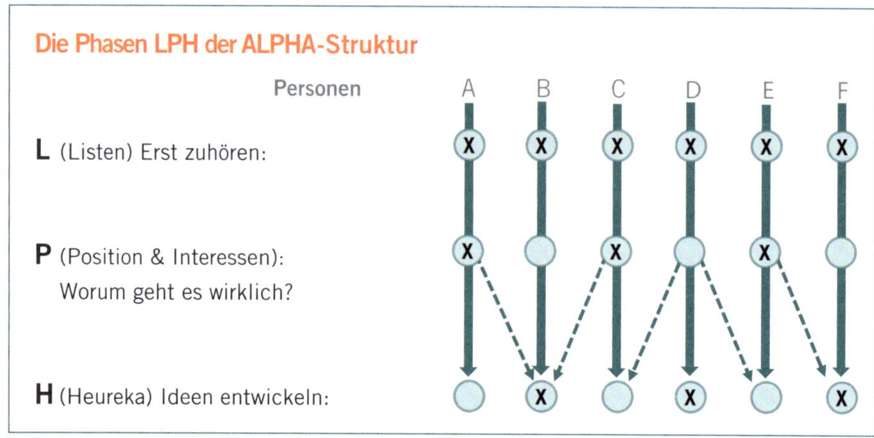

Abbildung 30: Die LPH-Perlenketten, die sich unabhängig vom gewählten Thema verlängern können, sprich: Es können parallel Verständnis füreinander und Ideen entwickelt werden, unabhängig vom ursprünglich gewählten Thema auf der Themenliste.

Hier wieder ein paar hilfreiche Sätze für Sie:

- „Wir starten nun in die nächste Phase, in der Sie die Gelegenheit haben, Ihre Themen anzusprechen und zu besprechen."
- „Bitte nehmen Sie sich ein Thema (Post-it) heraus, mit dem Sie anfangen wollen."
- „Erst kommt die eine, dann der andere. Nennen Sie bitte den Punkt, mit dem Sie aufräumen können."
- „Die Erfahrung zeigt, dass Teams ein gutes Gespür dafür haben, welches Thema zuerst passt."
- „Vielen Dank. Das erste Thema ist: meine Rolle/Profession (im Fallbeispiel). Wer möchte starten?"

Phase: Positionen auf dahinter liegende Interessen untersuchen – Brücke der Verständigung

Wir nehmen permanent Dinge um uns herum wahr. Mit unseren Augen, Ohren, Nasen, Händen nehmen wir Informationen auf. Wahrnehmung ist jedoch nicht nur das Aufnehmen, sondern auch das Verarbeiten von Informationen. Die Verarbeitung der Informationen spielt sich im menschlichen Gehirn ab, das höchst individuell ist. Jeder von uns verfügt über unterschiedliche Erfahrungen, Emotionen, Erinnerungen, Stärken, Vorstellungen, Interessen, Wünsche und Bedürfnisse und blickt so, vereinfacht gesagt, durch eine eigene Brille auf die Geschehnisse. Das bezeichnet er dann als Realität. Jeder nimmt also individuell wahr und hat eine subjektive Realität.

Diese Fakten machen die Konfliktbearbeitung nicht unbedingt einfacher, das können Sie sich denken. Gleichzeitig entlastet dieses Wissen auch. Geht es in der Konfliktbearbeitung doch darum, die subjektiven Realitäten zu teilen (Shared Reality), um ein Verstehen zu ermöglichen und die Konfliktparteien wieder zueinanderzubringen. Konfliktmoderation ist damit auch Beziehungsarbeit, denn ein Verstehen ist erst dann möglich, wenn sich die Beteiligten in die Schuhe des Gegenübers begeben, einen Perspektivwechsel vornehmen und von Herz zu Herz kommunizieren.

Es geht also um eine emotionale Annäherung, die Anita von Hertel die Brücke der Verständigung nennt. Sie servieren als Teamgestalterin quasi die Rosinen auf dem Silbertablett und machen damit ein Verstehen möglich. Nach jedem gesprochenen Satz wechseln Sie den Blick zur anderen Konfliktpartnerin:

- Verstehen Sie, was er sagt?
- Wissen Sie, was er damit meint?
- Glauben Sie ihm, was er sagt? Können Sie ihm das einmal sagen!
- Wofür ist Ihnen das wichtig?
- Glauben , dass er es versteht?
- Kommt Ihnen das bekannt vor?
- Merken Sie, was passiert?
- Haben Sie das schon einmal erlebt?
- Mögen Sie dazu noch etwas sagen?
- Das machte für Sie den Eindruck …
- Wenn es nicht die … gegeben hätte (hypothetisch).
- Könnte man sagen, dass das Missverständnis nun ausgeräumt ist?
- Wenn Sie das hören, glauben Sie das?
- Was dahintersteht habe ich noch nicht ganz verstanden. Geht es um Loyalität, Vereinbarungen, Zuverlässigkeit?
- Dann müssten wir uns das einmal genauer ansehen. Wir wollen uns dem Thema nähern (Brücke der Verständigung).
- Mit dem leichten Thema anfangen …
- Wo stehen wir auf der Skala von 1 bis 10, wenn alle Missverständnisse ausgeräumt sind? Wo stehen Sie jetzt?
- Ich darf einmal zusammenfassen: Es gibt eine Vorstellung?
- Wenn Sie das so hören, meinen Sie, es gibt einen Weg?
- Glauben Sie, dass er …
- Nein? Fragen Sie ihn!
- Was Sie von B hören …, glauben Sie, dass es aus seiner Perspektive der richtige Grund ist?
- Wenn Sie sich das vorstellen?
- „Wussten Sie vorher, weshalb Ihr Kollege das gemacht hat? War da etwas Neues für Sie dabei?“

Phase: Positionen auf dahinter liegende Interessen untersuchen – Bevor-Intervention

Wir kennen es aus unendlichen Diskussionen, das „Ja, aber“! Man hat gerade einmal wieder eines seiner besten Argumente gebracht und ist sich 100 Prozent sicher, dass das Gegenüber jetzt zustimmen wird, nein, sogar muss. Doch dann kommt es wieder: Das „Ja“ klingt zuerst noch freundlich. Es wird länger gezogen als sonst, es folgt eine Atempause, dann kommt das „Aber“. Einfach nur niederschmetternd! Ein „Ja, aber“ ist eine andere Beschreibung für „Nein“ oder „Ich will das nicht“, „Ich bin dagegen“. In der Diskussion raubt ein „Ja, aber“ Kraft, erzeugt Frust und Abstand. Was also tun, wenn es darum geht, Menschen mit auf die Brücke der Verständigung zu nehmen?

Ein „Ja, aber“ zeichnet sich ab. Man erkennt es durch Augenrollen, Stirnrunzeln und tieferes Luftholen. Doch sobald es im Anflug ist, sind Sie schon zur Stelle. Etwa so:

Frau K. (Konflikt) ist bewusst, dass sie am Anfang der Konfliktmoderation in der Runde zugestimmt hat, zuhören zu wollen. Doch gerade guckt sie fast schon abwesend durch Herrn Besserwisser hindurch. In ihrem Magen rumort es, als Herr B. die Art der Kommunikation beschreibt. Frau K.'s Gesicht bekommt immer mehr Farbe, nun holt sie tief Luft und schnaubt:

„Ja, Herr B., a...“

Teamgestalterin: „Entschuldigung! Bevor Sie das jetzt sagen, Frau K., möchte ich kurz eine Rückmeldung geben, ist das okay für Sie?“

Frau K., die eben noch verwundert über die Unterbrechung gewesen ist, antwortet: „Ja, gerne.“

Teamgestalterin: „Für mich wirkt es so, als ob Sie die Worte von Herrn B. wütend gemacht haben.“

Frau K.: „Ja“, und nickt.

Teamgestalterin: „Gerade, weil es Ihnen so wichtig ist, waren Sie eben lautstark. Keine Angst, Sie können sich dazu gleich noch äußern. Damit Herr B. Sie dann versteht, bedarf es mehr akustischer Ruhe, okay?“

Frau K.: „Ja“, und nickt wieder.

Teamgestalterin: „Sie haben heute beide die Gelegenheit, alles zu sagen, was Ihnen am Herzen liegt. Dafür ist es wichtig, dass wir uns gegenseitig zuhören. Das ist meine Haltung in der Konfliktmoderation.“

Die Stimme der Teamgestalterin ist dabei zuerst flink (Entschuldigung) und langsam, wird dann immer langsamer und ruhiger.

Phase: Positionen auf dahinter liegende Interessen untersuchen – Unterschied
Wenn wir im Workshop nach dem Unterschied zwischen Interessen und Positionen fragen, haben bislang noch nie alle Teilnehmenden die Hände gehoben. „Das, was ich sage, ist doch mein Interesse“, lautet oft die Antwort. Für die Bearbeitung von Konflikten ist der Unterschied jedoch enorm wichtig.

Das wohl bekannteste Beispiel für die Verdeutlichung des Unterschieds von Position und Interesse, ist der Streit der zwei Schwestern: Die beiden Schwestern zanken sich in der Küche lautstark um eine Orange. Jede möchte die Orange haben. „Ich will sie haben.“ „Nein, ich!“ Der Ton wird immer lauter.

Irgendwann schaltet sich die Mutter genervt ein, teilt die Orange mit dem Messer in der Mitte durch und gibt jeder Schwester eine Hälfte.

Nachdem Ruhe eingekehrt ist, fragt die Mutter: „Was wollt ihr eigentlich mit den Orangenhälften machen?“ „Ich möchte Saft daraus machen, weil ich solch einen großen Durst habe.“, antwortet die eine. Sagt die andere Schwester: „Ich will einen Kuchen backen und benötige die Orangenschale als Gewürz.“

Wäre diese Frage vorher gestellt worden oder hätten die Schwestern ihre Interessen von alleine kundgetan, wäre eine Win-win-Lösung möglich gewesen: Erst reibt die eine Schwester die Schale der ganzen Orange ab, anschließend presst die andere den Saft aus.

Die Position ist das, wofür wir uns bewusst entscheiden, etwa die Orange haben zu wollen. Das eigene Ego identifiziert sich dabei mit der gewählten Position, was wiederum zu Reibungen und Konflikten führen kann. Interessen sind die Gründe, die jemanden zu dieser Entscheidung bewogen haben – also zum Beispiel den Saft zu machen. Beispielsweise unsere menschlichen Grundbedürfnisse nach Sicherheit, Freiheit, wirtschaftlichen Auskommen, Zugehörigkeit, Anerkennung. Sie liegen oftmals im Verborgenen.

Für Sie als Teamgestalterin ist es wichtig zu erkennen, wo sich die Trennlinie befindet, und zu ergründen, welche Beweggründe für das Handeln unter der Oberfläche schlummern.

Phase: Heureka – Ideen entwickeln!
Für die Ideen zur Optimierung der Zusammenarbeit hat es in diesem Fallbeispiel keinerlei methodischer Unterstützung bedurft. Nachdem die Teilnehmenden ihre Bedenken geäußert und ihre eigenen Sicherheitsregeln formuliert hatten, konnten Sie sich auf den Prozess einlassen.

Durch Perspektivwechsel, mehr Verständnis füreinander und die Brücke der Verständigung kamen sich die Beteiligten wieder näher und es entstanden Ideen zur Optimierung der Zusammenarbeit:

- Wir legen eine Vokabelliste an für die Definitionen aus den unterschiedlichen Disziplinen.
- Wir schreiben Abkürzungen und deren Bedeutung ans Whiteboard.
- In der Teamrunde wird die Mehrarbeit abgefragt, die dann innerhalb des Teams verteilt wird.
- Jede verschriftlicht ihre eigenen Aufgaben, die dann in einem Dokument zusammengefügt werden.
- Jede erstellt einen Steckbrief, inklusive Stärken, Charaktereigenschaften und Hilfsangeboten.
- In den Teamrunden werden wechselnd Rollen verteilt (Moderatorin, Fokussiererin, Querdenkerin, Feedbackgeberin).
- Neue Teammitglieder erhalten im ersten Monat pro Woche je eine abwechselnde Patin.

Phase: Abschlussvereinbarung – Festziehen der Ergebnisse
Gehen Sie die während des Workshopverlaufs erzielten Ergebnisse durch, indem Sie alles vorlesen und in einem Memorandum ausformulieren. Per Laptop und Beamer ist es am einfachsten und transparentesten für alle. Holen Sie sich dann die Zustimmung ein.

- Sie haben unterschiedliche Rollen in der Firma?
- Sie treffen Entscheidungen auch gemeinsam?

- Manchmal ist das gar nicht so einfach?
- Beispielweise bei der Entscheidung zum Vorgehen bei den Kunden?
- In dem Memorandum haben wir die Ergebnisse der Mediation festgehalten, in einer Form, die nicht gegen Recht und Gesetz verstößt.
- Ja, genau, so machen wir das!
- Ja, genau!

Phase: Abschlussvereinbarung – Abschlussrunde
Für die Abschlussrunde haben wir einige Ideen im Kapitel „Teamentwicklung in der Praxis" beschrieben. Wir halten die Fragen und Anregungen in dieser bewusst kurz:

- Mit welchen Erkenntnissen gehen Sie hier hinaus?
- Was hat Sie überrascht?
- Wie blicken Sie der zukünftigen Zusammenarbeit entgegen?

Nach den fünf Phasen: Follow-up
Wunschgedanke und Realität sind nicht immer identisch. Deswegen ist es wichtig, diese miteinander abzugleichen. Erfahrungsgemäß geschieht dies nach zwei bis drei Monaten im Follow-up oder Evaluierungsgespräch:

- Sie haben sich vor … Wochen getroffen und verabredet, dass Sie sich heute wieder hier treffen wollen.
- Ich habe hier die Protokolle mit. Wollen Sie nochmals hineinschauen?
- Wir haben für heute 90 Minuten vereinbart.
- Aus Ihrer Sicht, würden sie mit weniger Zeit auskommen?
- Ich gratuliere Ihnen zum Erfolg. Meine Aufgabe ist es, das Follow-up-Gespräch zu moderieren und Ihnen die Möglichkeit zu geben, noch besser zu werden.
- Es soll um das Thema tägliche Zusammenarbeit gehen.
- Wenn wir das geschafft haben, sind wir dann bei 100 Prozent? Sind Sie dann zufrieden?
- Wie zufrieden sind Sie auf der Skala von 1 bis 10 mit der Umsetzung der To-dos aus dem Protokoll?

11 Wie sich Teams selbst helfen

Bei vielen Fragen liegt die Lösung näher, als man denkt. Die kollegiale Fallberatung ist eine Form der Hilfe zu Selbsthilfe, die sich für Teams und Gruppen anbietet. Der Fokus liegt auf dem Individuum und seinen ganz spezifischen Fragen bezogen auf Gruppe oder Team. Kollegiale Fallberatung erhöht die Reflexivität und dient damit auch der Teamentwicklung.

Wir alle kennen diese verflixten Situationen, in denen wir nicht richtig klarsehen. Wir sind verstrickt. Das erkennt man an (besser: erklärt sich durch) blinden Flecken, die man nur dummerweise selbst nicht bemerkt.

Praxis

Peter hatte sich auf den Job als Leiter Innendienst Verwaltungskunden auch deshalb beworben, weil er hier endlich ein richtiges Team bekommen würde – und dann steckte ihn die Unternehmensleitung in eine andere Abteilung, weil er dafür die idealen Fachkompetenzen hatte. Allein: Es war eine Expertenposition mit nur zwei weiteren, älteren Mitarbeitern, also kein echtes Team, das er aufbauen konnte. Seinen Traumjob erhielt ein anderer. Mit diesem Kollegen, dem Chilenen Fernando, arbeitete er auf einer Ebene und berichtete an denselben Vorgesetzten. Er fand Fernando sympathisch, dennoch schwelten ständig Konflikte. Er fühlte sich schlecht informiert und wurde das Gefühl nicht los, dass der Kollege sich beim Abteilungsleiter einschleimte und ihn schlecht machte. Immer öfter litt Peter an Kopfschmerzen. Außerdem hatte er es trotz Sport mehr und mehr mit dem Rücken zu tun. Als Fernando ihm wieder einmal eine wichtige Information vorenthalten hatte, stieg in ihm der Wunsch auf, etwas zu tun. Nur was?

Peters Fall passt gut für ein persönliches Coaching. Er könnte ihn aber auch in einer kollegialen Fallberatungsgruppe einbringen. Das ist eine Gruppe von Menschen, die sich gegenseitig helfen. Nach unserer Definition also nur bedingt ein Team. Es gibt nur eine geringe gegenseitige Abhängigkeit und das gemeinsame Ziel ist „helfen (besser: gegenseitig unterstützen)“ und „Hilfe zur Selbsthilfe“. Ins eigene Team passt der Fall nicht, da das Thema zu dicht am Arbeitskontext ist. Hier sehen Sie schon: Nicht jede persönliche Frage passt ins Team. In einem anonymeren Gruppenkontext sind gerade individuellere Fragen besser aufgehoben.

Kollegiale Beratung ist ein strukturiertes Beratungsgespräch in der Gruppe. Sie entstand in den 1970er-Jahren zunächst im pädagogischen Umfeld. Synonyme sind kollegiale Supervision, kollegiales Teamcoaching und kooperative Beratung. Die Kolleginnen beraten den Fallgeber in verteilten Rollen. Ziel ist es, Lösungsideen für eine Schlüsselfrage zu entwickeln. Kollegial bedeutet „unter Kolleginnen“. Man könnte also auch sagen „auf Augenhöhe“.

Eine kollegiale Fallberatung ist vor allem dann eine sinnvolle Lösung für berufliche Fragen, wenn die Kollegen nicht direkt miteinander zu tun haben. Sollte sie innerhalb einer Firma stattfinden, muss diese also groß genug sein und mehrere Abteilungen haben. Die Gruppe sollte sich aus Personen auf der gleichen Ebene rekrutieren, wenn eine eher traditionelle „Hackordnung“ etabliert ist.

Es gibt aber auch Firmen, in denen die Hierarchien der Aufbauorganisation keine oder nur eine sehr untergeordnete Rolle spielen. Dann können auch Kolleginnen zusammenkommen, die direkter zusammenarbeiten. Das lässt sich mit dem Vertrauen erklären, das untereinander herrscht, und der Frage, wie reif Menschen mit vertraulichen Dingen umgehen, die sie von Kolleginnen erfahren.

Tipp

Mischen Sie Gruppen auch psychologisch. Studien deuten darauf hin, dass Menschen, die mehr sehen, wahrnehmen und erkennen, im Allgemeinen einen differenzierteren Blick haben und andere mitziehen. Allerdings sollten die Unterschiede nicht zu groß sein. Tun Sie sich nicht nur mit denen zusammen, die ohnehin schon auf der gleichen Wellenlänge schwimmen wie Sie.

Zu unterscheiden ist die kollegiale Fallberatung von der Gruppensupervision. Während bei der Gruppensupervision ein Supervisor anwesend ist, ist er das bei der Fallberatung nicht oder nur zeitweise. Dennoch handelt es sich um sehr ähnliche Formate. Der größte Unterschied liegt in der Haltung: In der kollegialen Fallberatung hilft das Kollegenteam sich selbst, in der Gruppensupervision kommt noch ein Experte dazu, der Supervisor.

Bei der kollegialen Fallberatung ist es sinnvoll, dass die Beteiligten über Moderationskenntnisse verfügen und gewisse Erfahrungen im Coaching mitbringen, mindestens jedoch die Fähigkeit, aktiv zuzuhören und Fragen zu stellen. Wir haben in der Praxis zudem die Erfahrung gemacht, dass eine Begleitung der Fallberatungsgruppen am Anfang durchaus sinnvoll ist. Der Begleiter ist dann mehr Prozessbegleiter als Supervisor. Er bringt keine inhaltlichen Aspekte ein, sondern konzentriert sich darauf, die Gruppe in die Struktur einzuweisen und ihr zu helfen, diese zu halten.

Bei der kollegialen Fallberatung ist es sinnvoll, dass die Beteiligten über Moderationskenntnisse verfügen und gewisse Erfahrungen im Coaching mitbringen.

Kollegiale Fallberatung ist damit auch ein Team- oder Gruppencoaching für individuelle Fragen, die aber durchaus mehrere betreffen können. Wenn jemand in einer kollegialen Fallberatungsgruppe etwa fragt, wie er mit einem langsamen Mitarbeiter umgehen soll, dann kann diese Frage mehrere betreffen und die gemeinsame Beantwortung für alle einen Mehrwert stiften. Dies ist beispielsweise dann der Fall, wenn die kollegiale Fallberatungsgruppe aus Führungskräften eines Unternehmens besteht, die sich gegenseitig unterstützen. Der Vorteil eines solchen Settings ist, dass die Kultur vertraut ist und deshalb sowohl die Fragen wie auch die Lösungen in diese eingeordnet werden können. Der Nachteil ist, dass die Perspektive von außen fehlt.

So gibt es also zwei Varianten:

a) Die Gruppe besteht aus Mitgliedern eines Unternehmens, beispielsweise Führungskräften.
b) Die Gruppe besteht aus Menschen, die aus unterschiedlichen Unternehmen oder auch Organisationen kommen.

Intervision

Eine Variante von b) ist die Intervisionsgruppe mit Kolleginnen aus unterschiedlichen Institutionen oder Unternehmen, zu denen kein engerer persönlicher Kontakt besteht. Intervision heißt so etwas wie „Zwischenschau": Man schaut sich also unter Kolleginnen einen Fall an und „inspiziert" ihn.

Diese Kolleginnen können aus ähnlichen Berufszweigen kommen, müssen es aber nicht. Gruppen mit homogener Struktur haben den Vorteil, dass die Beteiligten eine Sprache sprechen und kulturelle Normen teilen.

Gruppen mit heterogener Struktur bringen mehr Blicke über den Tellerrand, brauchen aber ein starkes Bewusstsein für die Relativität von Sprache und individuelle Wirklichkeitskonstruktionen. Man könnte also sagen, dass man für eine heterogene Gruppe erfahrener sein sollte.

Tipp

Wir haben sowohl homogene als auch heterogene Gruppen erlebt. Beispielsweise war Svenja Teil einer Intervisionsgruppe mit einem Schulleiter. Wir brauchten eine Weile, allein um unsere unterschiedliche Sprache zu deuten. Das fängt schon bei scheinbar profanen Dingen wie dem Begriff „Führung" an, der im öffentlichen Dienst eher als Leitung interpretiert und als prozentualer Anteil an einer Aufgabe verstanden wird.

Kollegiale Fallberatung

Die kollegiale Beratung beruht auf zwei Prinzipien: „Hilfe zur Selbsthilfe" und „Schwarmintelligenz". Sie ersetzt individuelles Coaching nicht, sondern ergänzt es. Einem persönlichen Coach wird man sich oft mehr öffnen als einer Gruppe. Hinzu kommt, dass im Coaching auch persönliche Fragen selbstverständlicher einfließen. Das heißt nicht, dass diese im kollegialen Kreis ausgeschlossen wären, aber vor allem bei Kolleginnen aus einem Unternehmen empfiehlt sich der Berufsfokus.

Kollegiale Beratung sollte sich auf klar umgrenzte Themen beziehen, beispielsweise:

- Bewältigung von Aufgaben
- Veränderungen in der Organisation
- Eigener Umgang mit Mitarbeiterinnen
- Probleme zwischen Mitarbeiterinnen
- Herausfordernde Kunden (oder Patientinnen, Bürgerinnen)
- Prozesse der Arbeitsorganisation
- Probleme mit Kolleginnen
- Probleme mit Vorgesetzten
- Planung von Workshops
- Fragen zur Weiterbildung
- Fragen zum eigenen Führungsverhalten

- Rollen und Rollenkonflikte
- u. v. a. m.

Kollegiale Fallberatung eignet sich nicht,

- wenn es um allgemeine Organisation geht,
- wenn alle gleichermaßen vom Problem betroffen sind (Beispiel: Team erreicht Ziele nicht),
- wenn es Konflikte zwischen den Teilnehmerinnen gibt,
- wenn private und sehr persönliche Themen eingebracht werden.

Voraussetzungen für die kollegiale Fallberatung

- Vertraulichkeit: Das, was passiert, bleibt im Raum.
- Vertrauen ineinander: Die Personen, die da sind, sind die richtigen.
- Gegenseitige Wertschätzung: respektvoller Umgang miteinander.
- Unterstützungswille: Geben ist die Voraussetzung, um selbst zu nehmen.
- Lust und Freude am Lernen und Ausprobieren.

Die Rollen in der Fallberatung

Die Führung in Teams verteilt sich am besten durch wechselnde Rollen. So ist es auch in der kollegialen Fallberatung. Hier gibt es die Hauptrollen Fallerzählerin, Moderatorin und Beraterteam.

- Die Fallerzählerin steht im Mittelpunkt. Sie bringt ihren Fall ein, erzählt dazu und formuliert die Schlüsselfrage.
- Die Moderatorin strukturiert den Dialog und die Schritte. Unserer Erfahrung nach muss diese Rolle in einer reifen Gruppe nicht unbedingt besetzt sein.
- Beraterteam sind alle, die Fragen stellen, visualisieren und dem Fallerzähler helfen.

Es können auch Nebenrollen vergeben werden:

- Fragensteller: Sie stellen Fragen zur Erzählung, während das Beraterteam zuhört. Das ist vor allem bei größeren Gruppen sinnvoll.
- Visualisiererin: Sie skizziert die Erzählung. Die Fallerzählerin muss die Skizze am Ende „abnehmen", also sagen, dass diese zutrifft, oder sie gegebenenfalls verbessern.
- Schreiber: Er schreibt auf den Flipchart oder die Moderationswand. Wichtig ist es, wortwörtlich aufzuschreiben, was die Fallerzählerin sagt.
- Prozessbeobachterin: Sie beobachtet die Gruppe und gibt am Ende Feedback zum Prozess.

Wird die kollegiale Fallberatung neu erlernt, ist der Ausbilder als Teamcoach anwesend. Damit verändert sich das Setting. Die Rolle muss geklärt sein. In der Praxis hat sich bewährt, dass der Teamcoach etwas weiter außen und außerhalb der Gruppe sitzt, um sich Notizen zu machen. Eingreifen sollte er vor allem am Anfang, wenn die Gruppe das Format noch nicht allein halten kann. Das ist bei anspruchsvolleren Methoden wie der Hypothesenbildung der Fall. Ansonsten sollte er Raum geben und diesen nicht schließen. Das bedeutet, sich vor allem auf Strukturhilfen zu beziehen.

Ideal sind Gruppen von fünf bis zehn Personen. Je mehr Anwesende, desto mehr sind im Beraterteam. Der Fallerzähler schildert zunächst, was ihn beschäftigt und formuliert schließlich seine Schlüsselfrage. In Peters Beispiel könnte diese beispielsweise lauten:

Wie gehe ich mit dem Konflikt mit Fernando um?

Der Beratungsauftrag kann mit unterschiedlichen Methoden erfüllt werden, die sich von einfach bis fortgeschritten einordnen lassen. Die Dauer einer Fallberatung entspricht einer typischen Coachingsession von 60 bis 90 Minuten. Es empfiehlt sich, dass die Gruppe fest zusammenbleibt. Nur dadurch entsteht Vertrauen. Außerdem entwickeln sich die Teilnehmerinnen besser, wenn sie innerhalb eines festen Kreises lernen.

Phasen der kollegialen Beratung

Es gibt sehr viele unterschiedliche Formate, wir stellen hier zwei einfach Ansätze vor. Der Unterschied liegt dabei vor allem darin, wie mit der Fallgeberin umgegangen wird.

Tipp

Wir arbeiten im Coaching immer dann ohne Blickkontakt, wenn der andere bei sich und seinem inneren Erleben bleiben soll. Viele Menschen verstehen den Sinn nicht. Deshalb sollten Sie erklären, warum es sinnvoll ist, sich nicht anzusehen: Vor allem, wenn es ans „Eingemachte" geht, sind wir dadurch entkoppelt vom direkten Körpersprachefeedback und kommen eher zu uns. Das gilt allerdings für psychisch stabile Menschen. Wer instabil ist, den kann das auch verunsichern. Berücksichtigen Sie das in Ihrer Arbeit als Moderator, indem Sie immer einmal wieder nachfragen und auf körperliche Anzeichen von Unwohlsein achten und diese ansprechen.

In der Variante „Klassisch 1" ist die Fallgeberin ganz normal im Blickkontakt mit dem Team. Sie ist damit Teil des Teams. Das Team kann Reaktionen sehen. Sagen sollte sie allerdings in der Beratungsphase nichts.

In der Variante „Klassisch 2" ist die Fallgeberin außerhalb des Teams und sitzt beispielsweise dahinter, sodass kein Blickkontakt möglich ist. Das ist angelehnt an das sogenannte „Reflecting Team", bei dem ein Team laut über ein Thema nachdenkt. Das Team kann freier sprechen und ist in aller Regel mutiger, da es nicht mitbekommt, wie die Fallgeberin reagiert.

Es gibt auch Varianten, bei denen die Fallgeberin den Raum verlässt und später hereingebeten wird, um dann Lösungen des Teams anzusehen. Das halten wir für weniger wirkungsvoll als das Mithören des Gesagten. Allein die Unterhaltung des Teams löst oft schon sehr viel aus. Manche Fallgeberinnen durchlaufen regelrechte emotionale Achterbahnfahrten. Das ist gut so, denn je emotionaler etwas wird, desto näher liegt oft die Lösung.

„Klassisch 1“ bietet sich an, wenn die Methoden und Fragen eher einfach sind.

Sinnvoll ist es in jedem Fall, den Prozess in Phasen zu gliedern.

In einer einfachen Variante gibt es keine Analysephase. Es werden einfache Methoden zur Lösung angeboten, etwa „Brainstorming“ oder „Think-Pair-Share“.

1. Casting: Es werden Rollen besetzt, 5 Minuten.
2. Bericht des Fallerzählers, 5–10 Minuten
3. Schlüsselfrage, 5 Minuten
4. Methodenauswahl, 5 Minuten
5. Beratung, 5–30 Minuten
6. Feedback des Fallerzählers, 5 Minuten
7. Retrospektive der Gruppe zum Prozess, 5–10 Minuten
   Gesamt: 40–80 Minuten

Tipp

Lassen Sie sich Zeit bei der Schlüsselfrage und bleiben Sie hier besonders genau und hartnäckig. Einer präzise formulierten Schlüsselfrage kommt eine hohe Bedeutung für den weiteren Verlauf zu. Schreiben Sie diese für alle sichtbar auf ein Flipchart. Kommt es beispielsweise zu ausufernden Wortbeiträgen, ist es für den Moderator leicht, den Fokus zu behalten, etwa mit der Frage, ob die Gruppe der Antwort auf die Schlüsselfrage nähergekommen ist.
Generell hilft Visualisierung in der gesamten kollegialen Beratung, wenn der Fallgeber die Situation auf den Punkt bringen will, aber es schwerfällt, den Kontext mitzudenken, oder wenn die Gruppe dem Fallgeber die erarbeiteten Hypothesen präsentiert. Ganz zu schweigen beim Festhalten der Lösungsidee durch Moderationskarten oder Post-its.

Phasen der kollegialen Fallberatung Plus

Bei der kollegialen Fallberatung Plus kommt eine Analysephase dazu. Das heißt, das Beraterteam springt nicht sofort in eine Methode, sondern führt vorher ein ausführliches Fachgespräch. Bei diesem Fachgespräch setzen die Analysten eine oder mehrere fachliche Brillen auf. Dies dient der Vertiefung von zuvor gelernten Inhalten und erhöht die Qualität der Analyse. Dabei muss natürlich Einigkeit bestehen, welche Brille man aufsetzt. Beispielsweise ließe sich Peters Fall durch die Brille verschiedener Konflikttheorien betrachten. Das entstehende Fachgespräch hat den Sinn und Zweck, die Gedanken zu einem Thema weiter auszudifferenzieren. Dadurch entstehen neue Perspektiven. Wer nicht zu schnell in die Lösung springt, ist zudem zu „langsamem Denken“ im Sinne von Daniel Kahneman angehalten. Schnelles Denken, das eben auch zu Schnellschüssen und zu stereotypen Lösungsansätzen führen kann, wird so verlangsamt.

Durch eine Analysephase erhöht sich aber nicht nur die Qualität, sondern auch der Anspruch an die Gruppe. Es braucht eine gemeinsame Analysebrille: Wodurch will eine Gruppe auf ein Thema schauen? Darüber muss Einigkeit bestehen. Es braucht ein gemeinsames fachliches Verständnis. Dadurch wird die Beratung etwas länger.

Wir wenden diese Art der Fallberatung in unseren Ausbildungen an. Die Gruppe lernt etwas zu einem bestimmten Thema und löst zugleich das Problem einer Teilnehmerin. Es entsteht also ein doppelter Nutzen. Dabei ist es oft sehr anspruchsvoll, die Phase des Fachgesprächs von der Hypothesenbildung zu trennen. Hier ist die zeitweise Begleitung durch einen Coach beziehungsweise eine Supervisorin sinnvoll.

Diese sitzt wie die Fallgeberin etwas abseits, außerhalb der Gruppe, sodass kein Blickkontakt besteht. Auf diese Weise kann das Beraterteam nicht erkennen, was die eigene Diskussion auslöst. Die Gruppe kann sich dadurch genauso wie die Fallgeberin auf sich selbst konzentrieren.

Typischerweise reagieren wir auf Körpersprache und Mimik des Gegenübers. Dies wird hier bewusst unterbunden. Dadurch werden mutigere Hypothesen und Gespräche möglich. Gleichzeitig steigt die Anforderung an die Fallgeberin: Dies setzt psychische Gesundheit und einen erwachsenen Umgang mit Feedback sowie ein konstruktivistisches Bewusstsein voraus.

Phasen der fortgeschrittenen kollegialen Beratung sind also:

1. Casting: Es werden Rollen besetzt, 5 Minuten.
2. Bericht des Fallerzählers, 5–10 Minuten
3. Schlüsselfrage, 5 Minuten
4. Einigung auf die zu verwendenden Blickwinkel beziehungsweise Brillen, 2–3 Minuten
5. Analyse mit verschiedenen Brillen in einem kollegialen Fachgespräch, 20–30 Minuten
6. Hypothesenbildung, 5–15 Minuten
7. Feedback des Fallerzählers, 5 Minuten
8. Lösungsberatung der Gruppe, 15–20 Minuten
9. Retrospektive der Gruppe zum Prozess, 5–10 Minuten
   Gesamt: 55–100 Minuten

Die folgende Tabelle liefert eine Übersicht, wann welches Format besser passt:

Kriterien	Einfach	Fortgeschritten
Gruppe ist unerfahren	X	
Gruppe ist erfahren		X
Ausbildungsgruppe		X
Führungskräfte im Unternehmen ohne psychologisch-pädagogische Kenntnisse und/oder Coachingerfahrung	X	
Personen aus dem psychosozialen Kontext	X	X
Coaches	X	X
Zum Start einer Gruppe	X	
Teamcoaching (festes Team oder Projektteam)	X	

Methoden für die kollegiale Fallberatung

Für die kollegiale Fallberatung stehen verschiedene Methoden bereit. Die meisten davon stammen aus dem Einzel- und Teamcoaching, der Beratung oder Moderation und sind gut miteinander kombinierbar. Manche dienen vor allem der Verstärkung. So kann sich an ein Fachgespräch „ein erster kleiner Schritt anschließen".

Die Methoden lassen sich je nach Schwierigkeitsgrad unterscheiden. Das Schwierigste am Brainstorming ist, auf die Bewertung von Ideen zu verzichten, die Methode ist also eher einfach. Hypothesenbildung auf der anderen Seite ist herausfordernd, da man sie von Lösungen unterscheiden muss. Eine Hypothese könnte lauten „kollegiale Fallberatung fördert die Entwicklung", eine Lösung „führe kollegiale Fallberatung ein". Gerade am Anfang tun sich Teilnehmer schwer, Hypothesen zu formulieren, besonders auf der Ich-Ebene, also die innere Struktur der Fallgeberin betreffend: „Ich möchte meine Kollegin nicht treffen oder verletzen." Wir ermutigen die Fallberaterinnen, sich zu trauen, ihrem Gefühl nachzugehen und dieses zu formulieren, natürlich auf eine wertschätzende Art und Weise. „Die Führungskraft ist unsicher, das Problem mit der Mitarbeiterin zu thematisieren, aufgrund ihres Harmoniebedürfnisses. Sie agiert zögerlich, weil die Situation sie an ein früheres Ereignis erinnert und sie nun blockiert ist." Erst durch das absichtsfreie Formulieren können blinde Flecken entdeckt werden, und darum geht es dem Fallgeber ja.

In der kollegialen Fallberatung Plus setzt das Fachgespräch voraus, dass die Teilnehmerinnen in der Lage sind, einander zuzuhören, stille Teilnehmerinnen hereinzuholen und Gedanken respektvoll aufzunehmen. Das hört sich profan an, ist es aber nicht. Den meisten Menschen fällt es schwer, andere ausreden zu lassen oder Gedanken, die den eigenen widersprechen, einfach so stehen zu lassen. Das kann man aber üben, am besten durch ein Feedback eines Prozessbeobachters, der das Team darauf hinweist, wenn es sich nicht an die vereinbarten Regeln und Prinzipien hält.

In der Gruppenintervision kommen meist Menschen aus ähnlichen Fachgebieten zusammen. Der Vorteil ist, dass sie eine gemeinsame Sprache haben. Ist das nicht der Fall, empfehlen wir, eine gemeinsame Sprache zu entwickeln. Was meinen wir, wenn wir von X sprechen. X steht dabei für jeden beliebigen Begriff, etwa „Agilität". Fragen Sie sich immer, „was ist dieses X für uns in dieser Gruppe?".

In der Gruppenintervision kommen meist Menschen aus ähnlichen Fachgebieten zusammen.

Symbole helfen ebenfalls, ein gemeinsames Verständnis zu erzeugen. Der systemische Kontext bietet einige Symbole aus dem Genogramm an. Dieses zeichnet Beziehungen in der Familie auf. Das lässt sich auch auf Organisationen übertragen.

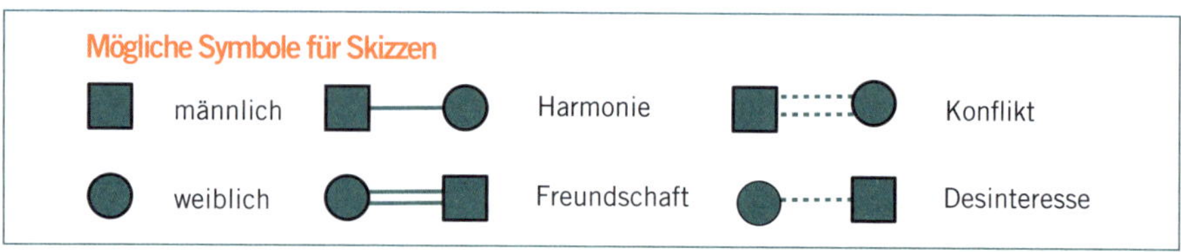

Abbildung 31: Symbole, die helfen, Zusammenhänge schnell auszudrücken

Abbildung 31 zeigt einige mögliche Symbole. Einigen Sie sich lieber auf wenige, die aber von allen sofort verstanden werden. Im Zweifel reicht männlich und weiblich!

Die folgende Tabelle fasst einige Methoden zusammen:

Methode	Welche Fallberatung	Dauer	Vorgehen	Schwierigkeitsgrad
Actstorming	Klassisch 1	5–20 Minuten	Das Beraterteam prescht mit Lösungen nach vorne.	mittel
Brainstorming	Klassisch 1	5–20 Minuten	Jeder nennt Ideen, einer schreibt sie auf, keine Bewertung.	einfach
Ein erster kleiner Schritt	Klassisch 1	5–15 Minuten	Jeder überlegt, was ein kleiner Schritt sein könnte.	einfach
Fachgespräch	Plus	20–60 Minuten	Das Beraterteam tauscht sich fachlich aus, setzt dabei gedanklich eine oder mehrere „Brillen" auf.	mittel
Happy End	Klassisch 1 oder 2	10–30 Minuten	Das Team spekuliert darüber, wie ein positiver Ausgang aussähe und was davor passiert wäre.	mittel
Hypothesen	Plus	10–30 Minuten	Das Team bildet Hypothesen, die so formuliert sind wie wissenschaftliche Aussagen. Hypothesen werden nie von anderen infrage gestellt.	schwierig
Ideenkorb und Wunderrad	Klassisch 1	10–30 Minuten	Das Team sammelt zuerst seine Lösungsideen in einem Ideenkorb, der auf das Flipchart gezeichnet ist. Danach wählt die Fallgeberin fünf Ideen aus und schreibt diese in ein Rad mit fünf Speichen.	mittel
Inneres Team	Klassisch 1	5–20 Minuten	Die verschiedenen Anteile des Fallgebers werden ermittelt und zeichnerisch dargestellt.	mittel
Klassische Beratung	Klassisch 1	5–30 Minuten	Das Team berät die Fallgeberin und schaut dabei wahlweise durch die „Brille" des Fachlichen oder der eigenen Erfahrung oder beides.	einfach

Methode	Welche Fallberatung	Dauer	Vorgehen	Schwierigkeitsgrad
Negatives Brainstorming	Klassisch 1	5–20 Minuten	Woran haben wir nicht gedacht?	mittel
Nicht gesagt	Klassisch 1 oder 2	5–10 Minuten	Das Team erörtert, was nicht gesagt worden ist, aber zwischen den Zeilen schwingt.	schwer
Nur Fragen	Klassisch 1 oder 2	5–20 Minuten	Das Team formuliert lauter Fragen (in denen eine Antwort liegen könnte).	schwer
Perspektivenwechsel	Klassisch 2	5–20 Minuten	Das Beraterteam versetzt sich in die Perspektive der anderen Personen.	mittel
Positive Psychologie	Klassisch 2	5–10 Minuten	Die gehörten Stärken und Fähigkeiten der Beteiligten werden wiedergegeben.	einfach
Provozieren	Klassisch 1 oder 2	5–10 Minuten	Negativ Überzeichnen	schwierig
Think-Pair-Share	Klassisch 1	5–20 Minuten	Zuerst denkt jeder Berater über eigene Lösungen nach und schreibt diese auf. Danach bespricht er diese mit einem Partner und entwickelt sie gemeinsam weiter.	einfach
Umdeuten	Klassisch 1	5–10 Minuten	Die geschilderte Situation wird neu gedeutet, in ein anderes Licht gestellt.	schwierig
Was völlig verrückt wäre	Klassisch 1 oder 2	10–30 Minuten	Das Team spekuliert darüber, was niemand machen würde (aber worin dann vielleicht doch eine Lösung liegt).	mittel
Wenn ich an deiner Stelle wäre …	Klassisch 1	5–20 Minuten	Das Team gibt eine individuelle Beratung, die bewusst aus der Perspektive der jeweiligen Person formuliert ist.	einfach

Tipp

Bei ungeübten Gruppen unterstützen wir den Einstieg in die kollegiale Beratung durch Trainingseinheiten zum Unterschied zwischen Rolle, Funktion und Position; Kennenlernen und Erproben der Ebenen des aktiven Zuhörens; Gesprächsführung durch Fragen und/oder Input zum Feedbackgeben und -annehmen, je nach Reifegrad und Bedarf der Gruppe.

Remote-Fallberatung

Die kollegiale Fallberatung lässt sich wunderbar auch online durchführen. Die beschriebenen Abläufe können dazu weitgehend übernommen werden. Dabei empfehlen wir eine der kürzeren Varianten. Alternativ planen Sie eine Pause ein. Grundsätzlich haben wir die Erfahrung gemacht, dass den Teilnehmenden online nach 60 Minuten langsam die Luft ausgeht. Nach 75 Minuten sollte es auch nach reger Diskussion dann spätestens eine Pause geben.

Eine schöne und schnelle Remote-Variante ist Think-Pair-Share.

Eine schöne und schnelle Remote-Variante ist Think-Pair-Share: Nachdem Sie die Schlüsselfrage geschärft haben, denkt in der Think-Phase zuerst jede Person alleine für sich über die Frage nach und entwickelt Ideen. Dabei ist es wichtig, dass pro Idee ein virtuelles Post-it beschrieben wird. Hierfür ist zum Beispiel das elektronische Whiteboard MURAL geeignet.

In der Pair-Phase gehen dann zwei Personen in eine Breakout-Session. Das geht derzeit mit Zoom. Hier stellen sich die beiden Tandempartner gegenseitig ihre Lösungsansätze zur Schlüsselfrage vor.

Die Partnerin, die die Ideen vorgestellt bekommt, kann die Aufgabe wertschätzend schärfen: „Aha, klasse. Können wir das noch konkreter fassen? Kannst Du dazu ein Beispiel nennen?“ Danach wird innerhalb des Tandems gewechselt. In der finalen Share-Phase werden alle generierten Ideen der Fallgeberin präsentiert. Dabei achtet das jeweilige Folgetandem darauf, Doppler zu vermeiden, sprich: Die bereits genannte Idee wird nicht nochmals vorgestellt. Zum Schluss entsteht ein gesammelter Blumenstrauß von Lösungsansätzen, die die Fallgeberin auf ihrem weiteren Weg unterstützen.

Think-Pair-Share

Dauer?	Wer?	Was?	Wie?
5 Min.		Schlüsselfrage	• Fallgeber erläutert Inhalt • Aktives Zuhören, Konkretisieren der Fragestellung
5 Min.		Think	• Jeder für sich • Pro Idee ein Post-it
10 Min.		Pair	• Gegenseitiges Vorstellen • Verfeinern, Sortieren
15 Min.		Share	• Alle präsentieren • Fallgeberin hat das letzte Wort

Abbildung 32: Vorlage für eine strukturierte Fallberatung mit dem Format Think-Pair-Share, ideal auch remote

12 Teamentwicklung in der Praxis

Wie gehe ich Schritt für Schritt vor? Am besten lernen Sie in der Praxis. Dafür haben wir für Sie ein Beispiel vorbereitet. Folgen Sie uns!

Das zwölfköpfige IT-Team eines Konzerns wird neu zusammengesetzt und nimmt die Arbeit auf. Ein ganz normaler Vorgang, so weit so gut. Doch blicken wir mit unserer Teamgestalterbrille genauer auf den Kontext, ergeben sich zahlreiche Unterscheidungsfragen und denkbare Konstellationen für die zwölf Teammitglieder: Ist der Teamstart für alle Teammitglieder auch der Start im Unternehmen? Haben Teile des Teams vorher bereits zusammengearbeitet? Ist das Team gewachsen, sprich: Kommen neue Teammitglieder hinzu? Hat das gesamte Team eine neue Aufgabe und eine andere Position im Organisations-Chart erhalten oder werden zwei IT-Teams zu einem größeren Team zusammengelegt? Die unterschiedlichen Hintergründe sind für Ihr Vorgehen als Teamgestalterin von Bedeutung.

Das tiefere Reinfräsen in den Fall geht noch weiter. Mit den skizzierten Varianten ergeben sich weitere Fragen. Wie Sherlock Holmes und Watson suchen Sie mit ihrer Lupe immer detaillierter. Wer hat welche Zugehörigkeit innerhalb des Teams und Unternehmens? Wie sind die formellen und informellen Hierarchien? Was sind die Beweggründe für den Teamstart? Welche Geschichten teilen die Teammitglieder miteinander? Was wäre, wenn alles so geblieben wäre wie vorher? Dies sind einige Fragen, die Ihnen in dieser Phase durch den Kopf gehen könnten.

Wir möchten anhand dieses Fallbeispiels auf drei typische Situationen eingehen:

- Neue Teams
- Alte Teams, die länger zusammenarbeiten
- Zwei (oder mehr) Teams, die zusammenkommen

Dafür nehmen wir immer dieselben zwölf Teammitgliedern aus der obigen Grundbeschreibung und stellen jeweils drei verschiedene Beschreibungen vorweg. Zuerst schauen wir auf die Auftrags- und Rollenklärung und dann auf die Umsetzung der Teammaßnahme. Damit wollen wir Ihnen konkrete Anregungen und praktische Tipps zum Vorgehen geben.

Auftragsklärung

Aufgaben schärfen (Phase 1)

Schauen Sie sich noch einmal das Kontextmodell im Kapitel „Den Auftrag klären" (Abbildung 13) an. Definieren Sie mit der Auftraggeberin die genaue Aufgabe. Ein „Team bilden" ist eine andere Aufgabe als „einen eintägigen Teamworkshop zu moderieren". Je genauer Sie hier sind, umso leichter fällt es, auf die zentrale Aufgabe zurückzublicken. Wir arbeiten an dieser Stelle immer mit einer Unterstützung durch Visualisierungen. Dabei helfen Flipchart, Post-its oder im virtuellen Kontext auch das elektronische Whiteboard.

Ein gemeinsames Bild ist wie eine Brücke der Verständigung, die am Anfang besonders wichtig ist. Menschen wollen verstanden werden.

Hilfreiche Fragen:

- Worum geht es genau?
- Was genau ist der Auftrag?
- Was ist die genaue Aufgabe?

Ziele hinterfragen (Phase 2)
An dieser Stelle geht es darum, ein gemeinsames Verständnis für die Ziele zu erlangen. Oftmals können diese durch die Auftragsgeberin nicht klar formuliert werden. Sie steckt einfach zu tief drin. Es besteht die Gefahr der Informationsüberflutung, da die Auftraggeberin ansonsten vielleicht nicht die gewünschte Aufmerksamkeit erhält. Auch wird es an dieser Stelle oftmals emotional und die Ziele sind vernebelt. Achten Sie auf unerfüllbare, implizit oder gar explizit geäußerte Wünsche wie „Steigern Sie die Zufriedenheit des Teams“. Können Sie das als Teamgestalterin garantieren? Es sollten immer nur Ziele sein, die Sie nicht abhängig von der Gruppendynamik machen und die die Verantwortung auf das Team legen.

Hilfreiche Fragen:

- Was sind die konkreten Ziele der Teamentwicklungsmaßnahme?
- Was soll erreicht werden?
- Woran erkennen Sie, dass die Ziele erreicht wurden?

Rahmen klären (Phase 3)
Diese Phase ist durch Daten und Zahlen gekennzeichnet. Es macht schon einen Unterschied, ob Sie einen oder zwei Tage zur Verfügung haben. Genauso wirkt sich die Örtlichkeit des Geschehens auf die Nutzung von Methoden und Tools aus. In einem Raum innerhalb des Unternehmens ist es schwerer, eine konzentrierte, vertrauensvolle Atmosphäre zu erlangen als in einem schönen Seminarhotel außerhalb der Stadt. Die Budgetfrage ist natürlich auch relevant.

Hilfreiche Fragen:

- Wie ist der Zeitumfang, welches Budget, welcher Raum?
- Welche Einschränkungen gibt es?
- Was darf nicht passieren?

Ergebnisse hinterfragen (Phase 4)
Unsere Gedankenbrücke für den Unterschied zwischen Zielen und Ergebnissen ist, dass ich Ergebnisse „anfassen“ kann. Was soll am Ende herauskommen? Gute Stimmung? Da wird es schwer. Wenn es zuvor eine Umfrage mit Messwerten gab, wäre ein Ergebnis auf die Frage „Wie bewerte ich unsere Zusammenarbeit nach dem Workshop auf einer Skala von 1 bis 10?“ denkbar. Eine genauere Formulierung zu den Ergebniserwartungen könnte lauten „konkrete Maßnahmenideen für die Optimierung unserer Zusammenarbeit mit abgestimmten Verantwortlichkeiten für die Umsetzung“. Spüren Sie den Unterschied bezüglich der Verantwortungsübernahme als Teamgestalterin?

Hilfreiche Fragen:

- Welche Ergebnisse erhoffen Sie sich?
- Was soll am Ende also sichtbar sein?
- Was ist anders als heute?

Was haben wir? (Phase 5)
Teams verfügen über Historien und gemeinsame Erlebnisse, die sie geprägt haben, positiv wie negativ. So kann an dieser Stelle zum Beispiel herauskommen, dass es vor zwei Jahren bereits einen sehr erfolgreichen Workshop gab. Das Team hätte gerne mit dem damaligen Moderator weitergemacht, aber er ist leider zeitlich verhindert. „Nun haben wir Sie angefragt." Gut zu wissen für den Einstieg in den Workshop. Vielleicht gibt es auch Ergebnisse, auf die der Workshop gut aufbauen kann und die die Auftraggeberin fast vergessen hätte zu zeigen.

Hilfreiche Fragen:

- Worauf bauen wir auf?
- Wann und mit welchen Ergebnissen hat die letzte Teamentwicklungsmaßnahme stattgefunden?
- Was ist damals gut gelaufen, was nicht?

Was haben wir nicht? (Phase 6)
Die Frage nach dem „Was fehlt?" finden wir sehr hilfreich. Hier geht es auch um Verantwortung. Was wäre, wenn die Auftraggeberin wichtige Informationen vergessen hätte? Wie würde sich das Fehlen auf die Ergebnisse auswirken? Sie haben noch nicht die Ergebnisse der Mitarbeiterauswertung. Sie haben noch nicht die Ergebnisse des letzten Workshops. Sie haben noch nicht unser Portfolio erhalten, was jedoch äußert wichtig ist, um uns zu verstehen.

Hilfreiche Fragen:

- Was fehlt, um die Teamentwicklungsmaßnahme umzusetzen?
- Welche Hintergrundinformationen sind sonst noch wichtig?
- Was habe ich vergessen zu fragen?

Nächste Schritte abstimmen (Phase 7)
Schließlich geht es darum, das Besprochene festzuhalten und gemeinsam die nächsten kleinen und großen Aktivitäten abzustimmen – so konkret wie möglich: Wer macht was bis wann? Dafür hilft ein gemeinsamer Blick auf die Visualisierung des Kontextmodells, damit nichts vergessen wird.

Hilfreiche Fragen:

- Was sind die nächsten Schritte bis zur Umsetzung der Aufgabe?
- Welche Aktivitäten planen Sie jetzt?
- Wer übernimmt Verantwortung wofür?

Rollenklärung

Über Rollen haben Sie mit unserer Rollenmatrix (Abbildung 12) schon einiges gelernt. Die folgende Tabelle ist eine kleiner Erinnerung mit leicht anderem Fokus.

	Meine Erwartungen an mich	Unausgesprochene Erwartungen des Auftraggebers
Teamcoach	Das Team will sich selbst optimieren. Ich gehe in die Tiefe mit dem Team. Wir arbeiten gemeinsame Werte heraus.	Der sagt uns, wo es langgehen soll. Lass uns bloß auf der Sachebene bleiben. Da muss was Konkretes herauskommen.
Beraterin	Ich berichte von meinen Erfahrungen. Ich stelle bekannte Modelle vor. Ich mache Angebote.	Der gibt dem Mitarbeiter das negative Feedback, wozu ich mich nicht traue. Der Teamgestalter trifft die Entscheidungen. Er/Sie sagt, wo es langgeht.
Moderator	Ich gebe einen Kommunikationsrahmen. Ich gebe Feedback zum Verhalten. Die Lösungen werden vom Team entwickelt.	Der sagt uns, was richtig ist. Bloß nicht emotional werden. Das Ergebnis steht schon vorher fest.
Trainerin	Ich transportiere Wissen. Ich sorge für einen Übertrag von Theorie und praktischer Anwendung. Ich unterstütze die Nachhaltigkeit.	Bloß keine Rollenspiele; bloß keine Wiederholungen; es darf nicht langweilig werden.

Die Übersicht der unterschiedlichen Erwartungen, vor allem der unausgesprochenen, zeigt, welche Enttäuschungen bei Nichterfüllung und welche Konflikte auftreten können. Entsprechend wichtig ist die Rollenklärung am Anfang, aber auch während des fortlaufenden Prozesses, da sich die Erwartungen ändern können.

Wenn die Teams sich nicht kennen

Dem Konzern geht es wirtschaftlich sehr gut. Die Führungsetage ist sich der hohen Bedeutung der Digitalisierung und der damit verbundenen Auswirkungen auf das Unternehmen bewusst. Die Prozesse des Kerngeschäfts werden bereits seit geraumer Zeit umgestellt, Meetings finden virtuell statt und die Social-Media-Präsenz ist dem aktuellen Zeitgeist angepasst worden. All das genügt den Verantwortlichen jedoch nicht. Sie möchten strategisch in die Entwicklung neuer digitaler Produkte außerhalb des Kerngeschäfts investieren.

Dazu gibt man enorme Summen für die neue IT-Innovationsabteilung frei, darunter für ein zwölfköpfiges Team. Dies ist ein Novum in der Geschichte des Konzerns, denn bis auf die im Unternehmen erfahrene Chefin hat man alle weiteren elf Teammitglieder von anderen Unternehmen abgeworben. Alle sind neu eingetreten.

Die Chefin möchte zum Start der Arbeitsaufnahme mit dem Team einen Teamworkshop durchführen, der auch symbolisch für den Start steht. Dafür will sie eine externe Moderation hinzuziehen. Sie sitzen an Ihrem Schreibtisch, das Telefon klingelt und die Chefin ist am Apparat. Man hat Sie als Teamgestalterin empfohlen. Die Chefin brennt darauf, Ihnen ihr Anliegen zu skizzieren.

Auftragsklärung

Ihre Ohren sind gespitzt. Sie gehen in dem Telefonat das Kontextmodell durch. Alternativen wären an dieser Stelle eine Terminvereinbarung für ein Video- oder ein Präsenzkennenlernen. Ihr Kontextmodell füllt sich in dem Gespräch wie folgt:

Aufgabe

- Moderation eines Teamworkshops mit der neuen Abteilung IT-Operation und Innovation

Ziele: Die Teilnehmenden …

- … lernen sich kennen,
- … sind sich der Bedeutung von Teamarbeit bezüglich ihrer Zusammenarbeit bewusst,
- … verfügen über eine erste Vertrauensbasis,
- … stimmen ein gemeinsames Miteinander ab und
- … haben Spaß.

Rahmenbedingungen

- Umfang: 1 Tag
- Datum: 1. April
- Ort: in einem Seminarhotel innerhalb der Stadt

Ergebnisse

- Erste Version eines schriftlichen Teamverständnisses

Was haben wir?

- Offenheit und Neugierde der Teammitglieder
- Budget für die Maßnahme

Was haben wir nicht?

- Raum
- Abgestimmtes Vorgehen

Nächste Schritte

- Teamgestalterin erstellt ein Angebot.
- Teamgestalterin formuliert die erste Konzeptversion.
- Auftraggeberin kümmert sich um das Seminarhotel.

Der Workshop beginnt

Viele Wege führen ans Ziel. Das gilt auch für die Konzeption und das Vorgehen innerhalb der Teamentwicklungsmaßnahme. Ein paar Anregungen von uns:

Einstiegsrunde

Einstiegsrunden sind wichtig für das Ankommen, die innere Orientierung und das Sicherheitsgefühl. Sie funktionieren hervorragend, auch ohne viel Aufwand und Materialien. Allerdings haben die meisten von uns schon zahlreiche Einstiegsrunden erlebt, sodass das Fragen nach dem Namen, Alter, Beruf und persönlichen Zielen des Workshops Langeweile hervorrufen kann, deshalb setzen Sie auf Abwechslung.

Mein Symbol

Knapp eine Woche vor dem Workshop erhalten die Teilnehmenden die Aufforderung, sich Gedanken über die Frage zu machen „Was macht für mich erfolgreiche Teamarbeit aus?“ und nach einem passenden Symbol, Gegenstand oder Bild zu suchen, das sie zum Teamworkshop mitbringen sollen.

So könnte die Einstiegsrunde für unser Fallbeispiel aussehen:

- Mein Name
- Was zeichnet mich aus?
- Welches Symbol verbinde ich mit erfolgreicher Teamarbeit? Aus welchen Gründen?
- Meine Wünsche und Erwartungen an den Tag

Mein Wappen

Bilder sind immer wieder faszinierend. Jedoch trauen sich Menschen in Einstiegsrunden oftmals nicht, sofort zu Stift und Papier zu greifen. Eine schöne Methode für den Start ist die Wappenmethode. Hier können sich die Teammitglieder sowohl zeichnerisch verwirklichen als auch die vier Felder mit Buchstaben füllen, ganz ohne Schamgefühl.

Ziele	• Die Teammitglieder lernen sich kennen. • Die Teammitglieder gehen durch das Visualisieren aus ihrer Komfortzone. • Ein Bild sagt mehr als 1 000 Worte.
Teilnehmende	Alle Teammitglieder und auch die Teamgestalterin machen mit.
Zeitaufwand	• 10 Minuten für das individuelle Nachdenken und Zeichnen • Pro Person 2–3 Minuten Vorstellung des Wappens
Materialien	Pro Person ein Flipchart-Papier und ausreichend farbige Stifte

Vorgehen

- Die Teamgestalterin zeichnet ein Musterwappen mit vier Feldern oder zeigt Beispiele im Internet. Dann erläutert sie die Aufgabe „Visualisieren Sie ein Musterwappen auf einem Flipchart-Papier".
- Die vier Bereiche können sein:
  1. Das kann ich besonders gut.
  2. Das macht mich besonders.
  3. Was ich sonst so mache, wenn ich nicht im IT-Team arbeite.
  4. Meine Fragen und Wünsche an den Teamworkshop.
- Jede Person geht zuerst in sich und zeichnet dann zehn Minuten das persönliche Wappen.
- Die Wappen werden an der Wand befestigt und nacheinander vorgestellt.
- Zum Abschluss erfolgt ein gemeinsamer Blick auf die Wand.

Inhaltlich einsteigen

Nach der Einstiegsrunde können Sie inhaltlich tiefer einsteigen. Bezogen auf unseren Fall und die Ziele des Workshops sind folgende Möglichkeiten denkbar, die wir bereits vorgestellt haben:

- Was ist ein Team? (Kapitel 1)
- Spaghetti-Turm-Übung (Kapitel 8)
- Teamphasen (Kapitel 6)

Weiterhin bietet sich die Arbeit mit den Teamrollen nach Meredith Belbin an. Es ist ein leicht zu verstehendes Modell und deshalb gut geeignet für Teams, die am Anfang der Zusammenarbeit stehen. Sie können es alternativ auch mit einer anderen „Bauübung" verbinden.

Teamrollen nach Meredith Belbin

> Mit Teamrollen sind soziale Rollen gemeint, die sich aufgrund von Umfeld, Situationen und Eigenschaften bilden.

Den Begriff der „Rolle" haben Sie bereits kennengelernt. Mit Teamrollen sind soziale Rollen gemeint, die sich aufgrund von Umfeld, Situationen und Eigenschaften bilden. Sie sind nicht formal, sondern psychologisch. Wie verhält sich jemand bevorzugt? Meredith Belbin definierte Rollen als Verhaltenspräferenzen.

Grundaussage des Modells: Ein gutes Team braucht unterschiedliche Kräfte, um Aufgaben bestmöglich lösen zu können. Belbin unterscheidet Handlungsrollen, Kommunikationsrollen und Wissensrollen.

- Wann kann es eingesetzt werden? In der Teambildung, aber auch wenn das Team sich kennt (Teamentwicklung); als Teamcoachingintervention, wenn sich beispielsweise Rollenkonflikte ergeben (zwei buhlen um eine Rolle).
- Praktischer Nutzen: das Wissen, dass unterschiedliche Rollen besetzt werden sollten; das gegenseitige Anerkennen von Stärken im Team.
- Erfahrbar: durch einen Fragebogen zur Selbsteinschätzung; eventuell zusätzlich

durch ein Fremdbild, wenn Gruppen sich gut kennen. Wie lassen sich Rollen hinsichtlich bestimmter Herausforderungen positiv ausbauen und entwickeln? Einen solchen Fragebogen bekommen Teilnehmerinnen unserer Ausbildung. Alternativ reicht auch die Übersichtsbeschreibung in unserem Bild.

9 Teamrollen nach Meredith Belbin	
1.	Gestalter, setzt Ziele und baut auf (handlungsorientiert)
2.	Umsetzer, nimmt Ziele auf und setzt um (handlungsorientiert)
3.	Perfektionist, sorgt für den Feinschliff (handlungsorientiert)
4.	Koordinator/Vorsitzender, führt das Team zusammen (kommunikationsorientiert)
5.	Teamplayer, sorgt für gute Atmosphäre (kommunikationsorientiert)
6.	Netzwerker, stärkt Beziehungen nach außen (kommunikationsorientiert)
7.	Neuerer, bringt Ideen ins Team (wissensorientiert)
8.	Spezialist, stärkt die Wissensbasis (wissensorientiert)
9.	Beobachter, holt Informationen ein und bewertet diese (wissensorientiert)

Abbildung 33: Die neun Teamrollen nach Meredith Belbin, unterteilt in jeweils drei handlungsorientierte, kommunikationsorientierte und wissensorientierte Rollen. Die Gestalterin und die Koordinatorin/Vorsitzende sind Leitungsrollen. Studien zeigen: Gestalter braucht man vor allem am Anfang, Koordinatoren im weiteren Prozess.

Lernziele	1. Bewusstmachen unterschiedlicher Rollen 2. Erkennen der eigenen Rollenpräferenz 3. Blick auf die vorhandenen Rollen im Team
Teilnehmende	• Alle Teammitglieder machen mit. • Die Teamgestalterin ist in der Trainer- und Moderationsrolle.
Zeitaufwand	Ein Durchgang dauert rund 30 Minuten, inklusive Erläuterung der Aufgabe und Abschlussfeedback.
Materialien	• Pro Teammitglied ein Fragebogen • Post-its

Vorgehen

1. Lassen Sie einige Minuten zur Selbstreflexion.
2. Verbinden Sie dann jeweils zwei Teilnehmer, die über ihre Gedanken sprechen. Welche Situationen kennen Sie und wie handeln Sie in diesen? In welche Rolle passt das?
3. Danach soll jeder seine Präferenzen bepunkten. Dazu gibt es 18 Punkte, die so auf die einzelnen Rollen zu verteilen sind, dass sich eine klare Abstufung ergibt. Wer sich nicht sicher ist, soll nochmals genauer über berufliche Situationen nachdenken.
4. Malen Sie vorab alle Rollen auf ein Flipchart-Papier auf.
5. Jeder erhält nun farbige Post-its. Eine Farbe steht für die Rolle mit der höchsten Punktzahl und die zweite Farbe für die zweithöchste Punktzahl. Sollte eine Rolle

gleich viele Punkte erhalten, müssen dafür zwei Post-its beschrieben werden. Auf jedes Post-it kommt der eigene Name.
6. Die Teilnehmenden kleben nun ihre Post-its zu den entsprechenden Rollen auf das Flipchart.
7. Das Ergebnis ist ein Gesamtbild mit allen präferierten Rollen der Teammitglieder.

Abschließend erfolgt eine Reflexionsrunde. Hierbei können sich die Teilnehmer auch gegenseitig Feedback geben.

Blick auf uns als Gruppe

1. Wie sind die Rollen in unserem Team verteilt?
2. Was müssten wir verstärken?
3. Was wird in der nächsten Zeit leicht, was schwer?

Abgleich Eigen- und Fremdwahrnehmung (in Tandems)

1. Wie hast Du mich bisher wahrgenommen?
2. An welchen konkreten Beispielen machst Du Deine Einschätzung fest?
3. Wie stimmig sind meine Rollen für Dich?

Alternative: Unser Teamverständnis

Lernziele	1. Entwicklung eines gemeinsamen Teamverständnisses für den Umgang miteinander 2. Teametiketten festhalten
Teilnehmende	• Alle Teammitglieder machen mit. • Die Teamgestalterin ist in der Moderationsrolle.
Zeitaufwand	Circa 90 Minuten
Materialien	• Ausreichend Moderationskarten und Stifte • Zwei Moderationswände oder Flipcharts

Vorgehen

1. Die Teamgestalterin liest die Frage auf dem Flipchart vor: „Wie wollen wir im Team miteinander umgehen?"
2. Alle Teammitglieder schreiben für sich fünf Aspekte auf, wie sie im Team miteinander umgehen wollen. Jede Antwort kommt auf eine Moderationskarte (drei Minuten).
3. Jetzt gehen jeweils zwei Personen zusammen und haben die Aufgabe die zweimal fünf Karten auf einmal fünf zu reduzieren. Das Tandem diskutiert, ob es Doppler gibt oder welcher der Aspekte für sie beide gemeinsam der wichtigere ist.
4. Anschließend erfolgt eine weitere Runde, dieses Mal mit zweimal zwei Personen. Wieder mit der Aufgabe, die Karten von zweimal fünf auf einmal fünf zu reduzieren.
5. In unserem Beispiel sind es nun drei Vierergruppen. Es ist denkbar, dass eine Gruppe aufgeteilt wird und noch ein Durchlauf erfolgt oder in der Runde zuvor schon die Gesamtgruppe auf zweimal sechs Personen aufgeteilt wird.
6. Die finalen zweimal fünf Aspekte werden von den beiden Gruppen zuerst auf einem Flipchart oder einer Moderationswand aufgeführt. Dazu erfolgt die Aufgabe, die Stichworte um ausformulierte Sätze zu ergänzen.

7. Nun stellen beide Gruppen ihre jeweils fünf wichtigsten Kriterien im Plenum vor.
8. Es folgt ein gemeinsamer Blick auf die Ergebnisse, inklusive des Zusammenfassens von Aspekten und Reduzierens von Doppelungen.
9. Jeder erhält fünf Klebepunkte. Auf die Frage „An welche Aspekte wollen wir uns in Zukunft halten, um erfolgreich im Team zusammenzuarbeiten?“ bepunktet jeder die für ihn fünf wichtigsten Kriterien ohne Mehrfachpunkten.
10. Zum Abschluss erfolgt eine gemeinsame Betrachtung sowie die Gruppenentscheidung, was mit dem erarbeiteten Ergebnis passieren soll.

Tipp

Bei der Abnahme des Teamverständnisses ist ein gemeinsames Commitment ein wichtiger symbolischer Akt. Wollt ihr das Teamverständnis umsetzen? Seid ihr dabei? Dann bitte laut „Ja“ sagen oder den Daumen nach oben.

Abschlussrunde

Nach dem Zusammenfassen und dem inhaltlichen Ausblick erfolgt eine gemeinsame Abschlussrunde. Auch wenn die Zeit knapp ist oder Sie mit Evaluierungsbögen arbeiten, ist es wichtig, von jedem Teilnehmer einen Satz im Originalton zu erhalten.

Wenn's schnell gehen soll:

- Feedback mit dem Daumen
- Falls der Daumen nicht ganz gerade nach oben zeigen sollte, fragen: Was hat gefehlt?
- Jeder sagt das, was ihm wirklich wichtig ist. Dabei gilt, es darf anschließend keine Wiederholungen geben.
- Jeder sagt drei Worte zum Abschluss.

Wenn's länger sein darf:

- Mit welchem Gefühl gehen Sie hier heraus? Dazu liegen Emotionskarten oder andere Bilderwelten auf dem Boden. Jeder nimmt sich die passende Karte.
- Was nehme ich mit? Was lasse ich hier? Was muss noch reifen? Hier kann man auch gut einen Baum mit roten, grünen und braunen Äpfeln zeichnen.
- Mein Highlight des Tages, gerne auch „Lowlight“, vor allem wenn es am nächsten Tag weitergeht und Sie sich darauf einstellen müssen.

Wenn die Teams sich kennen

Die Abteilung IT wird um das Thema Innovation erweitert. Die Abteilung heißt nun „IT-Operations und Innovation“. Personell gibt es keine Veränderungen. Doch das Team ist neu aufstellt und die Aufgaben und Verantwortlichkeiten sind neu verteilt.

Die alte Abteilungsleiterin ist auch die neue. In ihrem langjährigen Arbeitsleben hat sie schon einige Reorganisationen erlebt, aber noch keine selbst als Verantwortliche begleitet. „Es verändert sich doch fast nichts, außer dem inhaltlich neuen Thema. Das ruckelt sich schon von alleine zurecht.“, tönte einer ihrer Abteilungsleiterkollegen ungefragt im letzten Meeting. Ihr Bauchgefühl und auch ihre Erfahrung als Mitarbeitende sagen ihr jedoch, dass sich hinter dieser Veränderung auch Stolpersteine verbergen.

Die Chefin möchte zum Neustart der modifizierten Abteilung eine Teamentwicklungsmaßnahme durchführen. Sie will, dass diese von einer externen Teamgestalterin begleitet wird. Sie wurden ihr als Teamgestalterin empfohlen. Über ein soziales Netzwerk werden Sie von der Chefin kontaktiert und verabreden sich per Videokonferenz zu einem unverbindlichen Kennenlernen.

Auftragsklärung

In dem Videokonferenztermin stellen sie sich gegenseitig vor. Die IT-Operations- und Innovation-Leiterin skizziert ihnen die aktuelle Situation. Sie hören gut zu, stellen öffnende Fragen und erarbeiten anhand des Kontextmodells innerhalb von 60 Minuten folgende Auftragsklärung:

Aufgabe

- Moderation eines Teamworkshops mit der neuen Abteilung IT-Operation und Innovation

Ziele: Die Teilnehmenden …

- … lernen sich noch besser kennen,
- … kennen ihre Stärken in den Bereichen Kreativität und Innovation,
- … stellen sich bezüglich der neuen Aufgaben auf,
- … sind sich des Verhaltens bei Veränderungsprozessen bewusst,
- … stimmen ein gemeinsames Miteinander ab.

Rahmenbedingungen

- Umfang: 2 Tage
- Datum: 1. und 2. April
- Ort: in einem Seminarhotel außerhalb der Stadt

Ergebnisse

- Erste Version der neuen Teamaufstellung, einschließlich Aufgaben und Verantwortungen

Was haben wir?

- Kenntnisse, Fähigkeiten im Bereich IT-Support
- Langjährige Erfahrungen im gewachsenen Team
- Reorganisation von oben

Was haben wir nicht?

- Vertiefte Kompetenzen und Fähigkeiten für IT-Neuentwicklungsprozesse

- Ort und Raum
- Abgestimmtes Vorgehen

Nächste Schritte

- Teamgestalterin reicht ein Angebot ein
- Teamgestalterin erstellt die erste Konzeptversion
- Auftraggeberin kümmert sich um das Seminarhotel

Der Workshop beginnt

Das Team kennt sich bereits länger. Trotzdem ist auch hier eine Einstiegsrunde als Teil der „Forming"-Phase wichtig. Bei Teams mit längerer Zugehörigkeitsdauer ist es besonders wichtig, den Einstieg abwechslungsreicher zu gestalten, um das Team in Bewegung zu bringen.

Einstiegsrunde

Was ihr noch nicht von mir wisst

Machen Sie das Thema zum Thema. Lassen Sie die Menschen etwas von sich berichten, das mit hoher Wahrscheinlichkeit noch nicht bekannt ist.

So könnte die Einstiegsrunde für unser Fallbeispiel aussehen:

- Mein Zweitname ist …
- Mit acht Jahren wollte ich … werden.
- Bei meinem ersten Livekonzert war ich bei …
- Meine Lieblings-Teenie-Band ist …
- Was ich ansonsten noch nicht über mich erzählt habe …
- Wenn sich in unserem Team nichts verändern würde …
- Wenn ich am Ende der beiden Tage zufrieden bin, müsste vorher … passiert sein.

Emotionskarten

Erst durch Emotionen bewegen sich Menschen und können sich verändern. In unserem Fallbeispiel geht es um Veränderungen. Es fällt jedoch nicht jedem leicht, über die eigenen Emotionen zu sprechen.

Eine schöne Möglichkeit, diese beiden Aspekte in die Einstiegsrunde einzubinden, sind Bildkarten oder noch besser Emotionskarten. Die Teilnehmenden suchen sich für die erste Frage eine für sie passende Emotionskarte aus. Dies macht es leichter, über das eigene Befinden zu sprechen.

- Wie geht es mir? Welche Karte spiegelt meinen Gemütszustand am besten wider?
- Was ich in einer solchen Einstiegsrunde ansonsten nicht erzählen würde …
- Meine Befürchtungen für diese beiden Tage sehen so aus …
- Meine Hoffnungen sehen so aus …

Tipp

Wir arbeiten beide gerne mit den Gefühlsmonster-Karten (www.gefuehlsmonster.de/) und den Bildkarten von metaFox (metafox.eu). Online gibt es Bildkarten etwa bei www.mural.co.

Inhaltlich einsteigen

Nach der Einstiegsrunde geht es weiter zum Inhalt. Bezogen auf unseren Fall und die Ziele des Workshops ist eine erste Analyse hilfreich, wie der derzeitige Stand ist.

Bestandsaufnahme

Bevor Sie sich mit dem Team auf das Neue und das, was nicht so rund läuft, fokussieren, ist es hilfreich, auf das Positive zu blicken. In der Bestandsaufnahme lässt es sich durch entsprechende Fragen auch kombinieren.

Ziele	1. Die Teammitglieder nehmen eine Bewertung der aktuellen Situation vor. 2. Die Teammitglieder teilen ihre Einschätzungen aus unterschiedlichen Perspektiven. 3. Durch Visualisierung der Zustimmung ergibt sich eine gemeinsame Betrachtung.
Teilnehmende	• Alle Teammitglieder machen mit. • Die Teamgestalterin ist in der Moderationsrolle.
Zeitaufwand	1. 5 Minuten für die Erläuterung der Aufgabe 2. 20 Minuten + 5 Minuten Wechselzeit für die vier Stationen 3. 30–55 Minuten für die Vernissage 4. 5 Minuten Zusammenfassung, Festhalten von To-dos und Ausblick
Materialien	• Pro Frage eine Moderationswand • Stifte in vier Farben (meistens Schwarz, Blau, Grün und Rot)

Vorgehen

1. Sie erläutern das Vorgehen. Es gibt vier Moderationswände. In jeder Ecke des Raums steht eine Wand. Das Zwölferteam teilt sich in vier Kleingruppen auf, die die Stationen dann gemeinsam durchlaufen.
2. Jede Gruppe erhält eine Stiftfarbe und hat fünf Minuten Zeit pro Wand. Sie achten auf die Einhaltung der Zeit.
3. Die vier Moderationswände:
   a) Was ist unser Standbein? (Alternativ: Was sind unsere Stärken?)
   b) Worauf sind wir stolz? (Alternativ: Was haben wir Besonderes vollbracht?)
   c) Wo drückt der Schuh? (Alternativ: Was sind unsere Baustellen?)
   d) Was fehlt für die neue Aufgabe? (Alternativ: Was müssen wir ändern?)
4. Nach fünf Minuten wandert jede Gruppe im Uhrzeigersinn eine Station weiter.
5. Kommt eine Gruppe an eine neue Station, liest sie sich die Beiträge der Vorgängergruppe(n) durch. Dort, wo die Gruppenmitglieder derselben Meinung sind, zeigen sie ihre Zustimmung durch einen Strich.

6. Es erfolgen zwei weitere Wechsel.
7. Hat am Ende der vier Runden einer der Aspekte drei Striche in den unterschiedlichen Stiftfarben erhalten, hat er die vollste Zustimmung.
8. Es folgt ein gemeinsamer Rundgang. Je nach Zeitumfang kann auf einzelne oder alle Aspekte eingegangen und im Gesamtteam diskutiert werden.
9. Am Ende des Rundgangs gilt es, den Fokus mehr auf die Veränderung zu setzen: Was davon hilft uns auch oder besonders bei der erfolgreichen Umsetzung unserer neuen Aufgaben? Was lassen wir zurück? An was wollen wir in Zukunft noch mehr denken?
10. Sollten an dieser Stelle To-dos entstehen, halten Sie sie mit Post-its oder in Form eines Ideenspeichers fest.

Stärken stärken

Stärken beschreiben das, was einen Menschen besonders macht. Sie befeuern vor allem Werte und positive Emotionen wie „das mache ich gern“ oder „da habe ich Spaß“ oder auch „dafür lege ich mich gern ins Zeug“. Denken Sie an unseren „Entwicklungsbaum“ (Abbildung 3).

Eigene Stärken zu identifizieren, fällt vielen schwer.

Hier sind Sie als Teamgestalterin gefragt, eine ehrliche Eigeneinschätzung zu unterstützen und die Fremdeinschätzung durch andere Teammitglieder zu ermöglichen.

Hier ist ein Blick auf das „Johari-Fenster“ (Abbildung 5) sinnvoll: Haben Menschen viel reflektiert, sind ihre blinden Flecken typischerweise klein, Selbst- und Fremdbild sind sehr ähnlich. Ist das Reflektieren neu oder in der Kultur ungewohnt, klafft es oft auseinander und es herrschen viel mehr Unsicherheiten. Passen Sie also Ihre Moderation dem Reflexionsniveau an.

Viele arbeiten an dieser Stelle mit Tests. Wir finden, dass dadurch oft mehr Schaden angerichtet wird, da Menschen schnell in Schubladen gesteckt werden.

Ziele	1. Den Teammitgliedern die eigenen Stärken bewusst machen 2. Den Teammitgliedern die Stärken aufzeigen, die für neue Aufgaben benötigt werden 3. Eigen- und Fremdwahrnehmung abgleichen
Teilnehmende	• Alle Teammitglieder machen mit • Die Teamgestalterin ist in der Trainer- und Moderationsrolle
Zeitaufwand	1. 5 Minuten für die Erläuterung der Aufgabe 2. 20 Minuten + 5 Minuten Wechselzeit für die vier Stationen 3. 30–55 Minuten für die Vernissage 4. 5 Minuten Zusammenfassung, Festhalten von To-dos und Ausblick
Materialien	• „Teamworks StärkenNavigator“ mit über 50 Stärken im praktischen Kartenformat oder freies Erschließen von Stärken • Bei der Gruppengröße von zwölf Personen empfehlen sich drei Kartensets, wenn sie mit diesen arbeiten; andernfalls können Listen hilfreich sein

Vorgehen

1. Als Teamgestalterin geben Sie eine kurze Intro zu den Stärken, beispielsweise mit dem „Entwicklungsbaum".
2. Lassen Sie erst einmal in Einzelarbeit die Stärken notieren. Danach soll jede Person idealerweise mit der anderen über ihre Stärken sprechen und die Eigensicht ergänzen.
3. In einem weiteren Schritt soll jeder in einer Partnerübung sagen, welche Stärke er gerne weiterentwickeln möchte. Was möchte er dafür tun? Woran erkennt er, dass er einen Schritt weiter ist.

Veränderungskurve

Teamentwicklung ist immer auch Teil eines organisationalen Veränderungsvorhabens. Das Kollektiv will, dass sich auch das Team wandelt oder umgekehrt. Klar, dass das nicht immer einfach ist, denn wer will schon aus seiner Komfortzone?

Menschen durchlaufen aus psychologischer Sicht typische Phasen einer Veränderung. Damit einhergehend lässt sich die Entwicklung des Widerstands zuordnen.

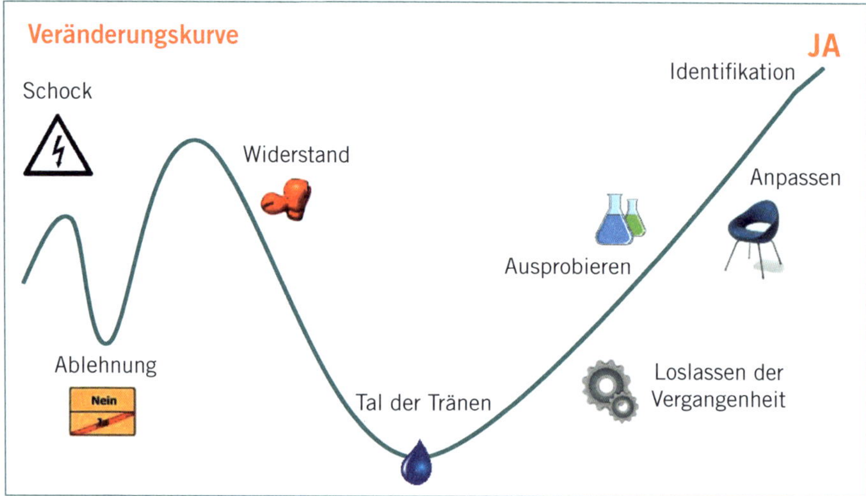

Abbildung 34: Das Modell der Veränderungskurve beschreibt die psychologischen Phasen der Veränderung gut. Es beruht auf der Trauerkurve nach Elisabeth Kübler-Ross.

Veränderung löst bei einigen wenigen Euphorie und bei vielen einen Schock aus. Beim Schock kommt es anschließend oft zu einem inneren Nein: „Die neue Strategie führt zu keinem Erfolg", „Die können gar nicht ohne mich auskommen". Der Widerstand kommt manchmal pur emotional und manchmal im rationalen Kleid daher. „Früher war alles besser" ist eine mögliche Haltung, die auch in Sachargumenten verhüllt sein kann.

Manchmal mag auch die unterschwellige Frage dahinter stehen: „Bin ich wirklich gut genug, um die neuen Aufgaben zu bewältigen?" Der Tiefpunkt des Widerstands liegt im Tal der Tränen. Dort wird ordentlich gejammert, aber nichts aktiv getan. Bei einem möglichen Arbeitsplatzverlust ist diese Phase mit vielen Selbstzweifeln und Zukunftsängsten verbunden. Bei der Zusammenlegung von Abteilungen kann auch der Verlust von lieb gewonnenen Personen zu Trauer führen.

Die Phase des Widerstands findet ihr Ende – so alles gut läuft – in der Akzeptanz der Veränderung, durch innere Überzeugung, Vergleichen oder eigene Reflexion. Wenn die Veränderung rational und emotional akzeptiert ist, beginnt der Gang aus dem Tal der Tränen. Vielleicht hört man dann: „Wir versuchen das einfach einmal für zwei Monate" oder „So schlimm wird es schon nicht". Es folgt – idealtypisch – die Phase des Ausprobierens und des Einlassens auf das Neue. Nach und nach wird das neue Verhalten verinnerlicht und zur Gewohnheit, wenn nicht bereits der nächste Change-Prozess vor der Tür steht.

Klar ist: Es müssen nicht alle Phasen durchlaufen werden. Es läuft nicht immer und für alle so und vor allem nicht zeitgleich.

Wir verändern uns ständig, jeder neue Tag ist Veränderung. Größere Schritte machen Menschen jedoch ungern, zumal die unfreiwilligen. Die Veränderungskurve hilft bei der Reflexion. Viele verstehen sich dadurch selbst besser.

Ziele	1. Den Teammitgliedern die eigenen Emotionen und das Verhalten spiegeln 2. Widerstände sichtbar machen und das eigene Verhalten besser akzeptieren 3. Lösungsauswege aufzeigen
Teilnehmende	• Alle Teammitglieder machen mit • Die Teamgestalterin ist in der Trainer- und Moderationsrolle
Zeitaufwand	1. 10 Minuten für die Hintergründe zu Veränderungen und Erläuterung der Aufgabe 2. 5 Minuten Eigenreflexion, inklusive Positionierung auf der Veränderungskurve 3. 15 Minuten, jeder gibt ein persönliches Statement ab 4. 20 Minuten Fremdwahrnehmung 5. 20 Minuten Blick auf das Gruppenbild und Diskussion 6. 15 Minuten lösungsorientiertes Fragen nach Ressourcen und nächsten Schritten des Teams 7. 5 Minuten Zusammenfassung, Festhalten von To-dos und Ausblick
Materialien	• Ein Seil (10–15 Meter lang) • Visualisierungen der Phasen der Veränderungskurve

Vorgehen

1. Als Teamgestalterin erläutern Sie die Veränderungskurve. Legen Sie dabei zum Beispiel ein Seil auf den Boden und gehen Sie die Veränderungskurve ab. Hilfreich ist eine eigene Geschichte, an der Sie die Phasen bildhaft erläutern.
2. Jetzt geht jeder in sich und reflektiert das eigene Verhalten der letzten Wochen und Monate: Wie habe ich mich wann gefühlt? Wie habe ich reagiert und agiert? Wo stehe ich heute, wenn ich ganz ehrlich zu mir bin?

3. Jeder positioniert sich an der Stelle, an der er oder sie sich aktuell befindet.
4. Anschließend gibt jeder ein kurzes Statement zu den Gründen seiner Positionierung.
5. Als Teamgestalterin visualisieren Sie das Standbild am Flipchart oder der Moderationswand.
6. Nun soll jeder einer oder mehreren Personen sein Fremdbild geben. Dieses soll mit konkreten Beobachtungsbeispielen untermauert werden.
7. Dann gilt der Blick dem Team: Wo befindet sich die Mehrheit der Teammitglieder? Wie realistisch ist das Standbild? An welchen Situationen und Ergebnissen zeigt sich die derzeitige Einschätzung? Gibt es einen Impuls, sich umzustellen nach dem Erhalt des Fremdbildes?
8. Achten Sie darauf, wie realistisch die eigene Wahrnehmung der Teammitglieder von Ihrer Wahrnehmung und dem bisherigen Workshopverlauf abweicht. Konkret: Wie offen ist das Team für die neuen Aufgaben rund um das Thema Innovation? Wie kreativ haben sich die Teammitglieder bis hierher gegeben? Spiegeln Sie Ihre Wahrnehmung ehrlich. Menschen neigen an dieser Stelle dazu, sich positiver zu beschreiben, als das Verhalten eigentlich ist.
9. Fragen Sie lösungsorientiert nach der Zukunft: Wie gehen wir mit unseren Sorgen um, den neuen Anforderungen nicht gewachsen zu sein? Wie kommen wir vom Tal der Tränen ins Ausprobieren? Was wäre ein erster Schritt, um sich den neuen Aufgaben mehr zu öffnen?
10. Halten Sie Ideen und konkrete nächste Schritte schriftlich fest.

Wohin?

Menschen brauchen ein Bild von der Zukunft, ein Wohin. Der innere Kompass muss abschätzen können, welchen Weg die Reise nimmt, auch wenn die Ziele nicht immer klar sind.

Die Zukunft erschließt man sich am besten aus der Gegenwart. Die genaue Beobachtung von dem, was sich zeigt und was sich ändert, ist oft der erste Schritt. Vielfach wissen Mitarbeiterinnen gar nicht so genau, wie es um ihr Unternehmen, die Branche oder die Kunden bestellt ist. Zu sehr hält sie der Alltag in der Routine.

Allerdings sind „Gegenwarts-Workshops" schwerer zu verkaufen, da typischerweise nach schnellen Lösungen verlangt wird. Hier gilt es, Überzeugungsarbeit zu leisten – und darauf zu verweisen, dass eine gründliche Beschäftigung am Ende auch Geld spart.

Eine mögliche Vorgehensweise der Zukunftsmodellierung ist eine Visualisierung mit LEGO oder Materialien anderer Art. Darin sollten Mitarbeiter einbezogen sein, bei größeren Unternehmen ein Querschnitt aller Hierarchieebenen und Bereiche.

Zukunftsmodellierung kann viele verschiedene Themen beinhalten:

- Wohin? Dies ist die Frage nach der Richtung, auch hinsichtlich der Veränderungen. Es ist eine komplexe Frage, die keine einmalige Antwort möglich macht. Schließlich muss ein Schiff auch immer wieder navigieren und gegebenenfalls die Richtung ändern.
- Der Purpose beantwortet die Frage nach dem „Wozu gibt es uns?".

- Die Vision kann sich aus dem „Wohin?“ ableiten. Sie ist so etwas wie die emotionale Vorstellung von einer zukünftigen Insel, auf die man zusteuert.
- Das Ziel gibt konkrete Orientierung. „Objectives and Key Results (OKR)“ helfen für die Balance zwischen kurz-, mittel- und langfristigen Zielen und binden auch die Mitarbeiter ein.
- Die Mission sagt, wie man das Ziel erreicht.

Alles zusammen ist zu komplex für einen Workshop. Konzentrieren Sie sich auf das Thema, das vor dem Hintergrund der Herausforderungen besonders wichtig scheint.

Eine zentrale Frage ist, wie das Bild zum Leben erweckt und möglichst vitalisierend gelebt wird. Die Arbeit mit Prototypen hat sich sehr bewährt.

Bezogen auf unser Fallbeispiel ist es nicht nur eine Aufgabe, die hinzugekommen ist. Die Veränderung der Aufgabe wirkt auf andere Abteilungen und Bereiche des Unternehmens, Kunden, Markt und zahlreiche Faktoren und umgekehrt. Die Auswirkungen können komplexer Natur und nicht vorhersehbar sein.

Ziele	1. Den Teammitgliedern den (veränderten) Sinn ihres Daseins aufzuzeigen 2. Dem Team Orientierung geben im Großen und im Detail 3. Das Team als Team stärken
Teilnehmende	• Alle Teammitglieder machen mit • Die Teamgestalterin ist in der Moderationsrolle
Zeitaufwand	1. 15 Minuten für die Hintergründe und Erläuterung der Aufgabe 2. 45 Minuten Schwerpunktthema, beispielsweise Purpose 3. 30 Minuten Vorstellung und Verdichtung im Plenum 4. 15 Minuten ressourcenorientierte Fragen, inklusive des Einholens eines Commitments aus dem Team 5. 60 Minuten Blick auf die Aufgaben: Was bleibt, fällt weg, wer macht was? 6. 15 Minuten Zusammenfassung, Festhalten von To-dos und Ausblick
Materialien	• Zwei Flipcharts, vier Moderationswände • Ausreichend Post-its und Stifte

Vorgehen

1. Als Teamgestalterin zeigen Sie das Zusammenspiel und die Auswirkungen der Veränderungen auf, zum Beispiel mithilfe der Metapher des Mobiles.
2. Um sich mit der Frage der Aufgabenumverteilung zu beschäftigen (dem Wie und Was), bedarf es zuvor einer Diskussion zum Schwerpunktthema und seiner Relevanz für das Unternehmen.
3. Nehmen wir den Purpose. Wozu gibt es uns? Sie können eine Kartenabfrage starten oder die Methode Think-Pair-Share verwenden, die wir bereits beschrieben haben.
4. Hinterfragen Sie das „Wozu?“ auch gerne provokant und halten Sie das Ergebnis in Bild- und/oder Schriftform fest. Meist denken die Teilnehmerinnen zu eng; es ist sinnvoll, in einer Runde nochmals explizit mutiges Weiterdenken einzufordern.
5. Die Ergebnisse aus den Kleingruppen werden im Plenum vorgestellt und verdichtet.

6. Stellen Sie provokative und lösungsorientierte Fragen: Welche Energie hat der Purpose für jeden Einzelnen? Weswegen ist das so und nicht anders? Was fehlt vielleicht noch? Wie sehr trägt der Purpose das Team? Wie sehr fügt er sich in die zukünftigen Herausforderungen oder in den Purpose der Organisation?
7. Halten Sie Ideen und konkrete nächste Schritte schriftlich fest und erzeugen Sie ein Commitment.
8. Anschließend geht es um die genaue Betrachtung der Aufgaben, das Verschieben, mit Unterstützung von Visualisierungstechniken wie Moderationskarten. In der Moderation ist es wichtig, die Befürworter und Bedenkenträger zu identifizieren und auf diese einzugehen. Es ist eine Frage des Führungsverständnisses, wie offen oder direktiv die Verteilung erfolgen soll.

Abschlussrunde

Bei einem zweitägigen Workshop ist die Abschlussrunde des ersten Tages besonders wichtig. Falls es einmal nicht so rund laufen sollte, haben Sie die Chance, den zweiten Tag anders zu gestalten als ursprünglich gedacht. Entsprechend führen wir hier Methoden auf, die gut für aufbauende Abschlussrunden geeignet sind:

Tag 1

- Auf der Skala von 1 bis 10, wie zufrieden sind Sie mit dem ersten Tag? Variieren Sie Zufriedenheit zum Beispiel mit „Zufrieden mit dem Ergebnis?“ oder „Zufrieden hinsichtlich Ihrer Erwartung?“.
- Falls die Antwort beispielhaft 7 lauten sollte, fragen Sie: Was muss morgen passieren, damit es eine 9 oder gar 10 wird?
- Mit welcher inneren Wetterlage beenden Sie den heutigen ersten Tag?
- Falls die Antwort bewölkt, nebelig, regnerisch oder ähnlich lauten sollte, fragen Sie ebenfalls wieder lösungsorientiert: Was muss morgen passieren, damit sich die Wetterlage bei Ihnen positiv verändert?

Tag 2

- Auf der Skala von 1 bis 10, wie zufrieden sind Sie mit den beiden Tagen insgesamt?
- Falls die Antwort darauf eine andere Zahl als am ersten Tag sein sollte: Was macht den Unterschied aus?
- Mit welcher inneren Wetterlage verlassen Sie nun den Teamworkshop?
- Wie blicken Sie der Teamwetterlage in Zukunft entgegen?

Wenn aus zwei Teams eines wird

Die „Abteilung IT“ wird mit der „Abteilung IT-Innovation“ zusammengelegt. Die neue Abteilung „IT-Operations und Innovation“ setzt sich aus dem achtköpfigen IT-Team in München sowie dem vierköpfigen Innovation-Team aus Berlin zusammen. Die neue Chefin des Gesamtteams war bereits die Chefin des IT-Teams. Die acht arbeiten schon lange zusammen, kennen sich gut und machen auch privat öfters etwas zusammen, etwa in den Bergen wandern oder nach Feierabend in den Biergarten gehen. Die Berliner sind im Durchschnitt wesentlich jünger. Die vier arbeiten in einem schicken

Loft im Berliner Szenestadtteil Friedrichshain zusammen mit der Produktinnovation sowie drei Spin-off-Start-ups des Konzerns auf einer Etage.

Die Chefin plant zum Start der neuen Abteilung eine Teamentwicklungsmaßnahme durchzuführen. Sie möchte, dass diese von einer externen Teamgestalterin begleitet wird. Über Ihre Artikel in einem sozialen Netzwerk wird sie aufmerksam auf Sie, schreibt Ihnen eine Nachricht und Sie verabreden sich für ein Telefonat.

Auftragsklärung

In dem Telefonat beschreibt die Leiterin IT-Operations und Innovation die aktuelle Situation. Sie hören aktiv zu, stellen vertiefende Fragen, gehen dabei das Kontextmodell durch und erhalten folgendes Ergebnis:

Aufgabe

- Moderation eines Teamworkshops mit der neuen Abteilung IT-Operations und Innovation

Ziele: Die Teilnehmenden …

- … lernen sich (besser) kennen, vor allem die Kompetenzen, Fähigkeiten und Stärken der anderen,
- … entwickeln ein gemeinsames Team- und Kommunikationsverständnis für die neue Zusammenarbeit,
- … erhalten ein klares Bild, wohin die Reise geht und sind sich der Verantwortung für diese Reise bewusst,
- … erkennen die Sinnhaftigkeit der Zusammenführung der beiden Abteilungen und stehen dahinter,
- … entwickeln Ideen für die Vereinheitlichung gemeinsamer Vorgehensweisen,
- … erhalten gemeinsame Orientierung für die nächsten Schritte,
- … gehen die Veränderungen und die ambitionierten Ziele für die neue Abteilung motiviert und gemeinsam an.

Rahmenbedingungen

- Umfang: 2 Tage
- Datum: 1. und 2. April
- Ort: in einem Seminarhotel in der Münchner Innenstadt

Ergebnisse

- Erste Version des Team- und Kommunikationsverständnisses
- Bestandsaufnahme und Ideen zur Vereinheitlichung der Ablaufprozesse

Was haben wir?

- Zwei eigenständige kompetente Teams
- Zwei unterschiedliche Teamkulturen
- Seminarhotel auf „neutralem Boden“ in München

Was haben wir nicht?

- Unterlagen aus den letzten beiden separaten Teamworkshops

Nächste Schritte

- Teamgestalterin erstellt ein Angebot
- Teamgestalterin erstellt die erste Konzeptversion
- Abstimmung des Konzepts
- Einladungsschreiben

Der Workshop beginnt

Für die beiden anderen Szenarien haben wir Ihnen bereits Ideen für die Einstiegsrunde gegeben. Die Vorschläge „Mein Symbol“ oder „Mein Wappen“ passen auch zu diesem Szenario. Bedingt durch die Zusammenlegung zweier Standorte und Teamkulturen bringen wir einen weiteren Vorschlag ein.

Gut zu wissen
Vor dem Gemeinsamen ist es wichtig, auch das Individuelle zu betrachten und zu würdigen. Jeder Mensch hat das Bedürfnis, gesehen zu werden. Das gilt auch für die individuellen Besonderheiten von Teams und Gruppen.

Ziele	1. Die Teilnehmenden erarbeiten in Analogie zu einem Reiseführer zwei „Gut zu wissen“-Plakate (München und Berlin) 2. Die Teilnehmenden zeigen ihre individuelle Teamidentität auf 3. Die Teilnehmenden haben mehr gegenseitiges Verständnis für Verhaltensunterschiede
Teilnehmende	• Die Teammitglieder machen in ihren alten Teamkonstellationen mit • Die Teamgestalterin ist in der Trainer- und Moderationsrolle
Zeitaufwand	1. 5 Minuten für die Hintergründe und Erläuterung der Aufgabe 2. 20 Minuten Gestalten des Reiseführers in den alten Teams 3. 5 Minuten Präsentation im Plenum 4. 10 Minuten Verdichtung, Zusammenfassung, Festhalten von Ideen
Materialien	• Zwei Flipcharts oder vier Moderationswände • Ausreichend farbige Stifte

Vorgehen

1. Als Teamgestalterin geben Sie einen Input zum Thema „Gegenseitiges Verständnis, Kennenlernen von gruppenspezifischen Besonderheiten“.
2. Erstellen Sie in Analogie zu einem Reiseführer zwei „Gut zu wissen“-Plakate (München und Berlin).
3. Die beiden „Gut zu wissen“-Plakate werden im Plenum vorgestellt. Sie sehen unten einen Vorschlag, was darauf stehen kann. Es kann aber auch anders aussehen, je nachdem, was sinnvoll ist.
4. Erläutern Sie die Aufgabe!

5. Zuerst diskutieren die beiden „alten“ Teams die vier Leitfragen und tragen anschließend ihre Erkenntnisse/Ergebnisse in das jeweilige vorgefertigte Städteraster ein.
6. Nach dem gemeinsamen Blick auf die beiden Städteplakate fassen Sie als Teamgestalterin Gemeinsamkeiten und Unterschiede mündlich sowie schriftlich zusammen.
7. Abschließend fragen Sie in der Runde nach Erkenntnissen, Anmerkungen und Anregungen.

Fachkompetenz	**Standort**
• Das funktioniert bei uns so richtig gut (unsere Stärken). • Das bringen wir in die Zusammenarbeit ein (Know-how, Erfahrungen).	• Diese kulturellen Besonderheiten prägen uns.
Softskills	**Werte**
• Diese Besonderheiten a) fördern unsere Zusammenarbeit • und b) können eventuell hinderlich sein.	• Das ist uns wirklich wichtig.

Wohin wollen wir?
Einige Übungen wurden bereits oben beschrieben. Sie alle passen gut zu den Rahmenbedingungen und Zielen als Teilelemente des Zweitages-Workshops. Bei der finalen Entscheidung ist es hilfreich, die Übungen vorher der Auftraggeberin zu skizzieren. Bei Fragen wie „Wohin?“ ist immer auch zu klären, was offen ist und was das Team entscheiden darf.

Im zweiten Schritt am zweiten Tag können Sie gut mit der Reiseanalogie weiterarbeiten. Wenn sie nun „zusammenziehen“, was wollen Sie mitnehmen, was kann dableiben?

Hier sollten Sie mit Tandems oder Trios arbeiten, in denen jeweils Vertreter aus den beiden Teams sind.

Natürlich wollen Menschen bisherige Gewohnheiten ungern aufgeben, so ist immer auch die Frage wie viel unterschiedliche Kultur zugelassen wird. Wir meinen, Unterschiedlichkeit muss und darf sein! Das Thema ist aber auch geeignet für eine gemeinsame Diskussion. Richten Sie dabei immer wieder den Blick auf das, wohin beide gemeinsam wollen. Das Team sollte ein Gefühl dafür entwickeln, Lust darauf bekommen.

In allen beschriebenen Fällen ist eine weitere Begleitung durch Teamcoaching sinnvoll, bei solch starken Veränderungen noch mehr als in den vorher beschriebenen Fällen.

Tipp

In einem Unternehmen, in dem wir eine Teamentwicklung durchführen sollten, war der Begriff „Workshop“ komplett negativ besetzt. Alleine schon für das Willkommens-Flipchart war diese Vorabinformation aus dem Auftragsklärungsgespräch

Gold wert. Der Teamworkshop hieß dann Teamseminar, obwohl er nichts mit dem Vermitteln von Wissen zu tun hatte. Die Kultur eines Unternehmens ist eben stärker ...
In anderen Situationen haben wir die negativen Erfahrungen und damit verbundenen Vorbehalte direkt am Anfang angesprochen. „Bei der Konzeption des Workshops habe ich erfahren, dass es negative Erfahrungen und Vorbehalte mit Teamworkshops gibt. Ich war damals nicht dabei. Was muss passieren, damit Sie sich auf die zwei Tage einlassen?"

Speed-Feedback
In den beschriebenen Kontext passt das Vorgehen des Speed-Feedbacks zum Beispiel gut kurz vor dem Abschluss, da sich die Teilnehmerinnen nun schon etwas kennen. Das Vorgehen ist ähnlich wie beim „Speed-Dating". In einer kurzen Sequenz geben sich jeweils zwei Personen gegenseitig Feedback. Nach einer Runde bleibt der innere Kreis sitzen und die Personen aus dem äußeren Kreis wandern im Uhrzeigersinn jeweils einen Platz weiter.

Ziele	1. Üben des Feedbackgebens und -annehmens 2. Vertrauen aufbauen 3. Ersten Schritt in Richtung Feedbackkultur gehen
Teilnehmende	• Alle Teammitglieder machen mit • Die Teamgestalterin ist in der Trainer- und Moderationsrolle
Zeitaufwand	1. 10 Minuten Herleiten und Input von Feedbackregel 2. 15 Minuten Schreiben der Feedbackkarten 3. Circa 3 Minuten pro Tandem für den Austausch der Karten
Materialien	• Ausreichend positive und konstruktive Feedbackkarten • Ausreichend Stifte

Vorgehen

1. Als Teamgestalterin geben Sie einen Input zum Thema „Feedback geben und annehmen". Warum ist Feedback so wichtig? Warum fällt es Menschen so schwer, Feedback zu geben und anzunehmen? Welches Vorgehen hilft dabei? Wie nimmt man eigene Bewertungen heraus? Wie kann Feedback hilfreich und nicht wertend sein? In der beschriebenen Konstellation mit zwei Kulturen ist dieser Aspekt extrem wichtig. Was in der einen Kultur „gut" ist, mag in der anderen „schlecht" sein. Um voneinander zu lernen, ist es aber wichtig, darüber offen zu sprechen. Diese Übung stimmt darauf ein.
2. Stellen Sie spätestens jetzt die beiden Stuhlkreise auf und erläutern Sie das Vorgehen des Speed-Feedbacks. Betonen Sie dabei, dass das geteilte Feedback nur zwischen den jeweiligen Tandempartnern ausgetauscht wird und vertraulich behandelt werden soll.
3. Teilen Sie die Gruppe in einen inneren und äußeren Kreis auf (beispielweise alphabetisch oder nach Städten).

4. Die Personen aus dem inneren Kreis schreiben für die Personen aus dem äußeren Kreis jeweils zwei positive und zwei konstruktive Karten: Wenn ich an unser Zusammenwachsen denke …
   - … schätze ich deine Eigenschaften/dein Verhalten … besonders an dir (pro Karte eine Eigenschaft/ein Verhalten),
   - … befürchte ich/wünsche ich mir von dir … (pro Karte eine Eigenschaft/ein Verhalten).
5. Die Person aus dem inneren Kreis überreicht ihrem Gegenüber aus dem äußeren Kreis die zwei mal zwei Karten, inklusive mündlichen Feedbacks.
6. Wechsel im Uhrzeigersinn bis die Personen aus dem äußeren Kreis einmal herumgewandert sind.
7. Abschließend fragen Sie in der Runde nach Erkenntnissen, Anmerkungen und Anregungen, ohne dabei auf einzelne Feedbackinhalte einzugehen, da diese vertraulich sind.

Tipp

Das Speed-Feedback funktioniert auch ohne inneren und äußeren Kreis sowie ohne das Vorschreiben von Feedbackkarten. Jedes Teammitglied hat die Aufgabe, jedem anderen Teammitglied ein positives und ein konstruktives Feedback mündlich zu geben. Alle stehen dabei und bewegen sich im Raum oder Garten von Gesprächspartner zu Gesprächspartner. Allerdings nutzen immer wieder Menschen die freiere Struktur dazu, um sich vor besonders schwierigen Gesprächen zu drücken oder nur über das Positive und das Konstruktive zu sprechen. Bei reiferen Gruppen bevorzugen wir diese flexiblere Variante, bei Startern und Gruppen, die ein hohes Maß an Struktur einfordern, die oben beschriebene. Remote lässt sich das Speed-Feedback sehr gut mit wechselnden Breakout Rooms durchführen, einschließlich klarer Zeitvorgaben für die einzelne Session..

Abschlussrunde

Die Abschlussrunde können Sie anhand der vorherigen Anregungen gestalten. Falls Sie dies nicht wollen, ist hier noch eine weitere Variante für Sie:

- Was wünsche ich mir zum Abschluss?
- Was werde ich als Nächstes tun, um den hier erlebten Zusammenhalt in die Praxis zu tragen?
- Wie blicke ich unserer Zusammenarbeit und unserem Zusammenwachsen entgegen?

Zum Weiterlesen

Unter www.teamworks-gmbh.de finden Sie ein umfangreiches Magazin mit aktuellen Studien und Blogbeiträgen. Sie erhalten Tests und den Zugang zu einem Newsletter, in dem wir einmal im Monat kostenlose Webinare ankündigen.
Unter www.svenja-hofert.de können Sie zusätzlich einen Podcast und Videos abrufen.

Antons, Klaus (2011): Praxis der Gruppendynamik, Übungen und Techniken, Göttingen: Hogrefe.

Beermann, Susanne; Schubach, Monika; Tornow, Ortrud (2017): Spiele für Workshops und Seminare, Berlin: Haufe.

Bleß, Marc; Wagner, Dennis (2019): Agile Spiele kurz & gut, Heidelberg: O'Reilly.

Brenner, Susanne; Dürrschmidt, Peter; Koblitz, Joachim; Mencke, Marco; Rolofs, Andrea; Rump, Konrad; Strasmann, Jochen (2020): Methodensammlung für Trainerinnen und Trainer, Bonn: Managerseminare.

Eidenschink, Klaus (2023): Die Kunst des Konflikts. Heidelberg: Carl-Auer.

Geramanis, Olaf (2020): Mini-Handbuch Gruppendynamik, Heidelberg: Beltz.

Glasl, Friedrich (2007): Selbsthilfe in Konflikten. Konzepte – Übungen – Praktische Methoden, Stuttgart: Verlag Freies Geistesleben.

Grubendorfer, Christina; Ackermann, Christina (2023): The Real Book of Work. München: Vahlen.

Hauke, Gernot; Lohr, Christina; Pietrzak, Tania (2017): Strategisches Coaching: Emotionale Aktivierung mit Embodimenttechniken, Paderborn: Junfermann.

Hertel, Anita von (2013): Professionelle Konfliktlösung – Führen mit Mediationskompetenz, 3. Auflage, Frankfurt/Main: Campus Verlag.

Heß, Sabine; Neumann, Eva (2017): Mit Rollen spielen: Rollenspielsammlung für Trainerinnen und Trainer (Edition Training aktuell), Bonn: Managerseminare.

Hicks, Ben (2010): Team Coaching: A Literature Review Institute for Employment Studies, in: Institute for Employment Studies IES HR Network Paper MP88, online unter https://www.employment-studies.co.uk/system/files/resources/files/mp88.pdf. Aufgerufen 06.20.2020.

Hofert, Svenja (2024): Hört auf zu coachen!, 2. Auflage, München: Vahlen.

Hofert, Svenja (2023): Mach dich frei. 100 mentale Modelle für klares Denken. Wiesbaden: Campus.

Hofert, Svenja (2020): Führen in die postagile Zukunft, Heidelberg: SpringerGabler.

Hofert, Svenja (2019): Mindshift. Mach dich fit für die Arbeitswelt von Morgen, Frankfurt/Main: Campus Verlag.

Hofert, Svenja (2018): Das agile Mindset, Heidelberg: SpringerGabler.

Hofert, Svenja (2021): Agil führen, 3. Auflage, Heidelberg: SpringerGabler.

Joop, Willemsen; Ameln, Falko (2015): Theorie und Praxis des systemischen Ansatzes. Heidelberg: Springer.

Klebert, Karin; Schrader, Einhard; Straub, Walter G. (2006): ModerationsMethode: Das Standardwerk, Hamburg: Feldhaus Verlag, Edition Windmühle.

König, Oliver; Schattenhofer, Karl (2017): Einführung in die Fallbesprechung und Fallsupervision, Heidelberg: Carl-Auer.

Kotrba, Veronika; Miarka, Ralph (2019): Agile Teams lösungsfokussiert coachen, Heidelberg: dpunkt-Verlag.

Llewellyn, Tony (2017): The Teamcoaching Toolkit: 55 Tools and Techniques for Building Brilliant Teams, London: Practical Inspiration Publishing.

Middendorf, Jörg; Furmann, Ben (2019): Lösungsorientiertes Team-Coaching, Berlin/Wiesbaden: Springer.

Oestereich, Bernd; Schröder, Claudia (2019): Agile Organisationsentwicklung, München: Vahlen.

Salas, Eduard; Tannenbaum, Scott (2021): Teams that work. Oxford: Oxford Press.

Schlippe, Arist von; Schweitzer, Jochen (2019): Systemische Interventionen, 4. Auflage, Stuttgart: UTB Verlag.

Schlippe, Arist von; Schweitzer, Jochen (2016): Lehrbuch der systemischen Therapie und Beratung, 3. Auflage, Göttingen: Vandenhoeck und Ruprecht.

Schmid, Bernd; Veith, Thorsten; Weidner, Ingeborg (2019): Einführung in die kollegiale Beratung, 3. Auflage, Heidelberg: Carl-Auer.

Schwarz, Gerhard (2014): Konfliktmanagement – Konflikte erkennen, analysieren, lösen, 9. Auflage, Wiesbaden: Springer Gabler.

Stahl, Eberhard (2017): Dynamik in Gruppen. Handbuch der Gruppenleitung. Beltz: Heidelberg.

Sullivan, Wendy; Rees, Judy (2008): Clean Language: Revealing Metaphors and open mind, Bancyfelin, Carmarthen: Crown House Publishing.

Tietze, Kim-Oliver (2020): Kollegiale Beratung – Problemlösungen gemeinsam entwickeln, 10. Auflage, Hamburg: Rowohlt.

Stichwortverzeichnis